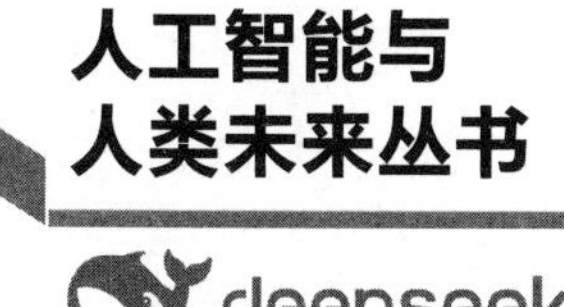

人工智能与
人类未来丛书

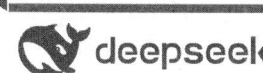

THIS IS
DEEPSEEK

这就是 DeepSeek

DeepSeek从原理到实践

王卓 薛栋 隆建 著

北京大学出版社
PEKING UNIVERSITY PRESS

内 容 提 要

这是一本系统讲解DeepSeek大模型的技术指南，它全面覆盖DeepSeek的底层架构、核心原理及实际应用。本书从人工智能基础、DeepSeek的技术架构，到多模态模型的训练与优化，帮助读者深入理解DeepSeek的工作机制，并掌握DeepSeek在大规模预训练、推理优化及应用部署中的关键技术。全书共有12章，主要包括DeepSeek的使命与愿景、人工智能与大模型、DeepSeek底层架构解密、DeepSeek的工作原理、DeepSeek的内部机制、DeepSeek的架构揭秘、DeepSeek的训练过程、DeepSeek的训练优化与成本控制、DeepSeek-R1、稀疏矩阵技术、DeepSeek部署实战，以及DeepSeek接入实战。

本书全面而深入的技术解读，不仅适用于对大模型感兴趣的技术人员，还适合人工智能研究者、开发者及行业从业者。同时，书中结合实战案例和对比分析，帮助读者理解DeepSeek的独特优势及未来的发展方向。

图书在版编目（CIP）数据

这就是 DeepSeek：DeepSeek 从原理到实践 / 王卓，
薛栋，隆建著 . -- 北京：北京大学出版社，2025. 10.
ISBN 978-7-301-36169-6

Ⅰ. TP18

中国国家版本馆 CIP 数据核字第 2025PU0021 号

书　　名 这就是DeepSeek：DeepSeek从原理到实践
ZHE JIUSHI DeepSeek: DeepSeek CONG YUANLI DAO SHIJIAN

著作责任者 王卓　薛栋　隆建　著

责任编辑 孙金鑫

标准书号 ISBN 978-7-301-36169-6

出版发行 北京大学出版社

地　　址 北京市海淀区成府路205号　100871

网　　址 http://www.pup.cn　　新浪微博：@ 北京大学出版社

电子邮箱 编辑部 pup7@pup.cn　总编室 zpup@pup.cn

电　　话 邮购部 010-62752015　发行部 010-62750672　编辑部 010-62570390

印 刷 者 北京鑫海金澳胶印有限公司

经 销 者 新华书店

787毫米×1092毫米　16开本　14.75印张　375千字

2025年10月第1版　2025年10月第1次印刷

印　　数 1-3500册

定　　价 69.00元

夯实智能基石 共筑人类未来

人工智能正在改变当今世界。从量子计算到基因编辑，从智慧城市到数字外交，人工智能不仅重塑着产业形态，还改变着人类文明的认知范式。在这场智能革命中，我们既要有仰望星空的战略眼光，也要具备脚踏实地的理论根基。北京大学出版社策划的“人工智能与人类未来丛书”，恰如及时春雨，无论是理论还是实践，都对这次社会变革有着深远影响。

该丛书最鲜明的特色在于其能“追本溯源”。当业界普遍沉迷于模型调参的即时效益时，《人工智能大模型数学基础》等基础著作系统梳理了线性代数、概率统计、微积分等人工智能相关的计算脉络，将卷积核的本质解构为张量空间变换，将损失函数还原为变分法的最优控制原理。这种将技术现象回归数学本质的阐释方式，不仅能让读者的认知框架更完整，还为未来的创新突破提供了可能。书中独创的“数学考古学”视角，能够带读者重走高斯、牛顿等先贤的思维轨迹，在微分流形中理解 Transformer 模型架构，在泛函空间里参悟大模型的涌现规律。

在实践维度，该丛书开创了“代码即理论”的创作范式。《人工智能大模型：动手训练大模型基础》等实战手册摒弃了概念堆砌，直接使用 PyTorch 框架下的 100 多个代码实例，将反向传播算法具象化为矩阵导数运算，使注意力机制可视化为概率图模型。在《DeepSeek 源码深度解析》中，作者团队细致剖析了国产大模型的核心架构设计，从分布式训练中的参数同步策略，到混合专家系统的动态路由机制，每个技术细节都配有工业级代码实现。这种“庖丁解牛”式的技术解密，使读者既能把握技术全貌，又能掌握关键模块的实现精髓。

该丛书着眼于中国乃至全世界人类的未来。当全球算力竞赛进入白热化阶段，《Python 大模型优化策略：理论与实践》系统梳理了模型压缩、量化训练、稀疏计算等关键技术，为突破“算力围墙”提供了方法论支撑。《DeepSeek 图解：大模型是怎样构建的》则使用大量的可视化图表，将万亿参数模型的训练过程转化为可理解的动力学系统，这种知识传播方式极大地降低了技术准入门槛。这些创新不仅呼应了“十四五”规划中关于人工智能底层技术突破的战略部署，还为构建自主可控的技术生态提供了人才储备。

作为人工智能发展的见证者和参与者，我非常高兴看到该丛书的三重突破：在学术层面构建了贯通数学基础与技术前沿的知识体系；在产业层面铺设了从理论创新到工程实践的转化桥梁；在战略层面响应了新时代科技自立自强的国家需求。该丛书既可作为高校培养复合型人工智能人才的立体化教材，又可成为产业界克服人工智能技术瓶颈的参考宝典，此外，还可成为现代公民了解人工智能的必要书目。

站在智能时代的关键路口，我们比任何时候都更需要这种兼具理论深度与实践智慧的启蒙之作。愿该丛书能点燃更多探索者的智慧火花，共同绘制人工智能赋能人类文明的美好蓝图。

于　剑

北京交通大学人工智能研究院院长
交通数据分析与挖掘北京市重点实验室主任
中国人工智能学会副秘书长兼常务理事
中国计算机学会人工智能与模式识别专委会荣誉主任

前 言

DeepSeek 大模型的诞生既是对全球人工智能（Artificial Intelligence，AI）浪潮的深刻响应，也是中国在大语言模型研发领域迈出的坚实步伐。DeepSeek 不仅融合了先进的视觉、语言及跨模态交互技术，还通过高效的模型训练与推理机制，实现了复杂任务的精准处理和快速响应。DeepSeek 为研究人员和开发者构建了一座连接理论与实践的桥梁，极大地降低了高性能 AI 技术的应用门槛，推动了前沿技术在各行各业中的广泛应用和产业化进程。

DeepSeek 作为国内具有代表性的大模型之一，在 Transformer 架构优化、混合专家（Mixture of Experts，MoE）架构设计、动态任务分配、多模态融合等方面展现了独特的技术优势，吸引了众多开发者、研究人员和企业用户的关注。本书系统解析了 DeepSeek 的技术原理、优化策略及应用方法，可以帮助读者深入理解大模型的构建与实践，加速 DeepSeek 在智能搜索、自动写作、代码生成、医疗健康、金融风控等领域的应用。

◇◆ 本书特点

◎ **内容体系全面系统：**从 DeepSeek 的使命与愿景入手，逐步拓展到人工智能与大模型的理论基础，接着深入剖析 DeepSeek 的底层架构、工作原理、内部机制、模型架构等核心内容，同时讲解了 DeepSeek 的训练过程、优化训练、推理模型、稀疏矩阵技术等，最后落实到模型部署和接入实战，构建了从理论到实战的完整知识体系。

◎ **理论与实践深度融合：**在深入阐释技术原理的同时，提供训练过程全流程揭秘、模型部署一体化落地方案等详细实战指导，让读者既能掌握技术本质，又能将其有效应用于实际场景。

◎ **技术解析深入核心：**不做表面化介绍，而是直击底层架构、内部机制等核心层面，让读者能够透彻理解大模型的工作原理和技术基石，深度揭秘 DeepSeek 的技术奥秘。

◎ **兼顾不同层次读者需求：**无论是对 AI 领域充满兴趣的爱好者，还是从事相关技术研发的专业人员，都能从书中获取有价值的信息，满足不同读者对 DeepSeek 技术和应用的学习与研究需求。

适合读者

◎ **AI 领域爱好者**

本书从基础理论出发，循序渐进地解析 DeepSeek 的技术原理与应用实践，帮助对 AI 技术，尤其是大模型领域充满探索热情的读者建立对大模型技术的系统性认知，满足他们对 AI 前沿科技的求知渴望。

◎ **技术研发人员**

书中对 DeepSeek 底层架构、训练过程、模型部署等的详细解析，能为从事大模型相关研发工作的工程师（包括算法开发、模型训练、系统部署等岗位的人员）提供技术参考和实践指导，助力解决实际工作中遇到的问题。

◎ **高校师生及科研人员**

本书深入剖析 DeepSeek 的技术架构和核心创新，既可作为高校人工智能、计算机科学等专业的教学参考书，也能为大模型领域的科研人员提供研究思路与技术支持，助力学术探索与技术创新。

◎ **企业技术规划和决策人员**

本书对 DeepSeek 的技术和应用进行了全面的介绍，能够帮助负责企业技术规划和决策的人员更好地评估 DeepSeek 在企业中的商业价值和落地可行性，为 AI 战略部署提供关键决策依据。

◎ **技术咨询、系统集成和实施人员**

书中的实践指导内容，如模型部署和接入实战，可以帮助 AI 技术咨询、系统集成和实施的人员更专业地为客户提供服务，确保 DeepSeek 在客户场景中的顺利落地。

致谢

本书的出版凝聚了许多人的智慧与心血，在此我要向他们致以最诚挚的谢意。

首先，要感谢我的家人。在创作的过程中，他们无条件的爱与支持为我营造了宁静的创作空间。正是他们默默的付出与体贴的关怀，让我能够全身心地投入创作。他们的理解与鼓励，是我坚持完成本书的重要力量。

其次，特别感谢与我一起奋斗的同事们，他们在技术探讨、资料收集等方面为我提供了巨大的帮助。与他们的交流碰撞出了许多思想的火花，让本书的内容更加丰富和完善。他们的专业素养和敬业精神，也一直激励着我不断追求进步。

最后，衷心感谢北京大学出版社编辑的大力支持，他们以专业的眼光和严谨的态度，对本书的结构、内容等方面提出了许多宝贵的建议和意见。正是他们的精心编辑和辛勤付出，才让本书能够以更好的面貌呈现给大家。

同时，感谢您选择并阅读本书。希望本书能成为您编程与技术探索路上的得力向导，并助您在学习与实践中不断进步。祝您阅读愉快！

由于作者水平有限，书中难免存在疏漏与不足之处，诚请读者提出宝贵的意见或建议，以便在后续版本中不断完善与改进。

温馨提示

本书附赠资源可用微信扫描右侧二维码，关注微信公众号并输入本书第 77 页的资源下载码，根据提示获取。

博雅读书社

目
CONTENTS
录

第 6 章

第 7 章

第 8 章

第9章

DeepSeek-R1：推理模型的革新之旅 125

第10章

稀疏矩阵技术：计算效率的新型加速利器 144

第11章

DeepSeek部署实战：从本地到云端的一体化落地 158

DeepSeek的使命与愿景：开辟AI应用新纪元

DeepSeek推动了人工智能（AI）技术的普惠化与创新，致力于通过开源与共享，让前沿的AI模型与技术惠及全球开发者与企业。DeepSeek团队专注于打造高效、智能、通用的语言模型，助力解决复杂问题，激发无限可能。DeepSeek的愿景是构建一个智能驱动、人人受益的数字世界，让AI成为推动人类进步的核心力量，开启智慧未来新篇章。

1.1 DeepSeek的由来

杭州深度求索人工智能基础技术研究有限公司成立于2023年7月，是由幻方量化牵头成立的AI公司。该公司专注于开发先进的大语言模型及相关技术，以低成本、高性能的模型迅速崛起。2025年1月，该公司推出新模型DeepSeek-R1。

1.1.1 DeepSeek的背景与目标

DeepSeek的诞生既是对全球人工智能变革浪潮的深刻响应，也是中国在大语言模型研发领域迈出的坚实步伐。

1. 背景

DeepSeek诞生的背景如图1-1所示。

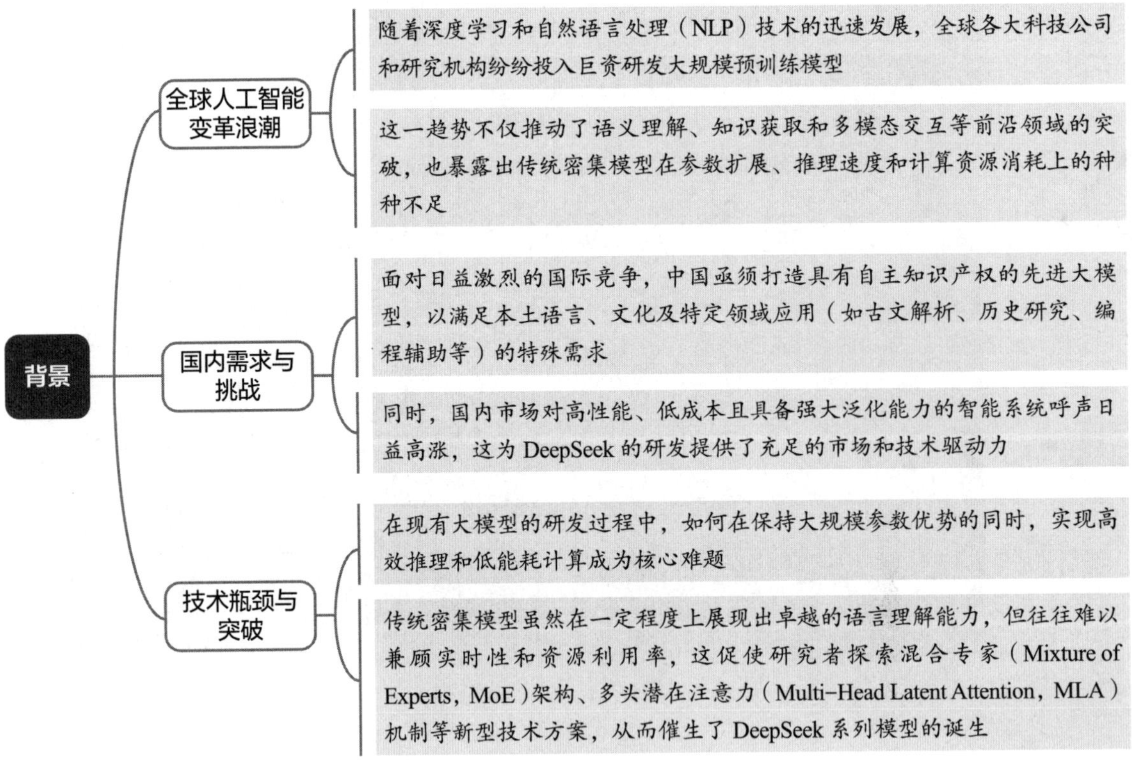

- 背景
  - 全球人工智能变革浪潮
    - 随着深度学习和自然语言处理（NLP）技术的迅速发展，全球各大科技公司和研究机构纷纷投入巨资研发大规模预训练模型
    - 这一趋势不仅推动了语义理解、知识获取和多模态交互等前沿领域的突破，也暴露出传统密集模型在参数扩展、推理速度和计算资源消耗上的种种不足
  - 国内需求与挑战
    - 面对日益激烈的国际竞争，中国亟须打造具有自主知识产权的先进大模型，以满足本土语言、文化及特定领域应用（如古文解析、历史研究、编程辅助等）的特殊需求
    - 同时，国内市场对高性能、低成本且具备强大泛化能力的智能系统呼声日益高涨，这为DeepSeek的研发提供了充足的市场和技术驱动力
  - 技术瓶颈与突破
    - 在现有大模型的研发过程中，如何在保持大规模参数优势的同时，实现高效推理和低能耗计算成为核心难题
    - 传统密集模型虽然在一定程度上展现出卓越的语言理解能力，但往往难以兼顾实时性和资源利用率，这促使研究者探索混合专家（Mixture of Experts，MoE）架构、多头潜在注意力（Multi-Head Latent Attention，MLA）机制等新型技术方案，从而催生了DeepSeek系列模型的诞生

图1-1

2. 目标

DeepSeek的目标如图1-2所示。

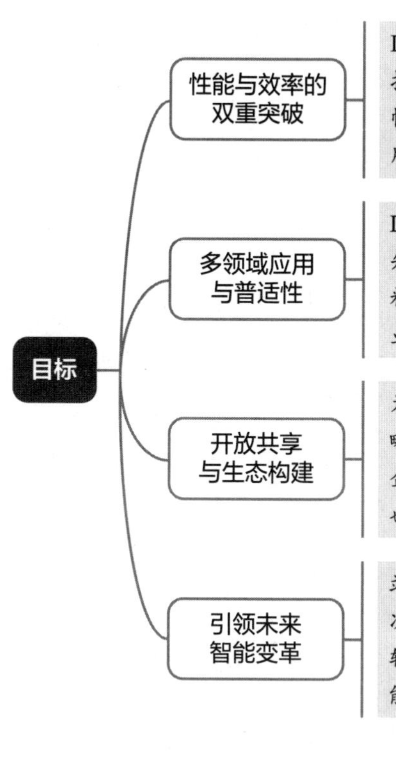

DeepSeek 旨在通过创新的架构设计（如引入 MoE、MLA、低精度训练等技术）实现在海量参数与高效推理之间的完美平衡。这种技术突破不仅大幅提升了模型的理解和生成能力，还能在推理速度和资源消耗方面达到前所未有的优化效果

DeepSeek 不仅用于通用语言处理，还致力于在编程辅助、数学推理、专业知识问答及跨语言应用等场景中展现出领先的技术实力。通过大规模多语料预训练和针对性微调，DeepSeek 希望成为一个能够服务于学术研究、工业应用和商业创新的全能型人工智能平台

为推动全球人工智能技术的进步和公平竞争，DeepSeek 团队坚持开放策略，通过开源协议释放模型权重和技术文档，鼓励全球开发者、研究者及企业进行深度合作和持续创新。这不仅有助于形成一个共赢的技术生态，也为后续大模型的标准制定和应用推广提供了宝贵经验

站在技术前沿，DeepSeek 致力于打破现有大模型的技术瓶颈，探索更高层次的智能推理与自我反思机制，推动人工智能从“工具”向“智慧体”的转变，最终实现对复杂任务的高效解决与决策支持，助力各行各业进入智能化新时代

图 1-2

总之，DeepSeek既是对当前人工智能发展现状的深刻洞察，也是对未来智能变革的战略布局。它不仅代表着技术创新和效率提升的最新成果，还承载着推动人工智能普惠化、产业化与提升国际竞争力的宏伟目标。

1.1.2 DeepSeek 名称的由来与理念传承

DeepSeek的名称由“Deep”（深思、深度）和“Seek”（探索、追求）组合而成。这一名称不仅体现了公司在人工智能领域深耕细作的决心，也呼应了深度学习这一核心技术。

在理念传承方面，深度求索的“求索”一词源自屈原《离骚》中的名句“路漫漫其修远兮，吾将上下而求索”，它象征着对知识、真理和理想的不懈追求。DeepSeek团队以这种精神为核心，致力于通过技术创新推动人工智能的普惠化发展。此外，DeepSeek的创始人梁文锋强调原创式创新，主张通过开源生态和技术沉淀构建“护城河”，突破“跟随者”角色，参与全球技术前沿竞争。这种理念体现了DeepSeek团队对技术深度探索和文化传承的双重追求。

1.1.3 市场机遇与外部环境

DeepSeek的市场机遇与外部环境可以从图 1-3 所示的几个方面进行分析。

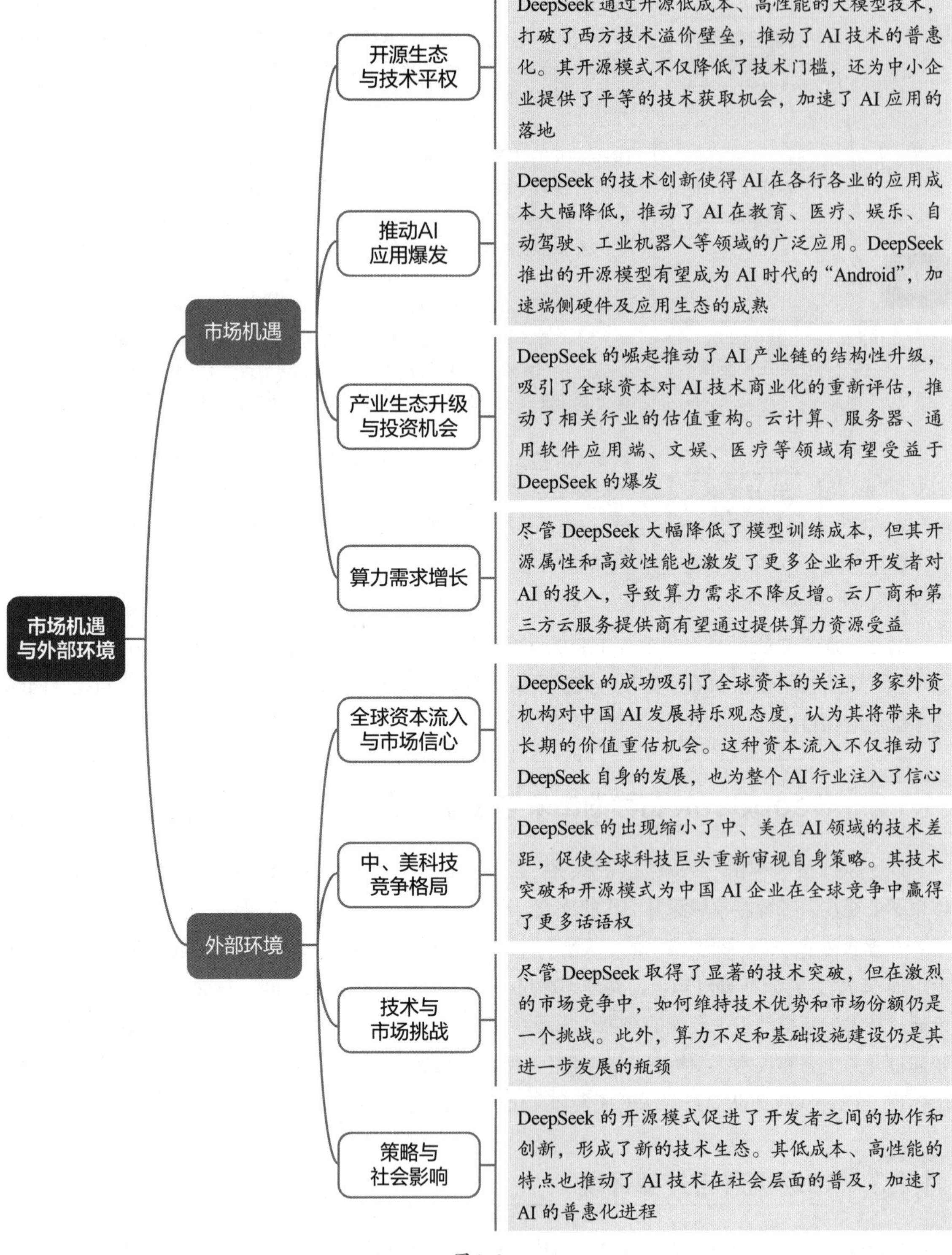

图 1-3

总之，DeepSeek凭借其技术优势和开源模式，在AI市场中展现出巨大的发展潜力，但也面临着激烈的竞争和基础设施建设等挑战。

1.1.4　技术贡献与研发经验

DeepSeek团队的技术实力与研发经验在短时间内取得了显著突破，展现出强大的创新能力和应用潜力。该团队凭借卓越的技术水平和丰富的研发经验，成功推出了多个具有国际顶尖水平的大语言模型，并在多个关键领域实现了技术革新。

1. 技术贡献

DeepSeek团队的技术贡献如图1–4所示。

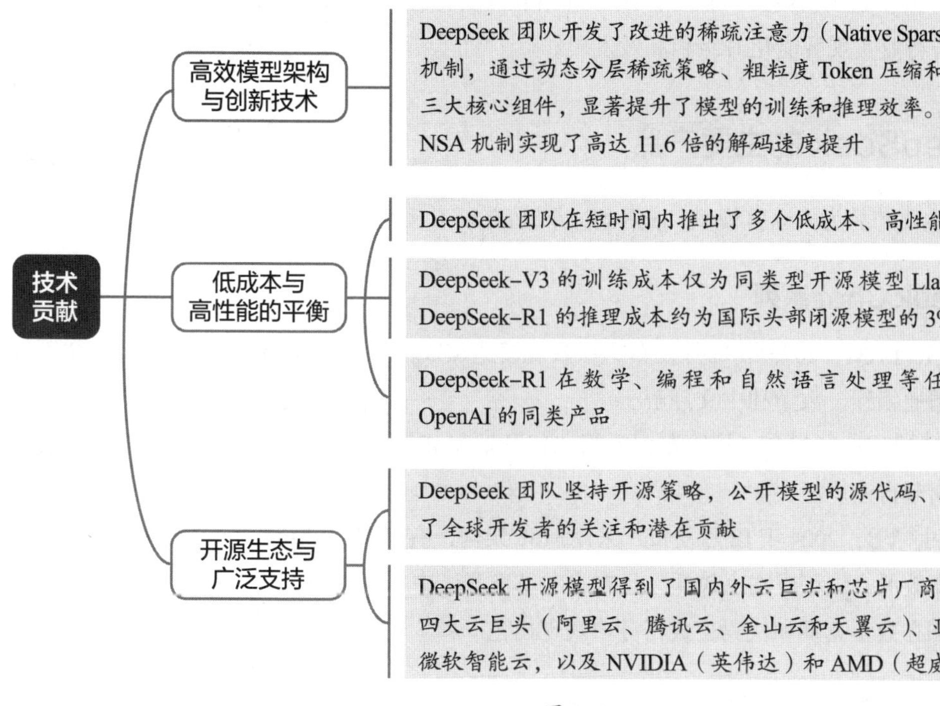

图 1–4

2. 研发经验

DeepSeek团队的研发经验丰富，在行业内的突出表现如图1–5所示。

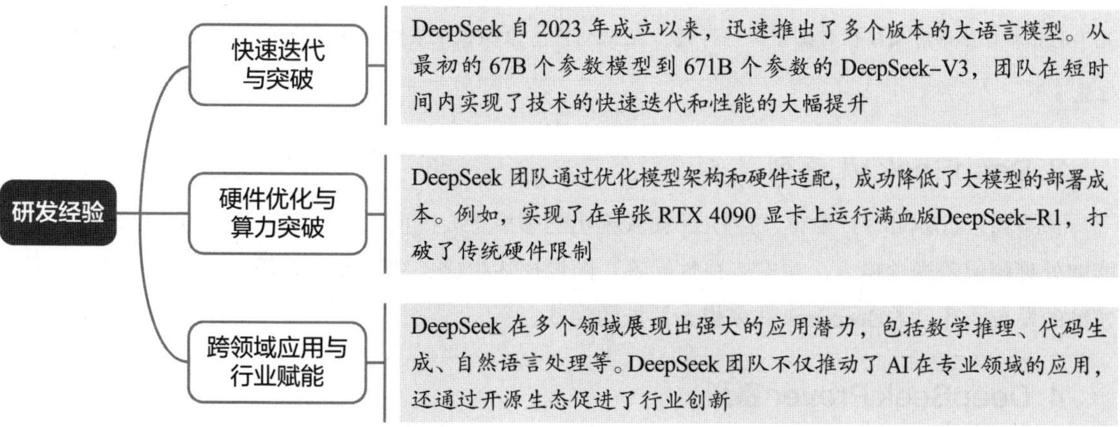

图 1–5

总之，DeepSeek凭借其强大的技术实力和丰富的研发经验，在AI领域迅速崛起，成为全球关注的焦点。

1.2 DeepSeek的主要产品和应用场景

DeepSeek的主要产品包括强大的大语言模型DeepSeek Chat和高效推理模型DeepSeek Reasoning。这些产品广泛应用于教育、医疗健康和金融等多个领域，能够为教育领域提供虚拟实验室和智能辅导，为医疗健康领域提供初步诊断和健康管理支持，为金融领域提供市场分析和风险评估服务等，助力各行业实现智能化升级和高效发展。

1.2.1 DeepSeek的主要产品

DeepSeek的主要产品为大语言模型，其中核心产品有以下几类。

1. DeepSeek Chat系列

◎ **DeepSeek LLM**：2023年11月发布，参数规模达67B，具备推理、编程、数学、中文等领域的通用能力，精通编程、数学和中文理解。

◎ **DeepSeek-V2**：2024年5月发布，是第二代开源MoE架构，参数规模达236B，推理成本低，性能强劲，引起行业广泛关注。

◎ **DeepSeek-V3**：2024年12月发布，采用MoE架构，有671B个参数，每次推理仅激活37B个参数，计算成本较低，训练成本也较低，且在多项基准测试中的表现接近甚至超越国际顶尖模型，推理能力突出，如在数学竞赛和代码生成任务中表现出色。

2. DeepSeek Coder系列

DeepSeek Coder系列于2023年11月发布，是领先的开源代码大模型之一，由一系列代码专用模型组成，支持多种编程语言的生成、调试和数据分析等任务，采用MIT许可证开源。

注意：DeepSeek Math系列于2024年2月发布，基于DeepSeek-Coder-v1.5 7B模型初始化，使用数学相关Token和自然语言及编程数据预训练得到，在MATH基准测试中表现优异，接近Gemini Ultra和GPT-4的性能水平。

3. DeepSeek VL系列

该系列于2024年3月发布，是DeepSeek推出的多模态大模型，融合了视觉与语言处理能力。它能够处理图像等视觉输入，并支持视觉问答、图像描述生成、视觉推理等任务。DeepSeek VL系列模型的发布，开启了DeepSeek在多模态领域的尝试。

4. DeepSeek Prover系列

DeepSeek Prover系列模型是专注于数学推理的超大规模语言模型。到目前为止，该系列模型已推出多个版本，包括DeepSeek-Prover-V1、DeepSeek-Prover-V1.5，以及DeepSeek-Prover-V2等。

5. DeepSeek Reasoning 系列

◎ **DeepSeek-R1：** 2025年1月发布，基于DeepSeek-V3-Base架构，采用MoE设计，总参数量为671B，每次激活参数量为37B，通过强化学习显著提升了推理能力，可自我验证、反思和生成长思维链。其推理能力在数学、代码等任务上表现优异，甚至在某些基准测试中超越OpenAI-o1-1217，支持将推理能力蒸馏到小模型中。模型完全开源，遵循MIT协议，支持免费商用和定制开发，API兼容OpenAI格式，长上下文达128K Token。

◎ **DeepSeek-R1-Zero：** 完全通过强化学习训练，无监督微调，采用群体相对策略优化（Group Relative Policy Optimization，GRPO）算法。其训练采用基于规则的奖励系统，包括准确性奖励和格式奖励，但输出存在中英文混杂等可读性问题。该模型的实验性成果为后续DeepSeek-R1的优化提供重要参考。

1.2.2 DeepSeek 的应用场景

DeepSeek的应用场景非常广泛，涵盖了多个领域和行业，以下是一些主要的应用场景。

1. 智能对话与客户服务

◎ **智能客服：** DeepSeek可以自动回答客户咨询，处理订单、退款、投诉等问题，广泛应用于电商平台、银行、电信公司等。

◎ **情感支持：** 心理健康应用利用DeepSeek为用户提供基础的情感支持。

◎ **多模态交互：** 支持语音、文字等多种交互方式，可用于智能助手和移动应用。

2. 代码生成与编程学习

◎ **代码生成与优化：** DeepSeek Coder系列能够根据自然语言描述生成高质量代码，支持多种编程语言，还可帮助开发者优化代码。

◎ **API学习：** 帮助开发者快速掌握新框架和API的使用方法。

◎ **教育辅助：** 帮助编程初学者学习编程概念和最佳实践。

3. 内容创作

◎ **文本生成：** 可生成故事、诗歌、营销文案等内容，创意类文本表现优异。

◎ **多语言翻译：** 支持多种语言的翻译任务，能够辅助处理法律合同、技术手册等专业文档。

◎ **摘要与改写：** 提供长文本摘要、风格改写及本地化适配。

4. 数据分析与推荐

◎ **数据分析：** 对用户提供的数据进行分析，生成可视化代码和文本报告，辅助探索性数据分析。

◎ **个性化推荐：** 根据用户的历史行为和偏好，生成推荐内容列表，注意需要配合实时用户画像系统使用。

5. 教育与学习

◎ **学习助手：** 帮助学生记忆单词、解答题目、修改作文等。

◎ **自适应学习：** 根据学生的学习进度和知识掌握情况，动态生成学习路径。

6. 金融与投资

◎ **智能风控：** 支持文本型金融数据的风险模式识别（如欺诈检测），需与领域规则结合使用。

◎ **量化投资：** 帮助投资者分析市场行情，辅助投资研究。

总之，DeepSeek的多功能性和强大的推理能力使其在多个领域发挥重要作用，极大地提升了工作效率和用户体验。

1.3 DeepSeek与其他模型的性能对比

DeepSeek系列模型在AI领域引起了广泛关注，特别是在性能方面，与其他大语言模型相比，展现出独特的优势。DeepSeek-R1与几个主流大模型在多个基准测试上的性能对比，如图1-6所示。

Model	AIME 2024		MATH-500	GPQA Diamond	LiveCode Bench	CodeForces
	pass@1	cons@64	pass@1	pass@1	pass@1	rating
GPT-4o-0513	9.3	13.4	74.6	49.9	32.9	759
Claude-3.5-Sonnet-1022	16.0	26.7	78.3	65.0	38.9	717
OpenAI-o1-mini	63.6	80.0	90.0	60.0	53.8	**1820**
QwQ-32B-Preview	50.0	60.0	90.6	54.5	41.9	1316
DeepSeek-R1-Distill-Qwen-1.5B	28.9	52.7	83.9	33.8	16.9	954
DeepSeek-R1-Distill-Qwen-7B	55.5	83.3	92.8	49.1	37.6	1189
DeepSeek-R1-Distill-Qwen-14B	69.7	80.0	93.9	59.1	53.1	1481
DeepSeek-R1-Distill-Qwen-32B	**72.6**	83.3	94.3	62.1	57.2	1691
DeepSeek-R1-Distill-Llama-8B	50.4	80.0	89.1	49.0	39.6	1205
DeepSeek-R1-Distill-Llama-70B	70.0	**86.7**	**94.5**	**65.2**	**57.5**	1633

图1-6

接下来对图1-6中的性能对比信息进行说明。

1. 模型

◎ GPT-4o-0513：由OpenAI开发的一种模型版本。

◎ Claude-3.5-Sonnet-1022：由Anthropic开发的模型版本。

◎ OpenAI-o1-mini：OpenAI的一个较小的模型版本。

◎ QwQ-32B-Preview：一个预览版的大型模型。

◎ DeepSeek-R1-Distill-Qwen-1.5B：DeepSeek的R1系列模型，基于Qwen架构，参数量为1.5B的版本。

◎ DeepSeek-R1-Distill-Qwen-7B：基于Qwen架构，参数量为7B的版本。

◎ DeepSeek-R1-Distill-Qwen-14B：基于Qwen架构，参数量为14B的版本。

◎ DeepSeek-R1-Distill-Qwen-32B：基于Qwen架构，参数量为32B的版本。

◎ DeepSeek-R1-Distill-Llama-8B：基于Llama架构，参数量为8B的版本。

◎ DeepSeek-R1-Distill-Llama-70B：基于Llama架构，参数量为70B的版本。

2. 评估指标

◎ AIME 2024：这是一个针对数学问题解决的基准测试，评估模型在解答美国数学邀请赛（AIME）问题上的能力。

◎ pass@1：第一次生成就正确解答问题的比例。

◎ cons@64：在64次尝试中保持一致解答的比例。

◎ MATH-500：一个数学基准测试，包含500道竞赛级数学题的测试集。

◎ GPQA Diamond：一个与编程或问答相关的基准。

◎ LiveCode Bench：一个代码执行和测试的基准，评估模型生成可执行代码的能力。

◎ CodeForces rating：这是一个基于CodeForces平台的评分系统，用于衡量模型在编程竞赛问题上的表现，分数越高表示能力越强。

3. 数据分析

图1-6中的数据展示了各个模型在不同任务上的表现，具体如下。

◎ DeepSeek-R1-Distill-Qwen-32B在AIME 2024的pass@1指标上达到了72.6%，在MATH-500的pass@1指标上达到了94.3%，在CodeForces rating上达到了1 691分。

◎ DeepSeek-R1-Distill-Llama-70B在MATH-500的pass@1指标上达到了94.5%，CodeForces rating达到了1 633分。

通过图1-6提供的详细数据，我们可以看出，DeepSeek的系列模型在多个基准测试中表现优异，特别是在数学和代码生成任务上。

1.4 DeepSeek 初体验

DeepSeek的常见应用之一是作为知识库来使用，各行各业的人都可以通过DeepSeek来提问并获取相关信息。DeepSeek的具体应用步骤如下。

01 登录DeepSeek官网，如图1-7所示。单击“开始对话”按钮并注册账号。

02 进入交互界面，在此可以输入任何问题进行咨询。根据具体需要单击“深度思考（R1）”和“联网搜索”按钮，这样得到的回复结果更贴近需求，如图1-8所示。

图 1-7

图 1-8

03 输入下面的问题。

你知道范仲淹的《岳阳楼记》吗？请介绍一下作者、创作背景和含义。然后参考文章，帮我为大明湖畔的超然楼写一篇《超然楼记》。

DeepSeek给出的解答如下。

一、范仲淹与《岳阳楼记》的解读

1. 作者与创作背景

范仲淹（989—1052），北宋政治家、文学家，谥号“文正”。他提出“先天下之忧而忧，后天下之乐而乐”的济世理念，成为儒家士大夫的精神标杆。《岳阳楼记》创作于庆历六年（1046年），当时范仲淹因“庆历新政”失败被贬至河南邓州，应好友滕子京之邀，凭一幅《洞庭晚秋图》想象成文，未曾亲临岳阳楼。

2. 文章结构与含义

全文分为如下三部分。

叙事：简述岳阳楼重修背景及滕子京的政绩。

写景：通过阴晴两种天气的对比，展现“迁客骚人”因境遇而生的悲喜。

抒怀：以“古仁人之心”批判个人情感的局限，提出“不以物喜，不以己悲”的豁达胸襟，最终升华至家国情怀。

其核心思想超越了山水楼观，直指士人的责任与境界，成为中国古代散文的巅峰之作。

二、《超然楼记》创作参考

（以下为仿《岳阳楼记》风格所作）

超然楼记

历下古城，大明湖畔，有楼超然，峙于湖东。其名取自东坡“超然台”之意，寓离尘脱俗、燕处超然也。元时学士李泂始建，七百年间屡毁于战火，屡兴于盛世，今楼乃丁亥年重建，巍峨七层，铜瓦飞檐，俯瞰明湖，远眺历山，实为江北第一胜景。

予观夫明湖胜状，尽汇一楼。衔南山之苍翠，吞泺源之清流；朝晖夕霭，荷香柳影，四时之景殊异，而气象万千。登斯楼也，则有心旷神怡，宠辱皆忘，把酒临风，其意超然者矣。

至若烽烟骤起，楼毁亭倾。元末兵祸，明季清军，昔时雕梁画栋，皆化断壁残垣。然士绅百姓，未尝忘其风骨，或修亭以寄怀，或题诗以追古。廖炳奎诗云："故亭渺何处，怀古发高歌"，道尽沧桑之叹。

嗟夫！予尝求古仁人之意，或异二者之为。何哉？不以兴废扰其心，不以盛衰易其志。昔李溉之建楼，为寄情山水；今人复其旧制，乃承文脉千秋。是楼也，虽历劫难而重生，经百代而弥新，岂非"超然"之真谛乎？

时辛丑年仲春，予游济南，感其楼之传奇，属文以记之。

三、解析《超然楼记》的创作思路

历史与重建：突出超然楼自元代李洞始建、历经战火与重建的沧桑，呼应《岳阳楼记》中"政通人和"的修缮背景。

景物与意境：以大明湖的四季变换、登楼远眺的开阔视野，模仿范仲淹对岳阳楼"气象万千"的铺陈。

哲理升华：通过对比楼宇的兴衰与士人的坚守，将"超然"从个人豁达延伸至文化传承，既保留原作的议论风格，又融入济南独特的人文精神。

（注：文中引用的诗句、历史事件均源自搜索结果）

1.5 DeepSeek API

开发者可以在DeepSeek开发者中心获取与开发相关的详细信息。DeepSeek API是基于DeepSeek推出的应用程序接口服务，能够为开发者提供强大的自然语言处理能力，支持文本生成、智能对话、语义理解等功能。DeepSeek API被广泛应用于智能客服、内容创作、数据分析等场景，助力企业和个人用户快速构建智能化应用。

1.5.1 DeepSeek API介绍

DeepSeek API为开发者提供了自然语言处理和代码生成能力，适用于多种AI应用场景。DeepSeek API的核心特性如下。

◎ **简单易用的RESTful API：** 提供标准化的RESTful API接口，便于与任意编程语言或框架集成，开发者可以快速上手。

◎ **多模型支持：** 支持多种DeepSeek模型，参数规模从1.5B到70B，适用于不同任务。

◎ **高性能：** 基础设施经过优化，可确保快速响应和高可用性，支持高并发请求。

◎ **灵活的消息格式：** 支持系统消息、用户消息、助手消息和工具消息等格式，满足不同场景需求。

◎ **可定制的API参数：** 开发者可根据需要调整参数，如生成内容的最大长度、随机性和多样性等。

◎ **易于集成：** 支持多种编程语言，如Python、JavaScript等，提供多语言SDK和丰富示例代码，帮助开发者快速集成。

总之，DeepSeek API为开发者提供了一种简单而强大的AI集成方案，助力提升应用程序的智能化能力和用户体验。

1.5.2 DeepSeek API调用方法

DeepSeek官网为开发者提供了调用DeepSeek API的方法，具体操作步骤如下。

01 登录DeepSeek官网，如图1–9所示。单击右上角的"API开放平台"链接，即可进入DeepSeek开放平台主页。

02 注册并登录后，DeepSeek开放平台主页默认显示"用量信息"界面，其中展示了调用DeepSeek API的价格信息，如图1–10所示。

图1–9

图1–10

03 在使用DeepSeek API之前需要先获得API key（即应用程序接口密钥），API key是一种用于身份验证和授权的标识符，通常由一串字符组成。选择左侧导航栏中的"API keys"选项进入"API keys"界面，单击"创建API key"按钮弹出"创建API key"对话框，如图1–11所示。

04 在对话框中输入API key的名称，然后单击"创建"按钮，完成创建工作。此时在"API keys"界面会显示新创建的API key，如图1–12所示。切记，一定不要泄露自己的API key，避免被他人盗用。

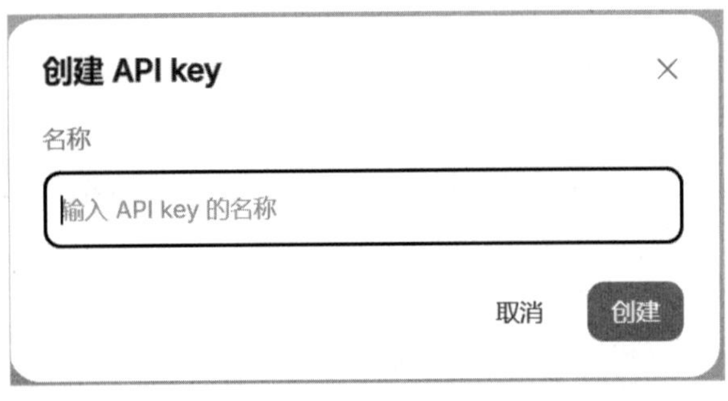

图1–11

图1–12

05 选择左侧导航栏中的“接口文档”选项进入“DeepSeek API文档”界面，官方为开发者列出了使用DeepSeek API的详细教程，如图1–13所示。

图 1–13

1.5.3 基于 DeepSeek API 的对话程序

在DeepSeek API的官方教程中提供了实现对话程序的方法，并且分别给出了Curl、Python和Node.js版本的示例代码，如图1–14所示。

图 1–14

例如，下面的代码参考了图1–14所示的官方文档，并进行了简单修改，使用调用对话API实现了对话功能。

```
from openai import OpenAI
import time

def deepseek_chat(api_key, message):
    client = OpenAI(api_key=api_key, base_url="https://api.deepseek.com")
    response = client.chat.completions.create(
        model="deepseek-chat",
        messages=[
            {"role": "system", "content": "我是一个知识库，能够解答用户的问题"},
            {"role": "user", "content": message},
        ],
        stream=False
    )
    print(response.choices[0].message.content)


if __name__ == "__main__":
    api_key = "你的DeepSeek密钥"

    message = "你知道DeepSeek吗？"
    start = time.time()
    deepseek_chat(api_key, message)
    end = time.time()

    print(f"deepseek_chat 此次调用花费时间为：{(end - start):.4f}秒")
```

执行后会调用DeepSeek解答代码中message设置的问题“你知道DeepSeek吗？”，并输出回复结果。

```
当然知道！DeepSeek是杭州深度求索人工智能基础技术研究有限公司推出的AI大模型，专注于人工智能领域的研发和创新。目前，DeepSeek已经推出了多个强大的AI大模型，包括DeepSeek-V2、DeepSeek-V3等，支持超长上下文（128K），能够处理复杂的文本理解、代码生成、逻辑推理等任务。
deepseek_chat 此次调用花费时间为：3.3688秒
```

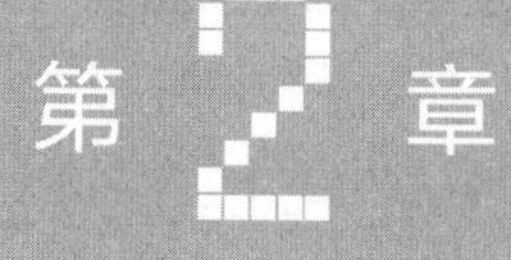

第2章 人工智能与大模型：智能时代的核心引擎

人工智能（AI）是计算机科学的一个分支，旨在使计算机能够模拟人类的智能行为和思维过程，从而完成复杂的任务。近年来，大模型作为AI的一个重要分支迅速崛起。这些模型基于深度学习中的Transformer架构，通过在海量文本数据上进行预训练，学习语言的语法、语义和上下文关系，能够生成自然语言文本并应用于多种任务，如文本生成、机器翻译、问答系统等。大模型以其强大的语言理解和生成能力，推动了AI在自然语言处理（NLP）领域的快速发展，成为当前AI技术的重要发展方向。

2.1 人工智能基础介绍

人工智能是一个旨在使计算机系统能够模拟人类智能行为的跨学科领域，它涵盖了机器学习、深度学习、自然语言处理、计算机视觉（CV）等分支。

2.1.1 人工智能简介

人工智能是指使计算机系统能够执行通常需要人类智能才能完成的任务的技术和理论。这些任务包括语言理解、视觉感知、学习、推理、规划、决策等。人工智能的目标是开发智能系统，使其能够在复杂环境中自主运行，并解决实际问题。

1. 人工智能的主要分支

人工智能的主要分支如图2-1所示。

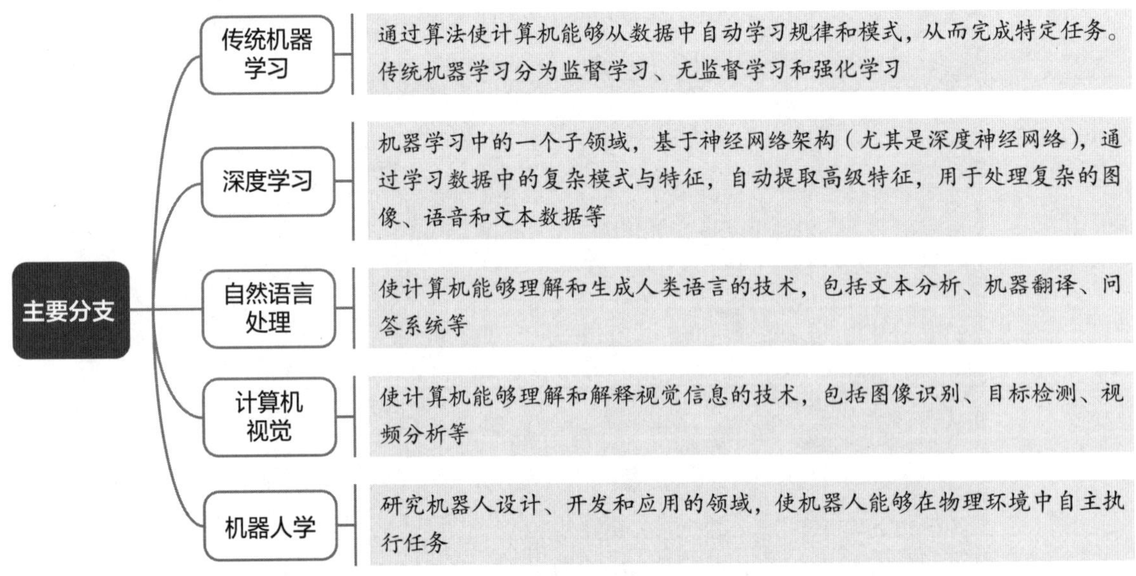

图2-1

2. 人工智能的关键技术

人工智能的关键技术如图2-2所示。

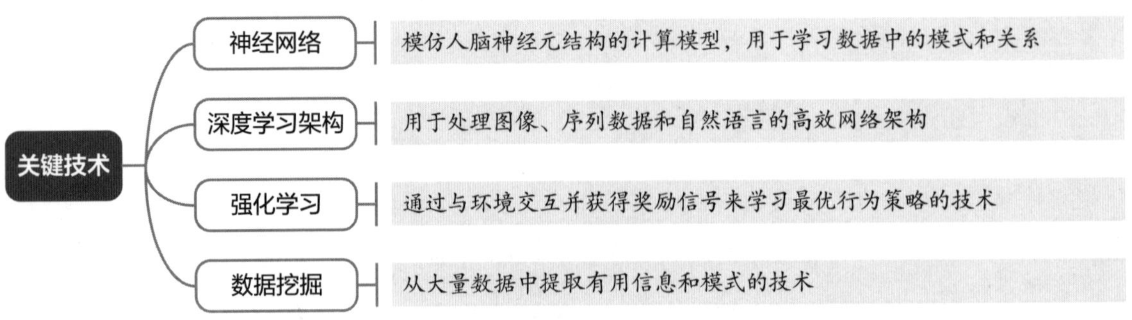

图2-2

3. 人工智能的应用领域

◎ **医疗保健：**疾病诊断、药物研发、医疗影像分析等。

◎ **交通与自动驾驶：**智能交通系统、自动驾驶汽车等。

◎ **金融：**风险评估、欺诈检测、投资决策等。

◎ **教育：**个性化学习、智能辅导系统等。

◎ **娱乐：**内容推荐、游戏开发等。

◎ **工业与制造业：**自动化生产、质量控制等。

总之，人工智能作为一门前沿技术，不仅推动了科技的快速发展，还不断拓展其应用边界，为解决复杂问题提供了新的思路和方法。

2.1.2 传统机器学习

传统机器学习是人工智能的一个分支，它通过数据驱动的算法，让计算机系统在没有明确编程指令的情况下自动学习和改进。其核心原理是通过大量的历史数据，自动发现模式和规律，并利用这些模式和规律进行预测或决策。

传统机器学习是一种算法模型，这种模型能够从数据中获取信息，逐渐改进自身的性能，而不依赖于固定的规则。传统机器学习的目标是构建能够自动识别模式的模型，以便对新数据进行分析和预测。传统机器学习的常用概念如图 2-3 所示。

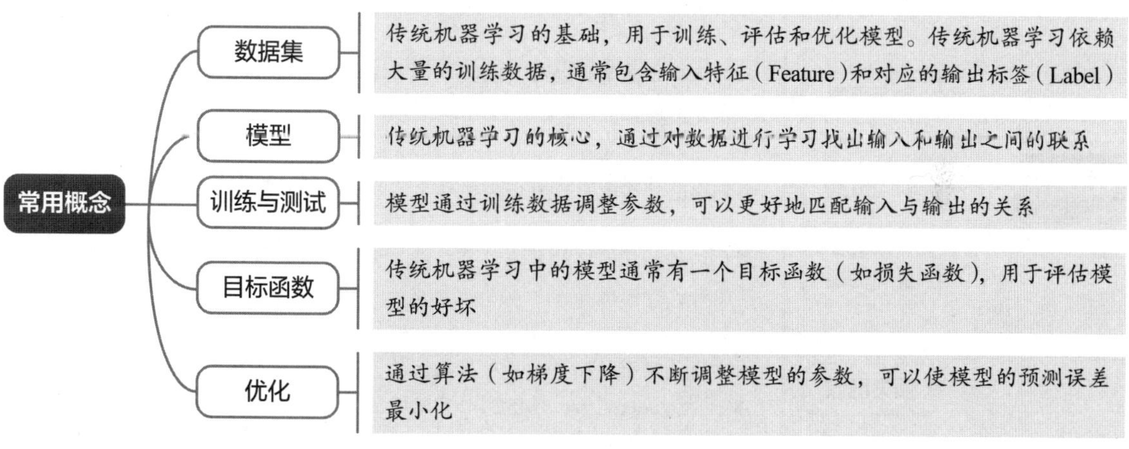

图 2-3

传统机器学习的基本原理是基于统计学和概率论，其实现步骤如图 2-4 所示。

总之，传统机器学习的核心理念是通过数据进行自我学习，以更好地应对未知的任务和问题。

2.1.3 深度学习

深度学习是机器学习中的一个子领域，它专注于使用多层神经网络来模拟人脑处理信息的方式。深度学习利用多层次的非线性变换，自动从数据中提取高级特征和模式，进行分类、预测等任务。它特别擅长处理复杂的数据，如图像、语音和自然语言等。

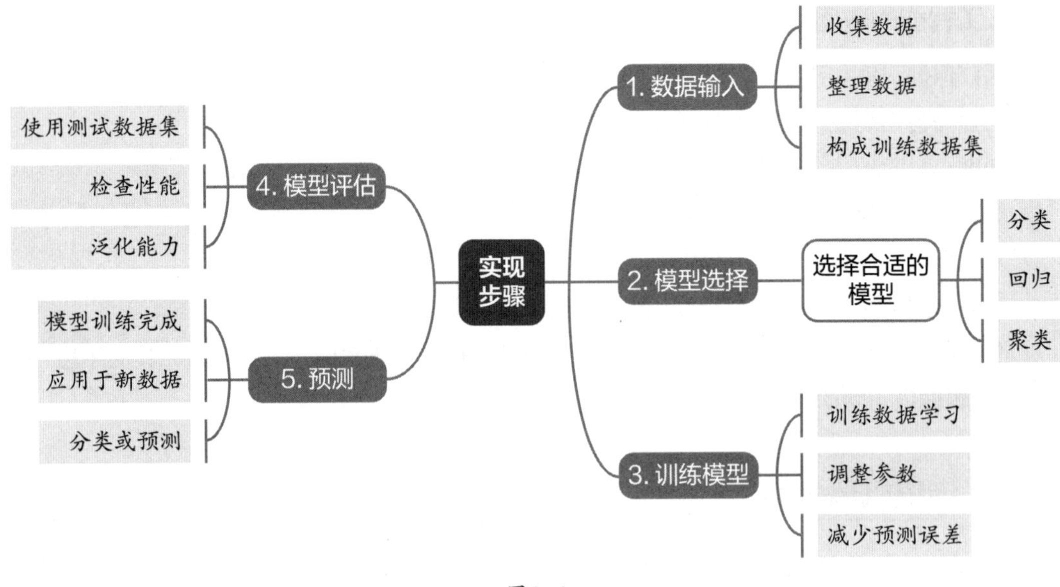

图 2-4

深度学习是一种通过构建深层的神经网络来进行数据分析和建模的机器学习方法。深度学习模型通常包括多个隐藏层（深度），使得模型可以学习到数据中的复杂和抽象的特征。深度学习的基本概念如图2-5所示。

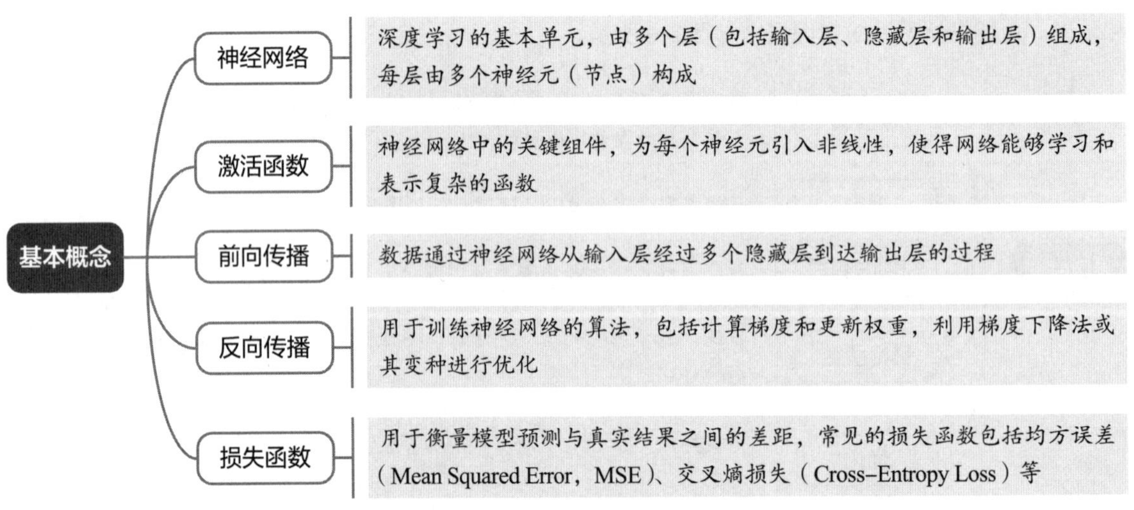

图 2-5

总之，深度学习通过多层神经网络学习和提取数据中的复杂特征，广泛应用于计算机视觉、自然语言处理和语音识别等领域。

2.2 什么是大模型

大模型是一种基于深度学习的人工智能模型，它通过学习大量的语言数据来理解、生成和处理自然语言。简单来说，大模型就像一个超级聪明的“专家”，它通过阅读海量的书籍、文章和对话，学会了人类的语言规则和表达方式，从而能够像人类一样进行交流和创作。

想象一下，你有一个朋友，他几乎读过世界上所有的书，还能记住每一本书的内容。当你问他任何问题时，他都能用准确、流畅的语言回答你，甚至还能根据你提出的问题创作出一首诗或者一个故事。你的这个朋友就像一个大模型——他通过学习大量的语言数据（就像读过所有书一样），掌握了语言的规律，能够根据你的需求提供合适的回答或创作内容。

大模型的工作原理也类似，它通过学习海量的文本数据（比如互联网上的文章、书籍、对话等），学会了如何组织语言、理解语义和生成文本。当你给它一个任务，比如“写一封感谢信”或者“解释什么是人工智能”，它会根据之前学到的知识，生成符合语言逻辑和语义要求的文本，就像那个读过所有书的朋友一样。

2.2.1 大模型的常用概念

大模型是近年来人工智能领域的热门技术，其发展涉及多个核心概念。以下是对大模型的一些常用概念的简要解释。

1. 神经网络

神经网络（Neural Network）是一种模仿人脑神经元结构和功能的计算模型，由大量相互连接的神经元组成。它通过优化算法调整连接权重，自动学习输入数据的特征和模式，能够进行分类、回归、生成等任务。神经网络是深度学习的基础，广泛应用于计算机视觉、自然语言处理等领域。

2. 网络模型

网络模型（Network Model）是神经网络的具体实现形式，包括卷积神经网络（CNN）、循环神经网络（RNN）、Transformer等。这些模型通过不同的架构设计，适用于不同的任务类型。例如，卷积神经网络适合处理图像数据，而Transformer是大模型的核心架构。

3. 机器学习

机器学习（Machine Learning）是人工智能的一个分支，旨在通过算法让计算机从数据中自动学习规律和模式，从而完成特定任务。机器学习分为监督学习、无监督学习和强化学习，大模型属于无监督学习的一种，通过预训练学习语言的通用规律。

4. 训练模型

训练模型（Training Model）是指通过特定的算法和数据对模型进行训练的过程，使模型能够学习输入数据的特征和模式，并输出期望的结果。在大模型中，训练模型通常包括预训练（无监督学习）和微调（监督学习）两个阶段。预训练阶段，模型在海量无标注文本数据上学习语言的通用规律和模式；微调阶段，模型在少量标注数据上进一步优化，以适应特定任务。训练模型的目标是提高模型的性能和泛化能力。

5. 预训练

预训练（Pre-training）是大模型的核心训练方式。模型在海量无标注文本数据上进行训练，学习语言的通用规律和模式，如语法、语义和上下文关系。预训练的目标是让模型具备广泛的语言理解能力，为后续的微调或直接应用打下基础。

6. 微调

微调（Fine-tuning）是指在预训练模型的基础上，针对特定任务（如文本分类、问答系统、翻译等）进行进一步训练。通过在少量标注数据上调整模型的参数，微调可以让大模型更好地适应特定任务的需求，提高其在实际应用中的性能。

7. 算力

算力（Computational Power）是指训练和运行大模型所需的计算资源，通常用图形处理器（GPU）或张量处理器（TPU）的数量和性能来衡量。大模型的训练和推理需要大量的计算资源，尤其是参数量较大的模型，对硬件的要求更高。

8. 数据集

数据集（Dataset）是用于训练和评估大模型的文本数据集合。高质量、多样化的数据集是大模型成功的关键。常见的数据集包括书籍、新闻文章、网页文本等。

9. 性能指标

性能指标（Performance Metrics）用于评估大模型的性能，如准确率（Accuracy）、召回率（Recall）、F1分数（F1 Score）、BLEU分数（用于机器翻译）等。这些指标帮助研究人员和开发者了解模型在不同任务上的表现。

这些概念构成了大模型的基础框架，帮助我们更好地理解大模型的工作原理、应用场景和优化方向。

2.2.2 常见的大模型

在下面的内容中，列出了目前常见的大模型及其特点。

1. OpenAI 的 GPT 系列

◎ GPT-1：2018年推出，是最早的生成式预训练模型之一，基于Transformer架构，参数量为1 170M。

◎ GPT-2：2019年推出，参数量达1.5B，显著提升了生成文本的连贯性和多样性。

◎ GPT-3：2020年推出，参数量达175B，支持多种自然语言处理任务，如文本生成、翻译和问答。

◎ GPT-3.5（ChatGPT）：2022年推出，基于GPT-3改进，引入了人类反馈强化学习（RLHF），进一步提升了模型性能。

2. Google 的 T5 和 Flan-T5

◎ **T5**：2020年推出，将不同形式的任务转化为条件生成任务，参数量从770M到11B。

◎ **Flan-T5**：在T5的基础上，通过多任务微调显著提升了模型在1 800多个NLP任务中的性能。

3. Meta 的 Llama 系列

◎ **Llama**：2023年推出，包含多个版本（7B、13B、30B、65B），采用Transformer架构，引入了旋转位置编码（RoPE）和RMSNorm。

◎ **Llama-2**：2023年开源，使用更大、更高质量的数据集进行训练，模型性能大幅提升。

4. 清华大学的 GLM-130B

2022年开源，其参数量达130B，基于自回归填充机制，支持自然语言理解、条件生成和无条件生成任务。

5. Google 的 PaLM 系列

◎ **PaLM**：2022年推出，参数量达540B，基于下一代Pathways分布式训练框架，性能卓越。

◎ **PaLM-E**：2023年推出，结合了语言模型PaLM和视觉模型ViT-22B，参数量达562B，支持多模态任务。

6. 其他重要模型

◎ **DeepSeek**：国产大模型，专注于低成本、高性能的语言模型开发，支持多语言对话、文本生成和编程辅助等功能。DeepSeek也是本书重点讲解的大模型。

◎ **Stable Diffusion**：2022年推出，基于扩散模型和对比语言—图像预训练（CLIP），专注于文本到图像的生成任务。

这些模型在自然语言处理领域展现了强大的性能，广泛应用于文本生成、机器翻译、问答系统、多模态任务等场景，推动了人工智能技术的快速发展。

2.3 神经网络

神经网络是深度学习的基础架构，广泛应用于图像识别、语音处理和自然语言处理等领域。

2.3.1 神经网络的基本概念

1. 神经元

神经元是神经网络的基本单元，它模拟生物神经元的功能。神经元接收输入信号，经过加权和偏置调整后，通过激活函数输出结果。一个神经元的基本计算过程如下。

（1）输入（Input）： 神经元接收多个输入信号，通常表示为向量$\boldsymbol{x}=[x_1,x_2,\cdots,x_n]$。

（2）权重（Weight）： 每个输入信号都有一个对应的权重，表示输入的重要性，权重向量为$\boldsymbol{w}=[w_1,w_2,\cdots,w_n]$。

（3）偏置（Bias）： 一个常数项b，用于调整神经元的激活阈值。

（4）激活函数（Activation Function）： 激活函数f是一个非线性函数，用于引入非线性特性，使得神经网络能够学习复杂的模式。

2. 激活函数

激活函数是非线性函数，用于将神经元的加权输入转换为输出。激活函数的作用是引入非线性特性，使神经网络能够学习复杂的模式。如果没有激活函数，无论神经网络有多少层，都只能表示线性函数。常见的激活函数如下。

◎ **ReLU（Rectified Linear Unit）：** 是最常用的激活函数之一，能够有效缓解梯度消失问题，并且计算效率高。

◎ **Sigmoid：** 将输出限制在（0,1）之间，常用于二分类任务的输出层。

◎ **Tanh：** 将输出限制在（−1,1）之间，相比Sigmoid函数，其输出是零中心化的，有助于加速训练。

3. 层

神经网络由多层神经元组成，每一层的神经元通过权重连接到下一层。常见的层类型如下。

◎ **输入层（Input Layer）：** 接收原始数据，是神经网络的第一层。

◎ **隐藏层（Hidden Layer）：** 位于输入层和输出层之间，用于提取数据的特征。一个神经网络可以有多个隐藏层，层数越多，模型越复杂。

◎ **输出层（Output Layer）：** 神经网络的最后一层，输出最终结果。输出层的神经元数量取决于任务类型，如分类任务的输出层神经元数量通常等于类别数。

4. 权重和偏置

权重和偏置的初始值通常是随机初始化的，然后通过反向传播算法进行更新，以最小化损失函数。

◎ **权重：** 表示神经元之间的连接强度，它决定了输入信号对输出的影响程度。权重是神经网络的可训练参数，通过训练过程不断调整以优化模型性能。

◎ **偏置：** 一个常数项，用于调整神经元的激活阈值。它为神经元提供了一个基线值，使得神经元在没有输入信号时也能有一定的输出。偏置同样是一个可训练参数。

总之，神经网络通过神经元的组合和连接构建复杂的计算架构，能够学习数据中的模式和关系。神经元是基本计算单元，激活函数引入非线性特性，层结构组织神经元的计算过程，而权重和偏置是可训练参数，通过训练过程不断优化。这些基本概念构成了神经网络的核心框架，是理解和应用深度学习技术的基础。

2.3.2 神经网络的训练过程

神经网络的训练过程是通过数据驱动的方式调整网络的权重和偏置，使其能够学习输入数据的特征和模式，并输出期望的结果。训练过程主要包括前向传播、损失计算、反向传播和参数更新等关键步骤。

1. 前向传播

前向传播（Forward Propagation）是从输入层到输出层的计算过程，目的是生成模型的预测结果。具体步骤如下。

01 输入数据（如图像、文本等）被传递到输入层。

02 每一层的神经元根据输入数据、权重和偏置进行计算，通过激活函数输出结果。

03 输出结果传递到下一层，直到最终到达输出层。

04 输出层的输出即为模型的预测值。

2. 损失计算

损失函数用于衡量模型预测值与真实值之间的差异，常见的损失函数如下。

◎ **均方误差：**用于回归任务，计算预测值与真实值之间的平均误差。

◎ **交叉熵损失：**用于分类任务，衡量预测概率分布与真实分布的差异。

3. 反向传播

反向传播（Back Propagation）是神经网络训练的核心算法，通过计算损失函数对权重和偏置的梯度来指导参数优化。具体步骤如下。

01 从输出层开始，计算损失函数对输出层的权重和偏置的梯度。

02 通过链式法则，逐层向前传播梯度，计算每一层的权重和偏置的梯度。

03 反向传播的目标是找到每个参数对损失函数的贡献，从而指导参数更新。

4. 参数更新

根据反向传播计算得到的梯度，使用优化算法更新权重和偏置，以最小化损失函数。常见的优化算法如下。

◎ **梯度下降：**直接根据梯度更新参数。

◎ **随机梯度下降（SGD）：**每次随机选择一个样本计算梯度，加快训练速度。

◎ **Adam 优化器：**结合了动量和自适应学习率的优点，是目前最常用的优化器之一。

5. 训练循环

神经网络的训练是一个迭代过程，通常包括以下步骤。

01 初始化参数：随机初始化权重和偏置。

02 前向传播：计算模型的预测值。

03 损失计算：计算预测值与真实值之间的损失。

04 反向传播：计算损失对参数的梯度。

05 参数更新：根据梯度更新权重和偏置。

06 重复以上步骤：直到损失收敛或达到预设的训练轮数（Epochs）。

6. 超参数调整

超参数是训练过程中需要手动设置的参数，对模型性能有重要影响。常见的超参数如下。

◎ **学习率（Learning Rate）：**控制参数更新的步长。

◎ **批量大小（Batch Size）：**每次训练使用的样本数量。

◎ **隐藏层大小（Hidden Layer Size）：**隐藏层神经元的数量。

◎ **优化器（Optimizer）：**选择不同的优化算法。

◎ **正则化（Regularization）参数：**如L1、L2正则化，用于防止过拟合。

7. 模型评估

在训练过程中，需要定期评估模型的性能，以确保模型没有过拟合或欠拟合。常用的评估指标如下。

◎ **准确率：**分类任务中预测正确的比例。

◎ **召回率：**分类任务中预测为正的样本中实际为正的比例。

◎ **F1分数：**准确率和召回率的调和平均值。

◎ **均方误差：**回归任务中预测值与真实值之间的平均误差。

总之，神经网络的训练过程是一个复杂的优化过程，通过前向传播生成预测值，计算损失，反向传播计算梯度，并通过优化算法更新参数。通过多次迭代，模型逐渐学习到数据的特征和模式，最终达到较好的性能。理解这些步骤对于掌握神经网络的训练机制至关重要。

2.4 网络模型

网络模型是指一类基于特定结构设计的数学模型，主要用于分析和解决复杂的任务。网络模型常用于机器学习和深度学习中的各种任务，如分类、回归、聚类等。其核心在于通过层与层之间的连接关系（即网络结构）来处理输入数据，逐步学习其特征并生成输出结果。

2.4.1 网络模型、神经网络和大模型的关系

网络模型、神经网络和大模型之间的关系总结如下。

◎ **网络模型是基础架构：**网络模型是一个广义的概念，指的是通过节点和连接构建的计算模型，用于处理和分析数据。它包括多种类型，如决策树、贝叶斯网络等，而神经网络是其中一种重要的实现形式。

◎ **神经网络是网络模型的具体实现：**神经网络模仿人脑神经元的结构和功能，通过多层的神经元和带权重的连接来处理数据。它包括多种架构，如多层感知机（Multilayer Perceptron，MLP）、

卷积神经网络、循环神经网络等。这些架构通过学习数据中的模式和关系，能够完成复杂的任务，如图像识别、语音处理和自然语言理解等。

◎ **大模型是基于神经网络的高级应用：** 大模型是深度学习中的一个特殊类别，通常指的是具有大量参数（数十亿甚至数千亿）和复杂架构的神经网络模型。它们通过大规模的无监督预训练和监督微调，能够学习语言的共性和规律，并应用于多种NLP任务。大模型的核心是基于Transformer架构的神经网络，这种架构通过自注意力机制（Self-Attention Mechanism）高效处理序列数据。

总的来说，大模型是神经网络的一个高级形式，而神经网络是网络模型的一种具体实现。三者之间的关系体现了从基础架构到具体实现，再到高级应用的递进层次。

2.4.2 网络模型的分类

在人工智能领域，虽然深度学习是机器学习的子集，但是在实际应用中，为了帮助大家根据具体应用场景选择最适合的技术方案，我们将网络模型分为传统机器学习模型和深度学习模型。

1. 传统机器学习模型

传统机器学习模型通常依赖于手动设计的特征，并通过算法从数据中学习这些特征之间的模式。传统的机器学习模型，如线性回归、逻辑回归、支持向量机（SVM）、决策树与随机森林，以及*K*-近邻算法（KNN）等，对计算资源的需求较少，适用于中小规模的数据集。传统机器学习中的模型性能依赖于手动提取和设计特征（即特征工程）。例如，在一个房价预测模型中，需要预先定义特征，如面积、房龄等。图2-6所示是一些常见的传统机器学习模型。

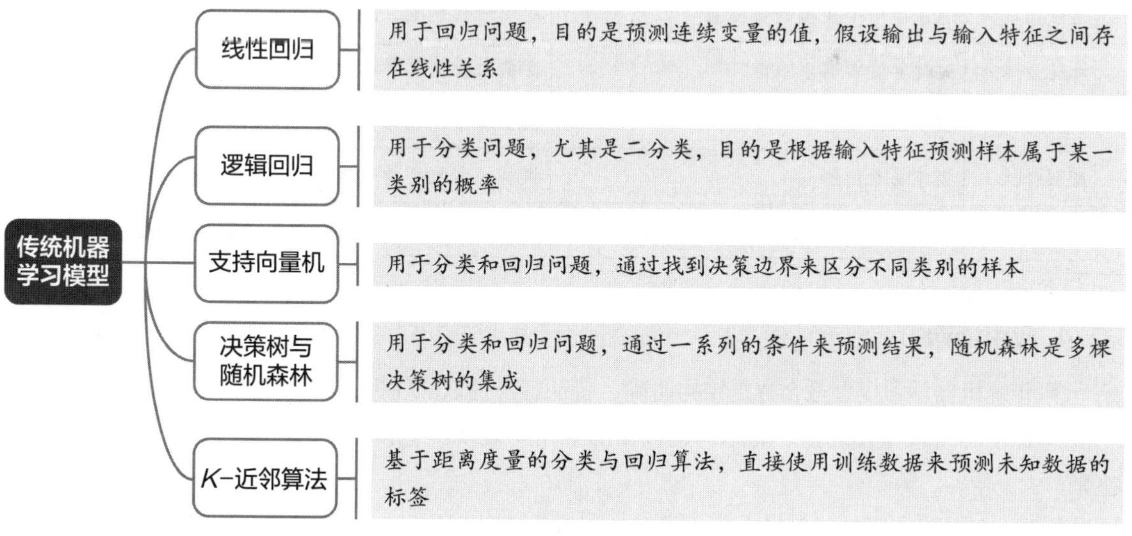

图 2-6

2. 深度学习模型

深度学习模型是一种复杂的神经网络模型，由多层神经元堆叠而成，能够自动学习数据中的特征。深度学习模型尤其擅长处理大规模和高维度数据，如图像、语音和自然语言等领域。深度学习模型能够从原始数据中自动提取特征，而不依赖于手动设计特征。例如，卷积神经网络能够自动学习图像中的边缘、形状和纹理等特征。图2-7所示是一些常见的深度学习模型，每种模型在不同的应用场景中有其独特的优势与局限性，实际任务中通常会根据数据特性和问题需求来选择合适的模型类型。

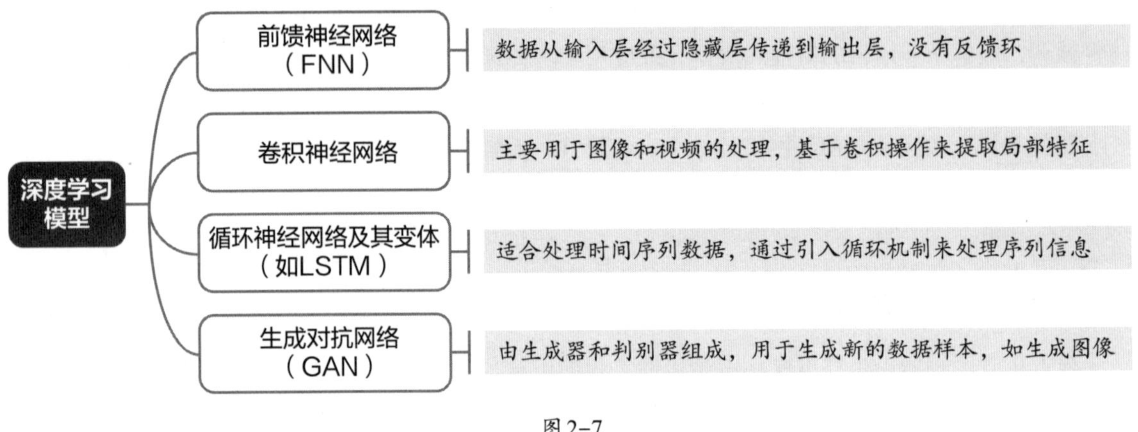

图2-7

3. 传统机器学习模型与深度学习模型的对比

传统机器学习模型与深度学习模型的对比如表2-1所示。

表2-1　传统机器学习模型与深度学习模型的对比

特性	传统机器学习模型	深度学习模型
特征提取	依赖手动特征提取，特征工程至关重要	能自动从数据中学习特征
适用数据规模	适用于中小规模的数据集	能处理大规模、高维度数据，如图像、语音等
计算资源	对计算资源需求较低	需要大量计算资源，依赖GPU等加速硬件
模型复杂性	模型较简单，参数较少	模型复杂，包含多层神经元和大量参数
可解释性	模型易于解释	模型通常被视为“黑箱”，难以解释内在工作机制
应用场景	回归、分类、聚类、特征选择等	图像识别、语音识别、自然语言处理等

4. 应用场景

◎ 传统机器学习模型适合数据结构明确、特征容易提取的任务，如房价预测、信用评分等。

◎ 深度学习模型在复杂、非结构化数据的应用中表现出色，如图像识别、语音识别、自动驾驶等。

总之，在实际应用中，选择合适的模型类型取决于数据特性、任务需求和计算资源。对于结构明确且特征易于提取的任务，传统机器学习模型通常是更好的选择；而对于复杂、非结构化的数据，深度学习模型则更具优势。随着技术的发展，两者的界限也在逐渐模糊，混合模型和迁移学习等技术为解决实际问题提供了更多可能性。

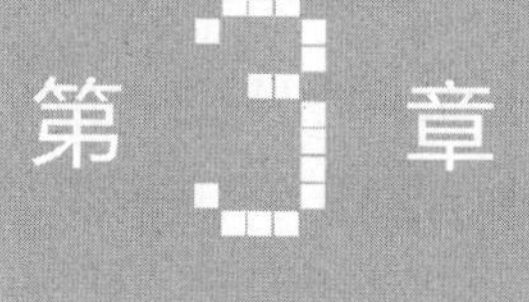

DeepSeek底层架构解密：探寻大模型的基石

DeepSeek的底层架构技术体系涵盖了多种创新应用，如通过多头注意力机制、动态任务分配、稀疏激活机制等关键技术提高了效率，降低了训练成本。结合MoE架构的高效设计和归一化技术的优化，DeepSeek在处理复杂任务时展现出卓越的性能和效率。同时，通过高效的模型训练与优化策略，如多令牌预测、混合精度训练和EMA优化等，进一步提升了模型的训练速度和资源利用率。这些底层架构的创新与优化，为DeepSeek在自然语言处理和AI领域的强大能力奠定了坚实的基础。

3.1 基于 Transformer 架构

Transformer架构是一种用于自然语言处理和其他序列建模任务的深度学习架构，最早由Google的研究团队和多伦多大学的研究人员等在2017年提出。在神经信息处理系统（Neural Information Processing Systems，NeurIPS）会议上发表的论文*Attention is All You Need*中对其有详细介绍。

3.1.1 Transformer 架构介绍

Transformer架构的创新之处在于引入了自注意力机制，避免了传统循环神经网络和长短时记忆网络的严格序列依赖，使模型能够并行计算整个序列的依赖关系，从而大幅提升训练效率。由于Transformer架构具有良好的并行性，它能够高效地利用硬件资源，使其特别适合训练超大规模模型。这种架构的成功促使了许多后续模型的发展，包括BERT、GPT等。Transformer架构在自然语言处理、计算机视觉、语言识别等领域取得了显著的性能提升，成为深度学习领域的核心架构之一。

Transformer架构的基本概念如图3-1所示。

3.1.2 Transformer 架构的组成

在Transformer架构中，一系列相同的编码器和解码器层被堆叠起来，每层内部包含多个核心子模块：输入嵌入与位置编码、多头自注意力机制、前馈神经网络、残差连接与层归一化，以及最终的线性映射与Softmax输出。通过这些模块的协同作用，Transformer架构能够高效并行地处理序列数据、捕捉全局依赖，并在机器翻译、文本生成等任务上取得突破性效果。

1. 编码器

编码器由多个相同的层（通常称编码器层）堆叠而成，每层包含两个主要模块。

◎ **多头自注意力机制**（Multi-Head Self-Attention Mechanism）：使模型能够同时在多个子空间中学习信息，捕捉序列中不同位置元素间的关系。

◎ **前馈神经网络**（Feed-Forward Neural Network，FFN）：对每个位置的元素进行非线性变换，进一步提取特征。

注意：由于Transformer架构不具备递归或卷积结构，需要注入序列中每个元素的顺序信息。通常采用正弦—余弦函数生成固定的周期性编码，并与词嵌入相加，以保留令牌的位置信息。

2. 解码器

解码器是Transformer架构中的关键组件，负责将编码器生成的上下文表示转换为目标序列。它由多个相同的层堆叠而成，每层包含以下几个核心模块。

◎ **掩码多头自注意力机制**（Masked Multi-Head Self-Attention Mechanism）：为了避免在生成目标序列时看到未来的信息，解码器的自注意力模块会使用掩码来屏蔽未来位置的输入。这确保了解码器在生成某个位置的输出时，只能依赖于之前位置的信息。

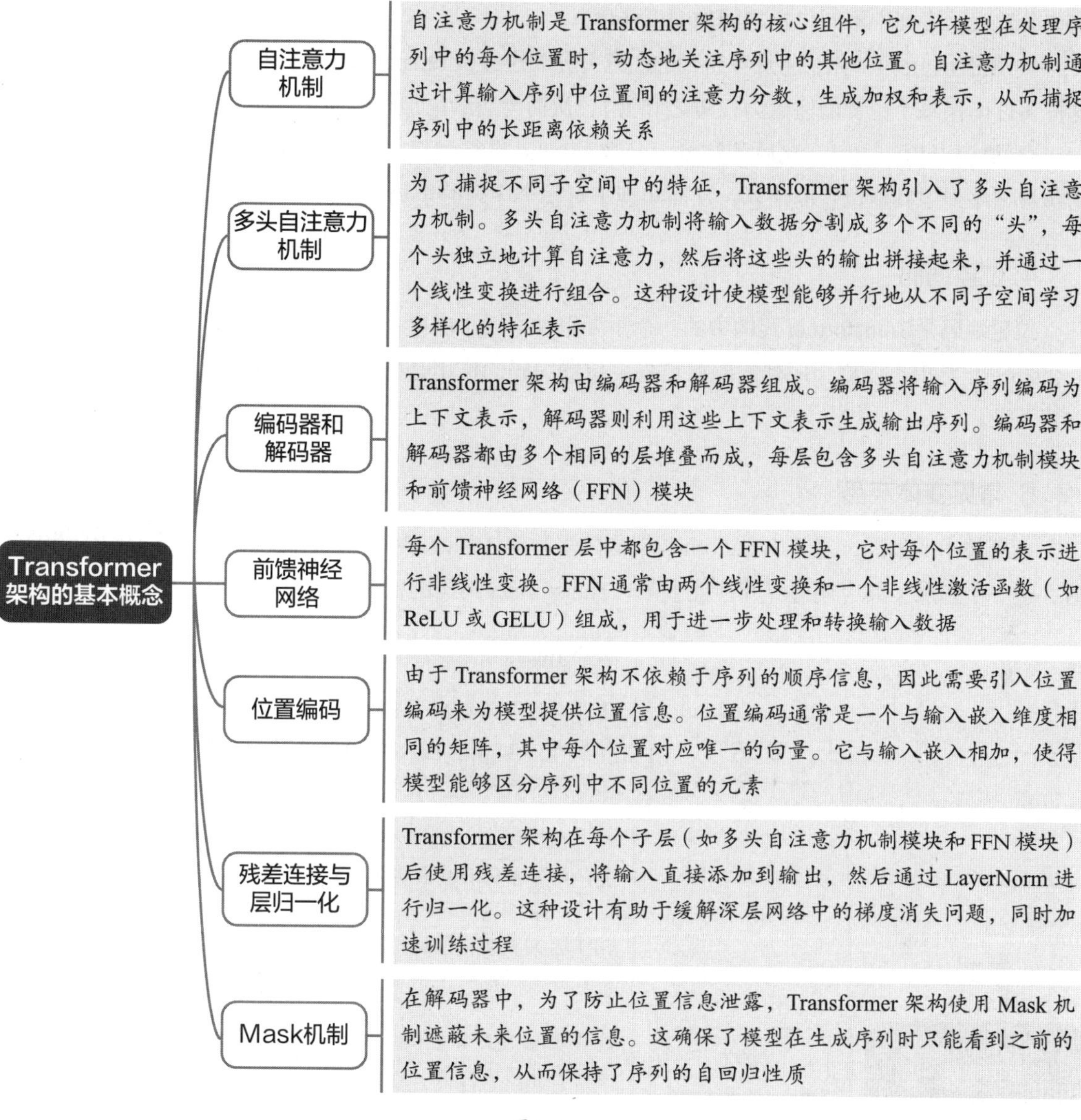

图 3-1

◎ **编码器—解码器注意力机制（Encoder-Decoder Attention Mechanism）：** 解码器通过这一模块利用编码器的输出来生成目标序列。具体来说，解码器的查询（Query）与编码器的键（Key）和值（Value）进行交互，从而获取编码器生成的上下文信息。

◎ **前馈神经网络：** 对每个位置的表示进行非线性变换，进一步提取特征。

3. 自注意力机制

自注意力机制是Transformer架构的核心思想，它允许模型在计算某个位置的表示的同时考虑序列中所有其他位置的信息。具体来说，自注意力机制通过以下步骤实现。

◎ **线性变换：** 输入序列首先被分别投影到3个不同的空间，即Query、Key和Value。这3个向量是通过线性变换得到的，每个向量都有其对应的权重矩阵。

◎ **计算注意力分数：** 通过Query和Key的点积计算每个位置之间的相似度，得到注意力分数。

这些分数表示序列中不同位置之间的关系强度。

◎ **Softmax归一化：** 将计算得到的注意力分数通过Softmax函数进行归一化，转化为概率分布。这样可以确保每个位置的注意力权重之和为1，从而为后续的加权求和提供一个合理的权重分布。

◎ **加权求和：** 用归一化后的注意力分数对Value进行加权求和，得到每个位置的输出。这个输出包含了序列中其他位置的信息，从而实现了对整个序列的全局感知。

4. 位置编码

位置编码是Transformer架构中的一个重要组件，用于向模型引入序列中元素的位置信息。由于Transformer架构不依赖于序列的顺序信息，位置编码的作用是帮助模型理解单词或元素在序列中的位置关系。

5. 常见变体产品

随着技术的发展，基于Transformer架构的多种变体和改进模型不断涌现，在保持架构优势的同时，进一步拓展了其应用边界和性能上限。Transformer架构的常见变体产品如图3-2所示。

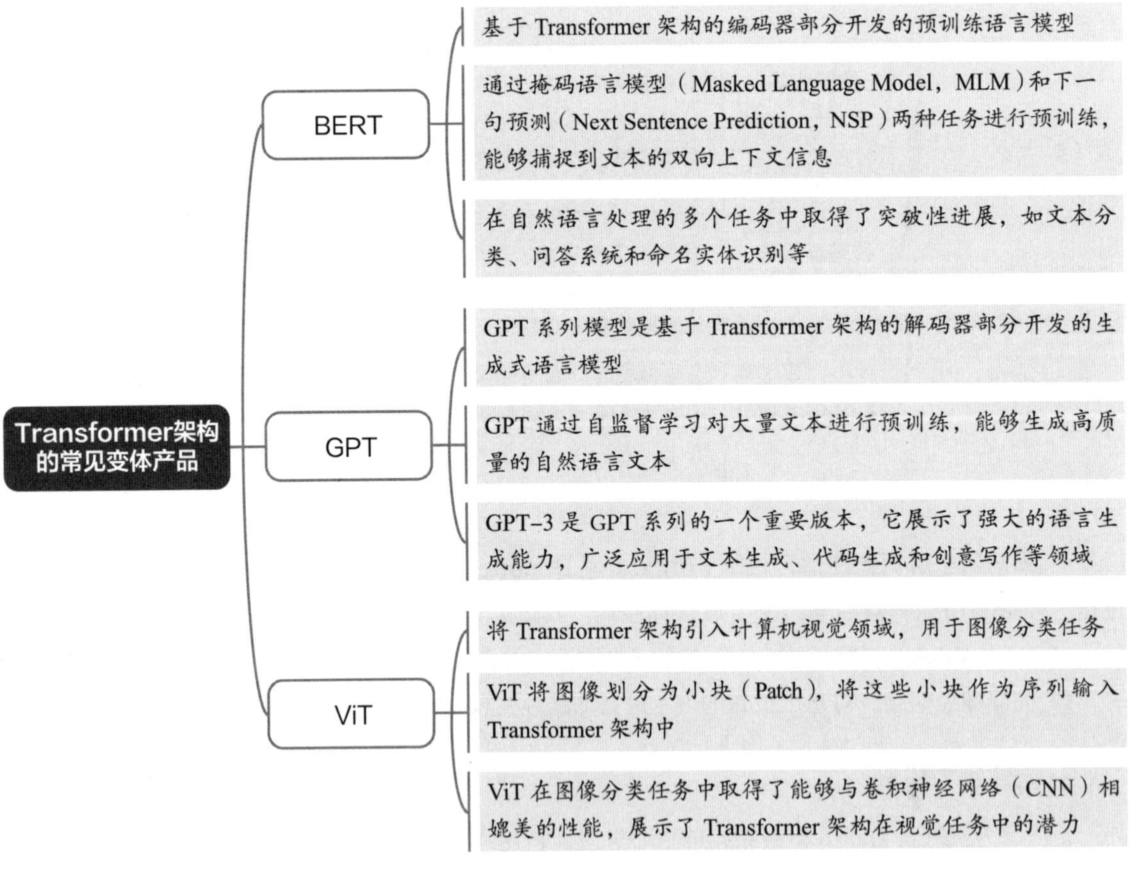

Transformer架构的常见变体产品

- BERT
  - 基于Transformer架构的编码器部分开发的预训练语言模型
  - 通过掩码语言模型（Masked Language Model，MLM）和下一句预测（Next Sentence Prediction，NSP）两种任务进行预训练，能够捕捉到文本的双向上下文信息
  - 在自然语言处理的多个任务中取得了突破性进展，如文本分类、问答系统和命名实体识别等
- GPT
  - GPT系列模型是基于Transformer架构的解码器部分开发的生成式语言模型
  - GPT通过自监督学习对大量文本进行预训练，能够生成高质量的自然语言文本
  - GPT-3是GPT系列的一个重要版本，它展示了强大的语言生成能力，广泛应用于文本生成、代码生成和创意写作等领域
- ViT
  - 将Transformer架构引入计算机视觉领域，用于图像分类任务
  - ViT将图像划分为小块（Patch），将这些小块作为序列输入Transformer架构中
  - ViT在图像分类任务中取得了能够与卷积神经网络（CNN）相媲美的性能，展示了Transformer架构在视觉任务中的潜力

图3-2

综上所述，Transformer架构通过自注意力机制革新了序列数据处理，允许并行处理序列数据。其架构摆脱了传统RNN和CNN的局限性限制，提高了训练效率和模型性能。BERT、GPT和ViT等模型作为Transformer架构的变体产品，已广泛应用于自然语言处理和计算机视觉等领域。

3.1.3 多头注意力机制：并行感知的关键

多头注意力（MHA）机制是 Transformer 架构的核心组件，它通过并行计算多个不同的注意力头，让模型在不同的子空间中学习序列的多维关系。每个注意力头负责捕捉不同的上下文信息，最终将所有头的输出拼接并投影回原始维度，从而实现信息的充分融合与更强的表达能力。

在DeepSeek模型中，MHA机制是其核心架构的重要组成部分，尤其在DeepSeek-V2和DeepSeek-V3中发挥着关键作用。假设你正在开发一款智能写作助手，旨在帮助用户快速生成高质量的文章。你可以利用MHA机制及多头潜在注意力（MLA）机制来实现这一目标。例如，当用户输入一个主题——“如何提高学习效率”时，MHA机制能够捕捉主题中的关键词及其语义关系，从而生成一份详细的写作大纲。而MLA机制则在此基础上进一步优化，通过低秩压缩和旋转位置编码（RoPE）技术，有效减少计算开销，同时确保输出高质量的内容。这一过程如图3-3所示。

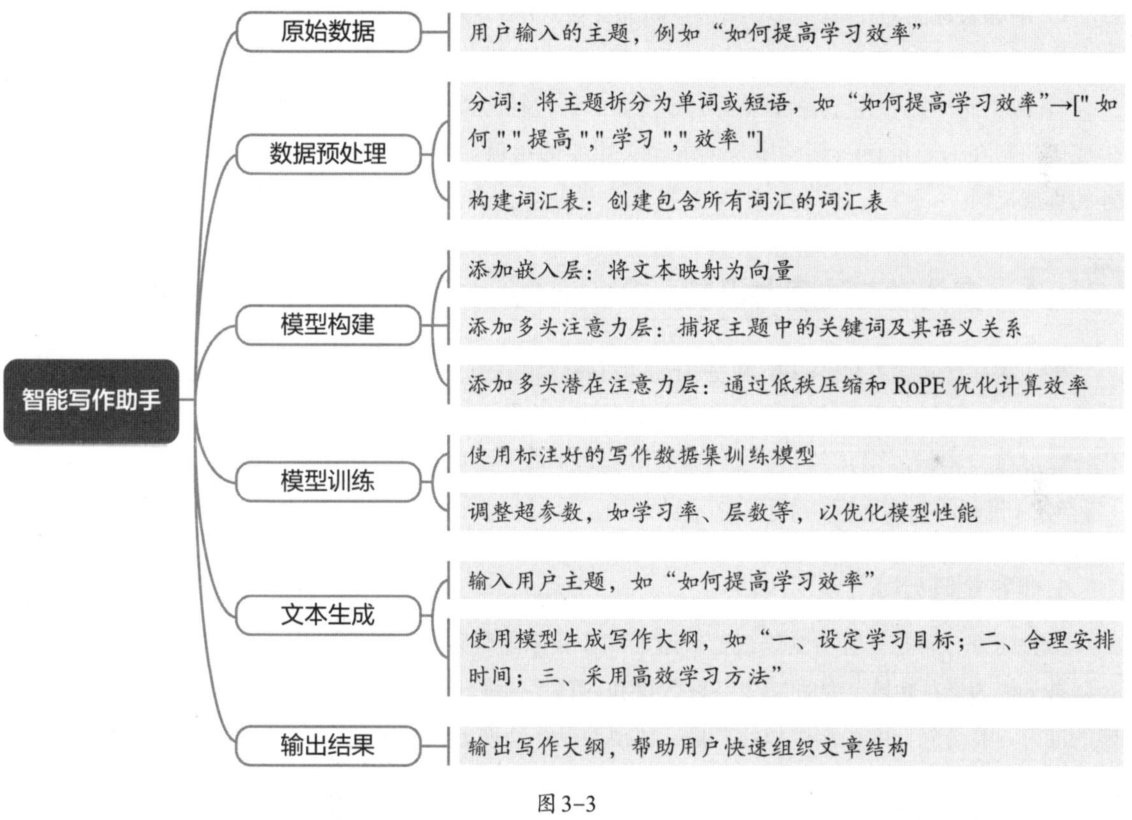

图 3-3

接下来，将详细讲解MHA机制的工作原理和优势。

1. 工作原理

（1）输入变换： 输入序列首先通过三个不同的线性变换层，分别得到查询（Query，Q）、键（Key，K）和值（Value，V）矩阵。

（2）分头处理： 将$\boldsymbol{Q}$、$\boldsymbol{K}$、$\boldsymbol{V}$矩阵分割成多个“头”（即子空间），每个头独立计算注意力权重。

（3）注意力计算： 每个头通过缩放点积注意力（Scaled Dot-Product Attention）计算查询和键的点积，再通过Softmax函数得到注意力权重，最后加权求和值矩阵，生成每个头的输出。对于每个

注意力头，计算缩放点积注意力的公式为

$$\text{Attention}(\boldsymbol{Q},\boldsymbol{K},\boldsymbol{V})=\text{softmax}\left(\frac{\boldsymbol{Q}\boldsymbol{K}^{\mathrm{T}}}{\sqrt{d_k}}\right)\boldsymbol{V}$$

其中，d_k为每个头的维度。各头分别计算后，再将所有头的输出拼接起来，通过一个线性变换得到最终输出。

（4）拼接与融合：将所有头的输出拼接在一起，通过一个线性变换层整合信息，得到最终的输出。

2. 优势

◎ **并行处理：**由于每个头的计算是独立的，这些计算可以并行执行，从而提高模型的计算效率。

◎ **增强表达能力：**通过从不同子空间捕捉输入序列的多种语义关系，MHA机制能够更全面地理解输入数据，提高模型在复杂任务中的表现。

MHA机制广泛应用于各种深度学习任务中，包括机器翻译、文本摘要、语音识别、图像描述生成等。它在Transformer架构中扮演着至关重要的角色，使Transformer成为许多自然语言处理任务的首选架构。

3.1.4 多头潜在注意力机制：Transformer架构的优化和扩展

多头潜在注意力（MLA）机制是Transformer架构的一种优化和扩展，旨在提高模型的计算效率和性能。与传统的多头注意力（MHA）机制相比，MLA机制通过引入低秩矩阵分解和RoPE来优化计算过程。

MLA机制的基本原理如下。

1. 低秩矩阵分解

低秩矩阵分解是一种将矩阵近似表示为两个较小矩阵乘积的技术。在MLA机制中，$\boldsymbol{Q}$、$\boldsymbol{K}$和$\boldsymbol{V}$矩阵被分解为低秩矩阵，从而减少参数数量和计算复杂度。通过低秩近似，MLA能够在保持模型性能的同时，显著降低内存占用和计算量，使模型能够处理更长的序列。

2. 旋转位置编码

旋转位置编码（RoPE）是一种位置编码方法，通过旋转向量为序列中的每个位置添加位置信息。与传统的绝对位置编码（如正弦编码）不同，RoPE将位置信息融入向量的旋转变换中。RoPE能够更好地处理长序列，并且在处理不同长度的序列时具有更好的泛化能力。它还允许模型在训练和推理时处理比训练时最长序列更长的序列。

MLA机制在智能写作助手等应用场景中，能够高效地捕捉文本中的语义关系，生成高质量的文本内容。

3.2 动态任务分配：智能计算的自适应引擎

动态任务分配根据输入数据的特征和系统状态，动态调度计算资源，使不同的模型模块或专家网络在合适的时机被激活。动态任务分配不仅提升了模型推理效率，还增强了模型对多样化任务的适应能力，是实现稀疏激活与高效计算的关键所在。这种机制广泛应用于多任务系统、MoE架构、分布式计算等场景，能够有效应对复杂多变的任务需求和资源限制，确保关键任务的优先执行和系统的高效运行。

3.2.1 原理剖析

动态任务分配能够根据变化的条件实时调整，从而提高系统的灵活性和效率。其原理如图3-4所示。

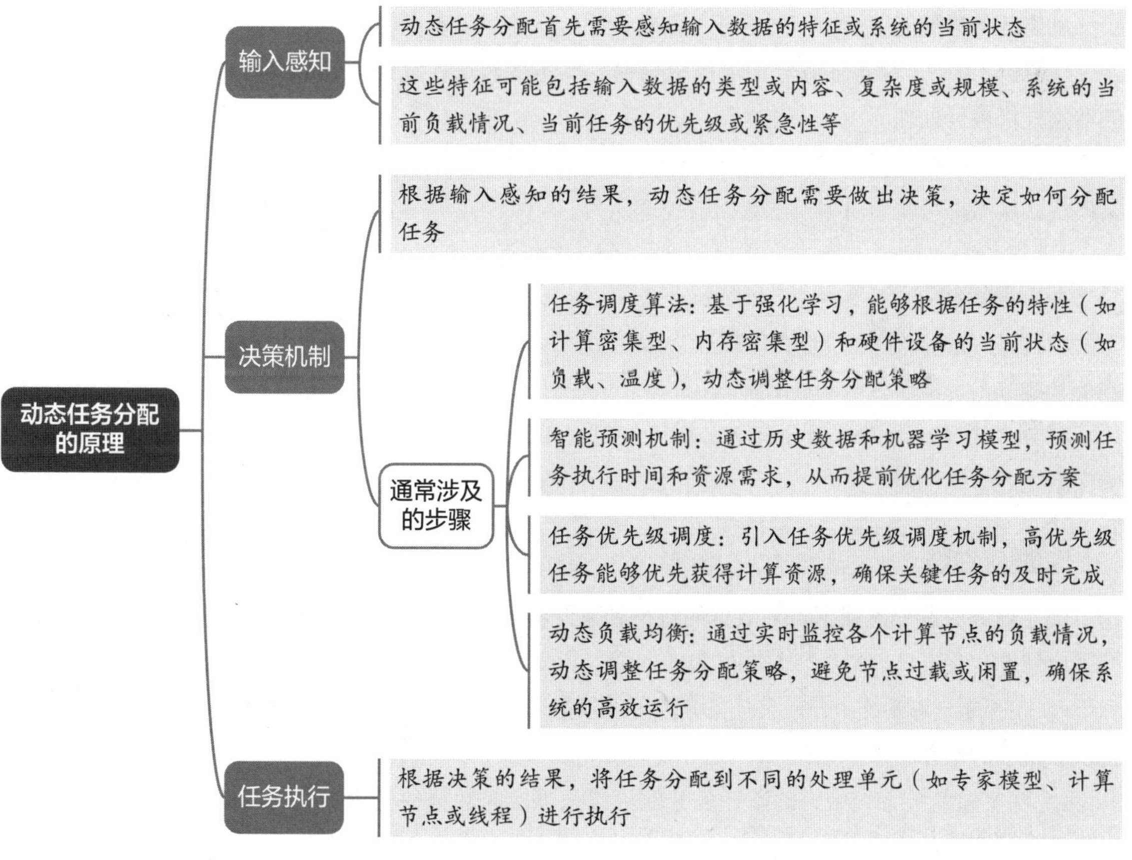

图3-4

3.2.2 优势洞察

动态任务分配在AI和复杂系统中具有显著的优势，这些优势使其成为优化资源利用率、提升效率和增强系统灵活性的关键技术。以下是动态任务分配的主要优势。

1. 资源优化

◎ 在MoE架构中，动态任务分配可以将任务分配到最适合处理该任务的专家模块，避免资源浪费，同时确保每个专家模块的负载均衡。

◎ 在分布式计算环境中，动态任务分配实时监控节点资源，动态调整任务分配策略，以避免热点问题，提升集群整体利用率。

2. 效率提升

◎ 在多任务学习中，动态任务分配可以根据任务的复杂度和优先级，将任务分配到不同的专家模块，从而提高模型的训练和推理效率。

◎ 在实时系统中，动态任务分配能够快速响应输入数据的变化，确保关键任务优先执行，提高系统的响应速度。

3. 灵活性增强

动态任务分配能够适应不同的任务需求和系统状态，具有高度的灵活性。

◎ 在NLP中，动态任务分配可以根据输入文本的长度、复杂度或语义内容，动态选择最适合的专家模块进行处理。

◎ 在多模态学习中，动态任务分配可以根据不同模态数据的特点，动态分配任务到专门的专家模块，从而提高模型对多模态数据的处理能力。

4. 负载均衡

◎ 在分布式训练中，动态任务分配可以根据每个计算节点的负载情况，动态调整任务分配策略，避免某些节点过载而其他节点闲置。

◎ 在多任务系统中，动态任务分配可以根据任务的优先级和复杂度，动态调整任务分配策略，确保系统的整体性能。

5. 适应性强

动态任务分配能够根据输入数据的特征和系统的当前状态，动态调整任务分配策略，具有很强的适应性。

◎ 在智能推荐系统中，动态任务分配可以根据用户的实时行为和偏好，动态调整任务分配策略，提供更精准的推荐结果。

◎ 在实时监控系统中，动态任务分配可以根据实时数据的变化，动态调整任务分配策略，及时发现和处理异常情况。

总而言之，动态任务分配通过优化资源利用率、提高效率、增强灵活性和适应性等，显著提升了系统的性能和用户体验。它在多任务学习、分布式计算、NLP、计算机视觉等领域中发挥着重要作用，是现代AI系统中不可或缺的关键技术。

3.2.3 应用场景

动态任务分配的应用场景非常广泛，尤其是在MoE架构和多任务学习中，它通过动态选择和分配任务到不同的专家模块或计算资源，显著提升了模型的效率和性能。动态任务分配的应用场景如图3-5所示。

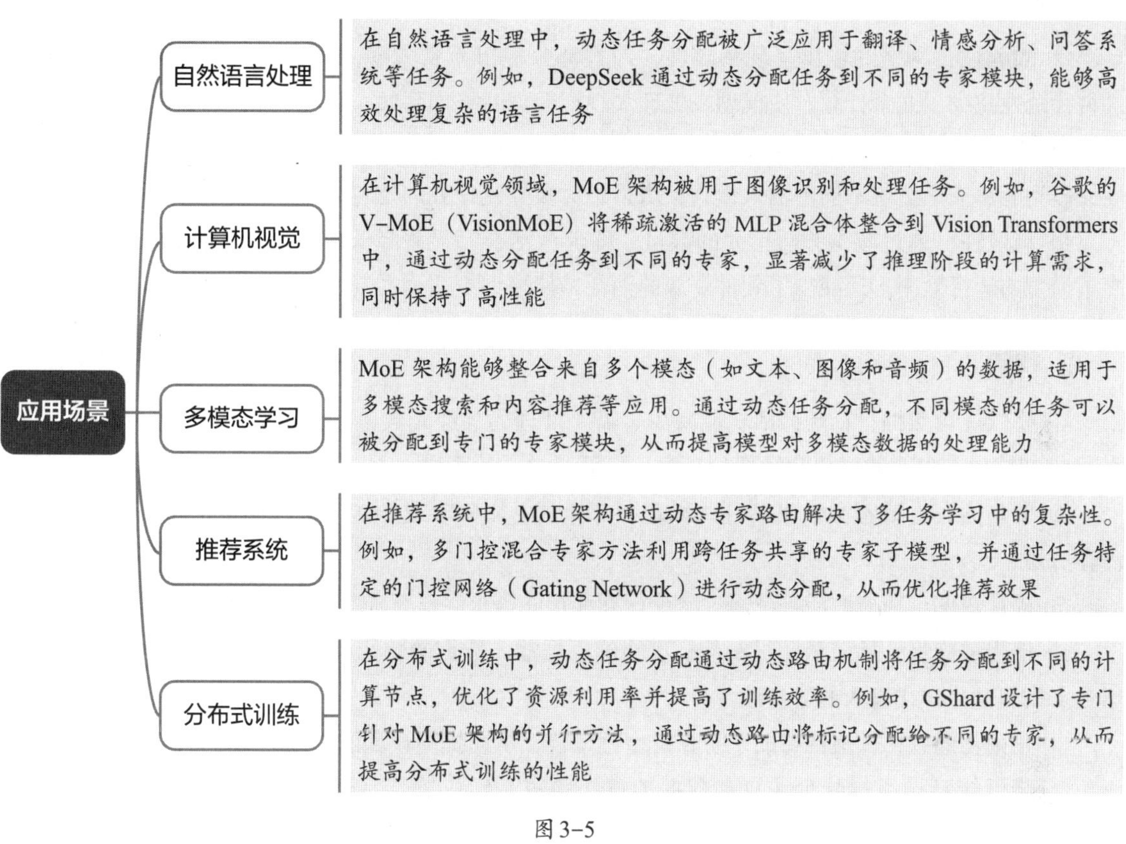

图 3-5

上述应用场景展示了动态任务分配在AI中的重要性和灵活性，它不仅提高了模型的效率，还提高了模型对复杂任务的处理能力。

3.3 稀疏激活机制：动态结构感知的高效优化范式

稀疏激活机制是一种在神经网络中通过选择性激活部分神经元或模块来优化计算效率和模型性能的技术。它通过减少不必要的计算，显著降低了模型的推理时间和内存占用，同时保持了模型的准确性和表达能力。稀疏激活机制广泛应用于MoE架构中，通过动态选择专家模块处理输入数据，避免了对所有模块的全激活，从而提高了系统的可扩展性和资源利用率。此外，稀疏激活机制还通过引入稀疏性约束，增强了模型的抗过拟合能力，进一步提升了模型的泛化能力。

3.3.1 特性亮点

稀疏激活机制是一种在神经网络中通过设计激活函数或网络结构，使大部分神经元的输出为零或接近于零的技术，其特点和优势如下。

1. 特点

◎ **稀疏性：** 网络的输出呈现稀疏性，即大部分输出元素为零，仅有一小部分神经元被激活。这种稀疏性减少了冗余计算，使模型在处理大规模数据时更加高效。

◎ **动态性：** 稀疏激活机制能够根据输入数据的特征动态选择激活的神经元或模块。这种动态性使模型能够灵活适应不同的输入模式，增强了对多样化任务的处理能力。

◎ **高效性：** 通过减少激活单元的数量，稀疏激活机制显著降低了计算和存储需求。这不仅提高了模型的运行效率，还减少了硬件资源的消耗，使模型更适合在资源受限的环境中运行。

2. 优势

◎ **降低计算负担：** 稀疏激活机制减少了需要处理的神经元数量，从而显著降低了计算复杂度。在MoE架构中，每个输入仅激活部分专家，显著减少了计算量。

◎ **节省内存：** 稀疏激活机制利用稀疏存储格式（如CSR或COO）来存储激活值，有效减少了内存占用。

◎ **提升效率：** 稀疏激活机制通过减少计算和存储需求，显著提高了模型的训练和推理效率。

◎ **增强适应性：** 稀疏激活机制使模型能够根据输入数据的特征灵活选择激活的神经元或专家，增强了模型对多样化输入的适应性。

◎ **正则化效果：** 稀疏性有助于防止模型过拟合，从而提高模型的泛化能力。

◎ **降低能耗：** 通过减少计算和数据传输，稀疏激活机制特别适合在资源受限的边缘设备上运行。

◎ **模块化与可扩展性：** 在MoE架构中，专家模块可以独立设计和更新，便于模型的扩展和优化。

总之，稀疏激活机制通过减少不必要的计算和存储，可以显著提升模型的效率和适应性，是现代深度学习模型中重要的优化策略。

3.3.2 实现路径

稀疏激活机制通过在训练过程中考虑参数邻域内的最大损失，提高模型在不确定性区域的泛化能力。稀疏激活机制的实现方式如图3-6所示。

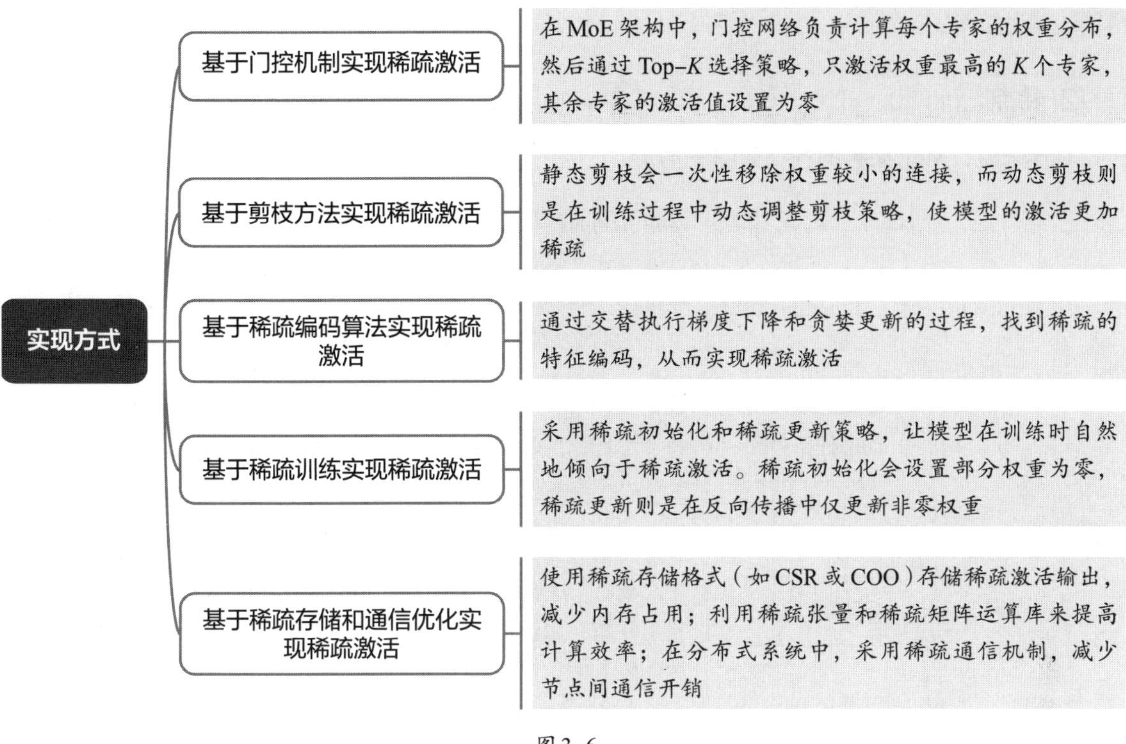

图 3-6

上述实现方式从不同的角度出发，使网络的激活输出更加稀疏，从而减少计算量和内存占用，提高处理效率。

3.4 MoE 架构：基于稀疏专家的动态路由系统

DeepSeek采用MoE架构，将模型分解为多个专家模块，每个模块针对不同任务或领域进行优化处理。借助动态任务分配和稀疏激活机制，MoE架构有效减少了计算冗余，显著提高了模型的运行效率和适应性。

3.4.1 核心原理

MoE架构是一种高效且灵活的架构，其核心特点在于其能够动态分配任务给多个专家模型，并通过门控网络实现稀疏激活，从而提高模型的性能和效率。

1. 工作原理

◎ **输入接收：** 模型接收输入Token，这些Token可以是文本、代码或其他数据类型。

◎ **路由决策：** 门控网络评估每个Token，并决定将其发送到哪些专家进行处理。这个决策基于Token的特征和专家的专长。

◎ **专家处理：** 被选中的专家独立处理Token，应用其特有的神经网络层。

◎ **输出合并：** 将所有被激活专家的输出进行合并，可以是加权平均、拼接或其他方法，生成最终的输出结果。

2. 特点

具体来说，MoE架构的特点如图3-7所示。

MoE架构的特点	说明
稀疏激活机制	MoE 架构的核心特点是稀疏激活机制，即在每个前向传播过程中，只有部分专家被激活，而不是所有专家。这种机制显著减少了计算量和内存占用，提高了模型的效率。例如，在 DeepSeek 中，每个输入 Token 通常只激活 8 个专家，而不是全部专家（256 个）
动态任务分配	MoE 架构通过门控网络动态选择最适合处理当前输入的专家。这种动态选择机制使得模型能够根据输入数据的特征灵活调整任务分配，提高了模型的适应性和灵活性
专家专业化	随着训练的进行，专家会自发地专业化，专注于处理特定类型的输入数据。这种专业化减少了专家之间的知识冗余，提高了模型的多样性和表示能力。例如，某些专家可能擅长处理特定的语言风格或主题
负载均衡	MoE 架构通过负载均衡策略，确保每个专家的负载相对均衡，避免部分专家过载而其他专家闲置。例如，DeepSeek 通过限制跨节点路由的数量（如最多路由到 4 个不同节点）来优化专家的负载分配
高效计算与推理	MoE 架构在保持模型参数规模的同时，通过稀疏激活机制显著降低了实际计算量。在推理阶段，只有部分专家被激活，这使得模型的推理速度比同等规模的稠密模型更快
可扩展性	MoE 架构具有良好的可扩展性，可以通过增加专家的数量来提升模型的容量和性能。例如，DeepSeek-V3 采用了 256 个专家，每个专家处理 8 个输入 Token，这种设计使得模型能够处理更复杂的任务
灵活性	MoE 架构可以根据不同的任务需求进行灵活调整。例如，可以通过调整专家的数量、激活的专家数量或专家的深度来优化模型的性能
适应性	MoE 架构能够适应不同类型的输入数据，通过动态选择专家，模型可以更好地处理多样化的输入。例如，在多语言翻译任务中，不同的专家可以专注于处理不同的语言对或语言风格
优化的训练策略	MoE 架构通常结合优化的训练策略，如动态路由、负载均衡和专家复制等，以提高训练效率和模型性能
多任务学习	MoE 架构特别适合多任务学习场景，通过动态选择专家，模型可以同时处理多个任务，每个任务可以由不同的专家组合来处理

图3-7

总而言之，MoE架构的上述特点使其在自然语言处理、计算机视觉和多模态任务中表现出色，尤其在处理复杂任务和大规模数据时，能够显著提高模型的性能和效率。

3.4.2 构成要素

MoE架构的核心组件如下。

◎ **门控网络：**这是MoE架构中的关键组件，负责根据输入数据动态选择最适合处理该输入的专家。它通常是一个轻量级的神经网络，通过计算输入数据与各个专家的匹配度，输出一个概率分布，表示每个专家处理该输入数据的权重。然后，根据这个概率分布选择Top-*K*个专家进行激活。例如，在DeepSeek-V3中，门控网络会为每个输入Token选择Top-*K*个专家，确保只有最相关的专家被激活。

◎ **专家网络：**这是MoE架构中的核心处理单元，通常由多个独立的前馈神经网络组成，每个专家网络专注于处理特定类型的输入数据。在DeepSeek-V3中，每个专家网络类似于Transformer架构中的前馈神经网络层，但独立于其他专家运行。这些专家网络通过门控网络的动态选择，能够处理特定的输入数据，从而实现模型的高效计算和任务适应性。

◎ **组合器：**其作用是将被激活的专家网络的输出进行加权聚合，生成最终的输出结果。在Top-*K*选择策略中，组合器会根据门控网络输出的概率权重，将Top-*K*个专家的输出进行加权求和，从而得到每个输入Token的最终表示。这种加权聚合的方式确保了模型能够充分利用各个专家的输出，同时保持计算的稀疏性。

上述核心组件共同工作，可以使MoE架构在保持大规模参数量的同时，通过稀疏激活机制显著降低实际计算量，从而实现高效的训练和快速的推理。

3.4.3 执行流程

在MoE架构中，动态任务分配的工作流程主要包括以下几个关键步骤。

◎ **输入数据预处理：**输入数据（如文本序列中的Token）首先被送入MoE架构，通常会先进行嵌入操作，将其转换为适合模型处理的向量形式。

◎ **门控网络计算权重：**门控网络接收预处理后的输入数据，并通过一个可学习的线性变换将其投影到一个新的空间。然后，输入数据与各个专家的特征嵌入进行比较，通常使用余弦相似度等方法来计算输入数据与每个专家的匹配度。这些匹配度被转换为概率分布，表示每个专家处理当前输入数据的权重。

◎ **动态选择专家：**根据门控网络输出的概率分布，采用Top-*K*策略选择权重最高的*K*个专家来处理当前输入数据。在某些实现中，还会引入随机性（如添加高斯噪声）以鼓励专家探索，防止过度依赖特定专家。

◎ **专家处理输入：**被选中的专家对输入数据进行独立处理，每个专家可以看作一个独立的神经网络模块，通常包含前馈神经网络。每个专家根据自身的参数和输入数据生成输出结果。

◎ **组合专家输出：**组合器根据门控网络计算的权重，将被激活专家的输出结果进行加权聚合。

最终生成的输出结果反映了所有被激活专家的综合判断。

◎ **后处理与输出：** 聚合后的输出结果会根据需要进行进一步的处理，如通过激活函数或归一化操作，最终形成MoE架构的输出结果。

总之，MoE架构通过其创新的设计和模块化方法，提供了一种突破传统限制的解决方案，尤其是在资源受限环境下的高效模型应用方面展现了巨大的潜力。

3.4.4 权重分配

MoE架构中，权重计算方式主要由门控网络完成。门控网络通常是一个神经网络或线性层，其输出经过归一化处理，以确保权重分布的和为1。

计算权重的公式为

$$g_i(x)=\frac{\exp(f_i(x))}{\sum_{j=1}^{k}\exp(f_j(x))}$$

其中，$f_i(x)$为门控网络为第i个专家计算的原始分数；$g_i(x)$为归一化后的权重，表示第i个专家对当前输入数据的贡献。

3.4.5 应用落地

MoE架构因其灵活性、高效性和可扩展性，在多个领域得到了广泛应用，具体说明如图3-8所示。

3.4.6 DeepSeek中MoE策略实践

在DeepSeek系列模型（如DeepSeek-V2和DeepSeek-V3）中，MoE架构主要被嵌入Transformer架构的前馈神经网络模块，用以替代常规的全连接层。这使模型能够根据输入数据的特性，灵活地选择并激活最适合的专家网络，从而提升模型的适应性和计算效率。

1. MoE架构的特点

DeepSeek中的MoE架构具有以下特点。

◎ **细粒度专家分割与灵活激活：** DeepSeek的MoE架构通过将传统的N个专家分割成更细粒度的mN个专家，并在每个前向传递中激活mK个专家，而不是传统的K个专家。这种设计提供了更灵活的专家组合，增强了模型对不同输入的适应性。

◎ **共享专家与路由专家协同工作：** DeepSeek的MoE架构包含共享专家和路由专家两类专家。共享专家负责捕捉通用的全局知识，而路由专家则专注于处理特定类型的输入数据。这种分工合作的方式减少了专家之间的知识冗余，同时提高了计算效率。

◎ **动态路由与专家专业化：** MoE架构通过门控网络动态选择激活哪些专家，这种选择是基于

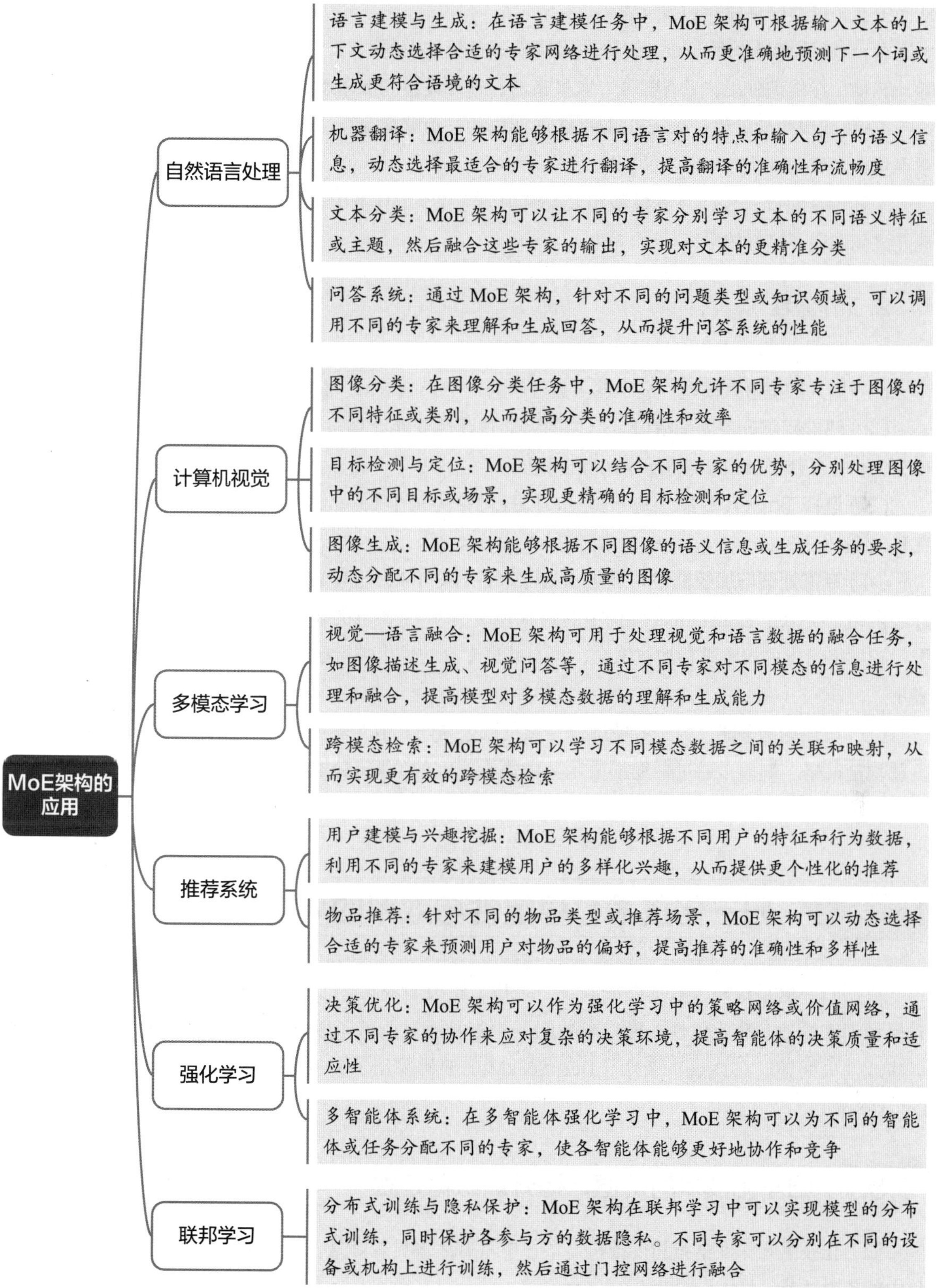

- MoE架构的应用
  - 自然语言处理
    - 语言建模与生成：在语言建模任务中，MoE 架构可根据输入文本的上下文动态选择合适的专家网络进行处理，从而更准确地预测下一个词或生成更符合语境的文本
    - 机器翻译：MoE 架构能够根据不同语言对的特点和输入句子的语义信息，动态选择最适合的专家进行翻译，提高翻译的准确性和流畅度
    - 文本分类：MoE 架构可以让不同的专家分别学习文本的不同语义特征或主题，然后融合这些专家的输出，实现对文本的更精准分类
    - 问答系统：通过 MoE 架构，针对不同的问题类型或知识领域，可以调用不同的专家来理解和生成回答，从而提升问答系统的性能
  - 计算机视觉
    - 图像分类：在图像分类任务中，MoE 架构允许不同专家专注于图像的不同特征或类别，从而提高分类的准确性和效率
    - 目标检测与定位：MoE 架构可以结合不同专家的优势，分别处理图像中的不同目标或场景，实现更精确的目标检测和定位
    - 图像生成：MoE 架构能够根据不同图像的语义信息或生成任务的要求，动态分配不同的专家来生成高质量的图像
  - 多模态学习
    - 视觉—语言融合：MoE 架构可用于处理视觉和语言数据的融合任务，如图像描述生成、视觉问答等，通过不同专家对不同模态的信息进行处理和融合，提高模型对多模态数据的理解和生成能力
    - 跨模态检索：MoE 架构可以学习不同模态数据之间的关联和映射，从而实现更有效的跨模态检索
  - 推荐系统
    - 用户建模与兴趣挖掘：MoE 架构能够根据不同用户的特征和行为数据，利用不同的专家来建模用户的多样化兴趣，从而提供更个性化的推荐
    - 物品推荐：针对不同的物品类型或推荐场景，MoE 架构可以动态选择合适的专家来预测用户对物品的偏好，提高推荐的准确性和多样性
  - 强化学习
    - 决策优化：MoE 架构可以作为强化学习中的策略网络或价值网络，通过不同专家的协作来应对复杂的决策环境，提高智能体的决策质量和适应性
    - 多智能体系统：在多智能体强化学习中，MoE 架构可以为不同的智能体或任务分配不同的专家，使各智能体能够更好地协作和竞争
  - 联邦学习
    - 分布式训练与隐私保护：MoE 架构在联邦学习中可以实现模型的分布式训练，同时保护各参与方的数据隐私。不同专家可以分别在不同的设备或机构上进行训练，然后通过门控网络进行融合

图 3-8

输入数据的特征进行的。随着训练的进行，专家会自发地专业化，专注于处理特定类型的输入数据，从而提高了模型的多样性和表示能力。

◎ **高效计算与推理：** MoE架构在保持模型参数规模的同时，通过稀疏激活机制显著降低了实际计算量。在推理阶段，只有部分专家被激活，这使模型的推理速度比同等规模的稠密模型更快。

◎ **负载均衡与优化：** DeepSeek的MoE架构通过负载均衡算法，有效缓解了传统MoE架构因负载不均衡导致的训练效率低下的问题。

上述特点使DeepSeek系列模型在大规模预训练和下游任务中表现出色，同时在计算效率和模型性能之间取得了良好的平衡。

2. 工作流程

在DeepSeek中，MoE架构的工作流程如下。

（1）输入数据进入模型： 文本输入被分解为一个个Token，每个Token的表示进入MoE层。

（2）门控网络计算匹配得分： 门控网络通过线性变换计算每个Token与所有路由专家的匹配度得分，得分反映了Token与各专家的契合程度。

（3）选择Top-*K*专家： 基于得分，门控网络为每个Token选择Top-*K*个最合适的路由专家。在DeepSeek-V3中，每个Token通常选择8个路由专家。

（4）专家处理与加权聚合： 被选中的专家各自对Token进行独立处理（通常采用轻量级的前馈神经网络，类似于Transformer架构中的FFN模块），产生各自的输出。然后，这些专家的输出会根据门控网络给出的权重进行加权聚合，再与共享专家的输出进行融合，形成当前MoE层的最终输出表示。

（5）负载均衡策略： 为了避免部分专家负载过高而其他专家负载过低的问题，DeepSeek采用了负载均衡策略。例如，通过辅助损失函数约束专家间的Token分配均匀性，并结合容量因子限制单个专家的最大负载。

3.5 归一化技术：稳定性与效率的平衡术

数据归一化是将输入数据缩放到统一范围（如[0,1]或[−1,1]），以消除不同特征量纲差异，提升模型训练的效率和收敛性；模型参数归一化则是通过调整参数分布，使模型更稳定，避免梯度爆炸或消失问题。在DeepSeek中，DeepSeekMoE架构采用了RMSNorm归一化技术来替代传统的LayerNorm。

3.5.1 归一化技术的价值：提升训练稳定性

归一化技术在深度学习和传统机器学习中具有诸多显著好处，这些优势使其成为模型训练和优化中的关键环节，具体说明如下。

（1）加速模型收敛

◎ **统一尺度：** 归一化技术将输入数据或模型参数调整到相同的尺度范围内，减少了不同特征之间的量纲差异，避免了某些特征在梯度下降过程中对优化过程的主导作用。例如，通过Z-Score归一化（将数据转换为均值为0、标准差为1的分布），可以使优化算法更快地收敛至稳定解。

◎ **稳定梯度：** 归一化后的数据分布更加均匀，减少了梯度的剧烈波动，从而加速了模型的收敛速度。例如，LayerNorm通过在每个小批量数据上对隐藏层的激活值进行归一化，稳定了训练过程中的梯度流动。

（2）提高模型泛化能力

◎ **减少过拟合：** 归一化技术通过调整数据分布，使模型在训练过程中接触到更加标准化的输入，从而减少了模型对训练数据的过度拟合。例如，BatchNorm通过在每个小批量数据上对输入进行归一化，增加了模型对不同数据分布的鲁棒性。

◎ **增强泛化性能：** 归一化后的数据具有更好的统计一致性，使模型在面对新的、未见过的数据时能够更好地泛化。例如，RMSNorm通过归一化激活值的均方根值，减少了模型对输入数据的敏感性，从而提高了模型的泛化能力。

（3）简化模型训练

◎ **减少超参数调整：** 归一化技术可以减少对学习率等超参数的敏感性。例如，LayerNorm和RMSNorm通过直接对隐藏层的激活值进行归一化，减少了训练过程中对学习率的精细调整需求。

◎ **提高训练稳定性：** 归一化技术通过减少数据的尺度差异和梯度的剧烈波动，提高了模型训练的稳定性。例如，BatchNorm通过在每个小批量数据上对输入进行归一化，减少了训练过程中的内部协变量偏移，使模型更容易训练。

（4）适应不同数据分布

◎ **增强模型鲁棒性：** 归一化技术使模型能够更好地适应不同数据分布的变化。例如，在多任务学习或迁移学习中，归一化后的数据分布更加一致，使模型能够更有效地处理来自不同任务或数据集的输入。

◎ **提高模型的适应性：** 归一化技术通过调整数据分布，使模型在面对新的、未见过的数据时能够更好地适应。例如，通过数据归一化，模型可以更好地处理不同量纲和分布的数据，从而提高模型的适应性。

（5）降低计算复杂度

◎ **减少数值问题：** 归一化技术可以减少数值计算中的溢出或下溢问题。例如，通过Min-Max归一化将数据缩放到[0,1]或[-1,1]的范围内，可以避免数值计算中的极端值问题。

◎ **提高计算效率：** 归一化后的数据分布更加均匀，减少了计算过程中的冗余操作。例如，通过RMSNorm对激活值进行归一化，可以减少不必要的计算开销，提高模型的运行效率。

3.5.2 LayerNorm：标准归一化技术详解

LayerNorm是一种在深度学习中广泛应用的归一化技术，主要用于加速网络训练、提高模型稳定性和减少内部协变量偏移。其核心思想是在每个训练样本内部，对神经网络层的所有激活值进行归一化操作。

1. 归一化过程

LayerNorm的具体步骤包括计算均值与方差、归一化及应用可学习的缩放和平移参数。

（1）计算均值和方差： 对于输入向量$x=[x_1,x_2,\cdots,x_H]$，计算其均值μ_L和方差σ_L^2，公式为

$$\mu_L=\frac{1}{H}\sum_{i=1}^{H}x_i$$

$$\sigma_L^2=\frac{1}{H}\sum_{i=1}^{H}(x_i-\mu_L)^2$$

（2）归一化： 使用均值和方差对输入数据进行归一化，公式为

$$\hat{x}_i=\frac{x_i-\mu_L}{\sqrt{\sigma_L^2+\varepsilon}}$$

其中，ε是一个小常数（如10^{-8}或10^{-10}），用于防止除零。

（3）应用可学习的缩放和平移参数： LayerNorm在归一化后引入了可学习的参数γ和β，分别用于缩放和平移，增加了模型的灵活性，公式为

$$y_i=\gamma\hat{x}_i+\beta$$

其中，γ和β是可学习的参数，通常初始化为1和0。

2. LayerNorm 的优点

◎ **加速模型收敛：** LayerNorm通过在每个训练样本内部对激活值进行归一化，减少了不同层之间的尺度差异，从而加速了模型的收敛。归一化后的数据分布更加均匀，减少了梯度的剧烈波动，使优化算法能够更快地找到全局最优解。

◎ **提高训练稳定性：** LayerNorm通过减少每一层输入分布的变化，有效缓解了内部协变量偏移问题。这种偏移是指在训练过程中，每一层的输入分布会随着参数的更新而发生变化，从而影响模型的训练稳定性。LayerNorm通过归一化操作，使每一层的输入分布保持相对稳定，从而提高了训练的稳定性。

◎ **增强模型泛化能力：** LayerNorm通过归一化操作，使模型在训练过程中接触到更加标准化的输入，从而减少了模型对训练数据的过度拟合。归一化后的数据具有更好的统计一致性，使模型在面对新的、未见过的数据时能够更好地泛化。

◎ **减少超参数调整：** LayerNorm通过直接对隐藏层的激活值进行归一化，减少了对学习率等超参数的敏感性。这使模型在训练过程中更容易调整，减少了对超参数的精细调整需求，从而提高了模型的可调性和可扩展性。

3. LayerNorm 的缺点

◎ **计算开销较大：** LayerNorm需要对每一层的所有激活值计算均值和方差，这增加了额外的计算量。尤其是在大规模模型（如Transformer架构）中，这种计算开销可能会显著影响训练速度。

◎ **对输入特征的区分能力有限：** LayerNorm在归一化过程中会将不同特征的激活值放在一起处理，如果特征之间存在较大差异，可能会导致模型对输入特征的区分能力下降。例如，在图神经网络中，LayerNorm可能会消除节点特征之间的差异，从而影响模型对节点度数等信息的捕捉。

◎ **在某些任务中效果不明显：** LayerNorm在卷积神经网络中的效果不如BatchNorm明显，尤其是在处理图像任务时，其对图像块之间的相对亮度和对比度信息的保留能力较弱，可能导致重建图像出现伪影。

总之，LayerNorm的引入显著提高了模型的训练效率和性能，是现代深度学习模型中不可或缺的组件之一。

3.5.3 RMSNorm：轻量高效的新选择

RMSNorm是一种高效的归一化技术，它通过计算输入张量的均方根值对数据进行归一化，省略了传统LayerNorm中的均值计算步骤，从而显著减少了计算量。RMSNorm在Transformer架构和自然语言处理任务中表现出色，尤其适用于需要处理长序列数据的场景。

RMSNorm仅使用均方根统计进行输入缩放，公式为

$$\text{RMSNorm}(x)=\frac{x}{\sqrt{\text{mean}\left(x^{2}\right)+\varepsilon}}\odot w$$

其中，w为可学习参数；ε为一个小常数，用于防止除零。

RMSNorm与LayerNorm的对比如表3-1所示。

表 3-1　RMSNorm 与 LayerNorm 的对比

对比维度	RMSNorm	LayerNorm
核心计算方式	仅计算输入数据的均方根，省略了均值计算步骤	通过计算每个样本的均值和方差，将数据归一化到均值为0、方差为1的分布
计算复杂度	计算量更小，仅需计算平方和的均值再开方，减少了约30%的计算量，适合大模型训练	需要计算均值和方差，计算复杂度较高，尤其在大规模模型中会影响训练速度
训练稳定性	保持非零均值，避免了均值归零可能导致的梯度消失问题，尤其在深层网络中表现出更高的训练稳定性	通过均值归零，能够稳定梯度更新，适用于Transformer、BERT等模型
适用场景	在大语言模型（如 Llama、GPT-4）和计算资源受限的边缘设备上表现更优，因其高效性和稳定性	适用于需要严格中心化的任务，如CNN和一些对特征分布敏感的模型
内存占用	通常不使用偏置项，内存占用更少	由于引入了偏置项和缩放因子，内存占用相对较高
性能表现	在机器翻译、语言建模等任务中性能与 LayerNorm相当，甚至更优，同时显著提高了计算效率	在某些任务中表现稳定，但计算效率较低

总之，RMSNorm和LayerNorm各有优势，RMSNorm通过简化计算过程，提高了计算效率和训

练稳定性，尤其在大模型和资源受限的场景中表现出色；而LayerNorm通过均值归零提供稳定的梯度更新，适用于多种模型。

3.6 多令牌预测技术：增强推理能力的新途径

多令牌预测（MTP）技术是一种通过预测多个未来令牌（Token），而不是仅预测下一个单一Token的方法。MTP技术通过增加训练信号的密度，使模型在每个训练步骤中能够学习到更多信息，从而提升数据利用效率和对上下文的理解能力。

3.6.1 技术实现与核心价值

1. 技术实现

MTP技术通过同时预测多个未来Token来提升模型的训练效率和推理速度。在DeepSeek-V3中，MTP技术的实现方案包括以下几个关键部分。

（1）架构设计

◎ **主模型与MTP模块：** MTP技术基于主模型（负责基础的下一个Token预测）和多个顺序模块的组合。每个MTP模块包含共享的嵌入层、共享的输出头、一个Transformer块和一个投影矩阵。

◎ **输入与输出：** 对于第i个输入Token，在第k个预测深度，将第i个Token在（k-1）深度的表示与第（i+k）个Token的嵌入与线性投影结合后，作为第k个深度的Transformer块的输入，产生当前深度的输出表示，最后通过共享的输出头计算第k个额外预测Token的概率分布。

◎ **共享机制：** 每个MTP模块的嵌入层与主模型共享，输出头也与主模型共享，减少了内存开销。

（2）训练目标

◎ **多层次模块预测：** 模型在每个位置上预测多个未来Token，增加了训练信号的密度。

◎ **优化训练目标：** 通过优化训练目标，模型能够更好地规划其表示，以便更准确地预测未来的Token。

◎ **损失函数：** 对于每个预测深度，计算一个交叉熵损失，最后计算所有深度的MTP损失的平均值，并乘以加权因子以获得整体MTP损失，作为DeepSeek-V3的额外训练目标。

（3）推理优化

◎ **丢弃MTP模块：** MTP技术旨在提高主模型的性能，因此在推理过程中，可以直接丢弃MTP模块，主模型可以独立且正常地运行，从而减少计算开销。

◎ **推测性解码：** 将这些MTP模块重新用于推测性解码，以进一步提高生成延迟。

2. 核心价值

MTP技术的核心价值主要体现在以下几个方面。

◎ **提高数据利用效率：** MTP技术通过增加训练信号的密度，使模型在每个训练步骤中能够学习到更多信息。与传统的单一Token预测方法相比，MTP技术不仅提高了数据利用效率，还增强了模型对上下文的理解能力。

◎ **提升推理速度：** 通过同时预测多个Token而非按顺序预测，减少了推理过程中的解码延迟，在不影响连贯性的前提下加快文本生成速度。

◎ **增强长期连贯性：** MTP技术使模型能够预先规划其表示，以便更好地预测未来的Token，从而增强了文本生成中的长期连贯性。

3.6.2 在 DeepSeek 中的具体应用

在DeepSeek中，MTP技术被应用于以下几个方面。

（1）训练阶段

◎ MTP目标被引入作为额外的训练目标，使模型能够在每个位置预测多个未来Token，从而提高数据利用效率和预测能力。

◎ 通过优化训练目标，模型能够更好地规划其表示，以便更准确地预测未来的Token。

（2）推理阶段

在推理过程中，MTP模块可以被丢弃，主模型独立运行，从而减少计算开销。

MTP模块还可以重新用于推测性解码，通过将额外的Token预测作为推测补全，加快推理速度。

（3）优化策略

◎ DeepSeek-V3通过共享嵌入和输出头减少MTP模块带来的额外内存开销。

◎ DeepSeek-R1进一步优化了MTP的实现，包括跨层深度残差连接、自适应预测粒度、深度感知损失加权、基于深度条件的路由等策略。

3.7 高效并行策略：性能极限的系统设计

DeepSeek-V3在训练过程中采用了多种高效的并行策略，以充分利用计算资源、提高训练效率并减少训练时间和成本。

3.7.1 专家并行：稀疏模型的并发调度

专家并行（Expert Parallelism，EP）是DeepSeek-V3中用于优化MoE架构的关键并行策略。由于DeepSeek-V3的高度稀疏（每层256个专家中仅激活8个），需要极大的整体批量大小来确保每个专家有足够的输入，从而实现更高的吞吐量和更低的延迟。

◎ **预填充阶段：** 采用32路专家并行（EP32），每个部署单元包含4个节点，每张GPU卡管理9个路由专家和1个共享专家。

◎ **解码阶段：** 采用144路专家并行（EP144），每个部署单元包含18个节点，每张GPU卡管理2个路由专家和1个共享专家。

◎ **通信优化：** 为了解决专家并行带来的跨节点通信开销，DeepSeek-V3采用了双批次流水线算法，通过交替执行计算和通信任务，隐藏通信延迟。

3.7.2 流水线并行：跨层任务的持续处理

流水线并行（Pipeline Parallelism，PP）通过将模型的不同部分分配到不同的计算单元上，实现模型的分阶段并行计算。DeepSeek-V3采用了16路流水线并行。

◎ **双向流水线算法：** DeepSeek-V3设计了双向流水线并行算法，实现了前向和后向计算通信阶段的完全重叠，减少了流水线气泡，提高了训练效率。

◎ **调度机制：** 在8个流水线并行等级和20个微批次下，计算与通信相互重叠，优化了资源利用率。

3.7.3 数据并行：规模化训练的利器

数据并行（Data Parallelism，DP）通过将数据分割成多个小批量，并将这些小批量分配到不同的计算单元上并行处理，从而提高模型的训练效率。DeepSeek-V3采用了ZeRO-1数据并行策略。

◎ **内存优化：** 通过ZeRO-1数据并行，DeepSeek-V3优化了内存占用，使模型能够在不使用昂贵的张量并行（Tensor Parallelism，TP）的情况下进行高效训练。

◎ **负载均衡：** 大规模的跨节点专家并行和数据并行需要解决负载均衡问题。DeepSeek-V3通过精细的专家分配和节点内复制策略，确保每个GPU的计算和通信负载均衡。

总之，DeepSeek-V3通过结合专家并行、流水线并行和数据并行，实现了高效的模型训练和推理。专家并行优化了MoE架构的处理能力，流水线并行减少了模型分阶段计算的通信开销，而数据并行则通过优化内存占用提高了训练效率。这些并行策略的结合，使DeepSeek-V3能够在大规模模型训练中实现高效的资源利用和性能提升。

3.8 混合精度与量化：训练效率的加速器

混合精度训练通过结合高精度（如FP32）和低精度（如FP16）数据类型，在减少计算开销和显存占用的同时保持模型精度，显著加速训练过程。量化策略则将模型的权重和激活值从浮点数转换为低比特整数（如INT8），降低存储需求和计算复杂度，从而提升推理速度。

3.8.1 混合精度训练：显存与性能的理想折中

混合精度训练是一种在深度学习模型训练中使用不同精度的数据类型（如FP32和FP16）的技术，旨在减少计算开销和显存占用，同时保持模型精度。以下是其详细介绍。

1. 原理

混合精度训练的核心在于动态调整计算过程中的数值精度。在前向传播和反向传播中使用半精度浮点数（FP16）进行计算，以提高速度和减少显存占用；而在梯度累积和权重更新时使用单精度浮点数（FP32），以确保数值稳定性和精度。此外，为了防止FP16梯度下溢或上溢，通常会采用梯度缩放技术，即在反向传播前将梯度乘以一个缩放因子，更新权重前再除以该因子。

2. 实现

混合精度训练的实现通常依赖于深度学习框架提供的工具。例如，PyTorch的torch.cuda.amp模块支持自动混合精度，通过autocast上下文管理器和GradScaler工具，可以轻松实现混合精度训练。TensorFlow也提供了类似的tf.keras.mixed_precision模块。

3. 优势

◎ **提高计算效率**：FP16的计算速度比FP32快，显著加快训练过程。

◎ **减少显存占用**：FP16占用空间是FP32的一半，允许在相同硬件资源下训练更大的模型或使用更大的批量大小。

◎ **减少计算开销**：整体计算和存储需求降低，尤其在大规模分布式训练中效果显著。

3.8.2 精度量化策略：模型压缩的实用路径

量化是将模型的权重和激活值从浮点数转换为定点数（如8位整数）的过程，主要用于减少模型大小和加速推理。DeepSeek在模型量化方面采用了多种策略，以实现高效部署和性能优化。

1. 混合精度训练与量化感知训练

DeepSeek-V3/R1采用了混合精度训练机制，结合了FP16和FP8精度，显著减少了单次计算开销，同时通过量化感知训练（Quantization-Aware Training，QAT）缓解了精度损失问题。此外，DeepSeek还利用SmoothQuant优化算法调整离群值，优化量化过程。

2. INT8 量化

DeepSeek-R1开源的原生权重为FP8精度，推理时采用与FP8等位宽的INT8精度进行平替，以保持类似推理吞吐量，同时降低精度损失。在量化过程中，DeepSeek采用了分块量化和通道量化两种方法，显著提升了推理吞吐量。

3. 动态量化与静态量化

DeepSeek支持动态量化和静态量化策略。动态量化在推理过程中实时调整缩放因子，适用于需要灵活调整精度的场景；静态量化则在训练后固定缩放因子，适合对精度要求稳定的场景。

4. 分层量化

DeepSeek根据模型的不同层特性采用分层量化策略。例如，MoE层采用W8A8-Dynamic量化，MLA层采用W8A8量化，通过混合量化方式优化整体性能。

5. 校准与优化

DeepSeek通过更新业务校准集进行Label-Free量化，进一步优化量化效果。此外，DeepSeek还支持训练后量化，适用于已经训练好的模型。

通过这些量化策略，DeepSeek在保持模型精度的同时，显著提高了推理效率和硬件适应性，适用于多种部署场景。

3.9 显存优化与结构共享：资源利用的范式创新

DeepSeek-V3采用了指数移动平均（Exponential Moving Average，EMA）显存优化策略，通过异步处理和显存卸载减少EMA参数对显存的占用。EMA通过计算模型参数的指数加权平均值，平滑训练过程中的噪声，从而得到更稳定、泛化能力更强的参数。

3.9.1 EMA优化

DeepSeek-V3通过异步处理和显存卸载的方式优化了EMA的显存占用。

◎ **异步处理：** EMA计算独立于前向传播和反向传播，与训练过程并行进行。由于EMA的计算过程不需要训练过程中实时产生的数据，因此可以采用异步处理方式，让EMA计算过程与训练过程并行开展。

◎ **显存卸载：** 将EMA计算从GPU显存移至CPU，仅在需要时将参数传递给CPU进行计算，更新后的EMA参数存储在CPU内存中。这种方法减少了GPU显存占用。

通过这些优化，DeepSeek-V3在训练过程中显著减少了EMA参数对显存的占用，提高了内存使用效率。

3.9.2 头尾参数共享

在DeepSeek-V3中，头尾参数共享是一种优化策略，通过共享embedding层和lm_head层的权重矩阵，减少了模型的参数存储量和显存占用。

◎ **减少参数存储量：** embedding层和lm_head层共享同一权重矩阵，避免了重复存储两份权重，从而显著降低了模型的参数存储需求。

◎ **减少显存占用：** 通过共享权重矩阵，减少了梯度、优化器状态和参数备份等的显存占用，提高了模型在有限显存条件下的可扩展性。

◎ **提升性能和泛化能力：** 共享权重矩阵有助于模型学习更稳定和通用的Token表示，从而提升模型性能和泛化能力。

总而言之，头尾参数共享不仅优化了模型的存储和计算效率，还通过统一的Token表示增强了模型的稳定性。

DeepSeek的工作原理：从生成到模型安全的全面解析

DeepSeek的工作原理融合了先进的Transformer架构与概率生成模型，通过逐词生成机制实现高效且连贯的文本输出。系统在每一步生成过程中，利用上下文信息精确预测下一词的概率分布，并采用多样化的采样方法平衡生成文本的创新性与合理性。与此同时，DeepSeek在架构优化方面不断探索，通过特定改进方式提升模型的扩展性和适应性，并使模型在流式输出与响应速度上均表现出色，为用户提供精准、高效的智能文本生成体验。

4.1 逐词生成：DeepSeek的输出过程

DeepSeek采用逐词生成技术，通过不断预测并输出下一个最可能出现的词汇，实现高效且连贯的文本构建。在生成过程中，系统会实时分析当前上下文，根据概率模型计算各词汇的生成可能性，并依次选择最优词项，从而确保生成文本既符合语法逻辑，又富有创造性。同时，这种逐步生成机制支持流式输出，使用户几乎能够体验到实时的响应效果，极大地提升了交互体验。

4.1.1 文本生成的基本机制

DeepSeek文本生成的基本机制基于Transformer架构和预训练技术，通过逐词生成机制输出连贯、自然的文本。具体来说，文本生成的基本机制如图4-1所示。

文本生成的基本机制	
预训练	DeepSeek在预训练阶段通过大规模无监督学习，学习语言的通用规律和模式。预训练任务通常包括掩码语言模型（Masked Language Modeling，MLM）和下一句预测等，使模型能够理解语言的语法和语义。例如，DeepSeek可以将“我爱北京天安门”准确翻译为“I love Tiananmen in Beijing”，这得益于预训练积累的知识
逐词生成机制	在文本生成过程中，DeepSeek采用自回归的方式逐词生成文本。给定一个输入提示，模型通过自注意力机制捕捉上下文信息，预测下一个词的概率分布，并根据采样策略选择下一个词。这一过程重复进行，直到生成完整的文本
上下文关联与连贯性	DeepSeek利用Transformer架构中的自注意力机制，能够捕捉长距离依赖关系，从而生成连贯的文本。自注意力机制允许模型在生成每个词时，参考整个上下文信息，确保生成的文本逻辑一致且符合语言习惯
监督微调与任务适应性	为了使模型更好地适应特定任务，DeepSeek在预训练后会进行监督微调。在这个阶段，使用大量人工标注的高质量数据对模型进行训练，使其能够理解任务的特定需求。例如，在问答任务中，通过监督微调，DeepSeek可以准确回答“中国的首都是哪里”这类问题
类RLHF优化模型策略	DeepSeek在模型训练中采用了类似于人类反馈强化学习（RLHF）技术。该方法通过人类对模型输出的评估生成奖励信号，进而优化模型策略。例如，在训练推理模型DeepSeek-R1时，DeepSeek团队通过人类标注员对模型回答的质量进行评分（如准确性、逻辑性、流畅性），利用这些反馈微调模型，使其输出更符合人类偏好。这种机制显著提升了模型的逻辑推理能力和答案的流畅性，尤其是在复杂任务（如数学问题解答和代码生成）中表现突出

图4-1

总之，DeepSeek文本生成机制结合了预训练、逐词生成机制、上下文关联与连贯性、监督微调与任务适应性和类RLHF优化模型策略等技术。由此，DeepSeek能够生成高质量、连贯且符合人类期望的文本，广泛应用于自然语言处理的多个领域。

4.1.2 上下文关联与逐词生成

在前面介绍的DeepSeek文本生成机制中，上下文关联与逐词生成是核心，具体说明如下。

1. 上下文关联

DeepSeek通过Transformer架构中的自注意力机制实现上下文关联。自注意力机制允许模型在生成每个词时，参考整个上下文信息，从而确保生成的文本逻辑连贯且符合语言习惯。例如，在生成“今年春节的天气真的好冷”时，模型不仅考虑当前词“真的”，还会参考前面的“今年春节的天气”，从而生成符合语义的后续词。

2. 逐词生成

DeepSeek采用自回归的方式逐词生成文本。给定一个输入提示，模型通过自注意力机制捕捉上下文信息，预测下一个词的概率分布，并根据采样策略选择下一个词。这一过程重复进行，直到生成完整的文本。

然而，DeepSeek在传统逐词生成的基础上进行了创新，引入了多令牌预测（MTP）技术。与传统的单令牌预测（STP）技术不同，MTP技术允许模型一次性预测多个Token，从而提升了生成效率和质量。例如，在生成“今年春节的天气真的好冷”时，传统方法需要逐词生成“今年”“春节”“的”“天气”“真的”“好”“冷”，而MTP技术可以并行预测这些Token，减少生成步数，加速推理过程。

在DeepSeek的实现中，上下文关联与逐词生成功能的实现细节如下。

◎ **MTP**：DeepSeek的MTP模块采用级联式结构，通过多个串行模块预测多个Token。这种结构保留了因果语言模型的连接关系，有利于提升生成效果。

◎ **长上下文扩展**：DeepSeek-V3通过两个阶段的上下文扩展训练，将上下文长度从4K扩展到128K。这一扩展显著提升了模型在长文本任务中的表现。

◎ **优化的自注意力机制**：DeepSeek采用改进的多头潜在注意力（MLA）机制，通过低秩压缩降低计算复杂度，同时保持高性能。

总之，DeepSeek通过自注意力机制实现强大的上下文关联能力，并通过MTP技术优化逐词生成过程。这些技术的结合使得DeepSeek能够高效生成连贯、自然的文本，同时在长文本处理和复杂任务中表现出色。

4.1.3 流式输出与响应速度

流式输出与响应速度是影响DeepSeek性能的关键指标，以下是基于评测数据的详细介绍。

1. 流式输出

DeepSeek支持流式输出，即在生成文本时逐词或逐句实时返回结果，而非一次性生成完整文本后再输出。这种机制使得用户能够更快地看到初步结果，增强交互体验。例如，在推理任务中，

DeepSeek可以逐步输出中间推理过程和最终结论，适用于需要实时反馈的场景。

2. 响应速度

根据性能评测，DeepSeek的响应速度表现如下。

◎ **首Token延迟：** DeepSeek官方的首Token延迟较高，平均为7.753 s，这可能是其性能短板之一。相比之下，火山引擎的首Token响应时间仅为1.01 s，表现出显著的性能优势。

◎ **推理速度：** 在推理任务中，DeepSeek官方的推理速度为21.72 tokens/s。火山引擎的推理速度更快，达到35.50 tokens/s。

◎ **生成速度：** 在内容生成部分，DeepSeek官方的生成速度为22.06 tokens/s，而火山引擎的生成速度为37.76 tokens/s，这表明火山引擎在生成速度上更具优势。

◎ **总体生成速度：** DeepSeek官方的总体生成速度为17.36 tokens/s，而火山引擎的平均生成速度为33.01 tokens/s，这显示出火山引擎在整体性能上领先。

3. 影响响应速度的因素

◎ **硬件条件：** DeepSeek在不同硬件环境下的表现存在差异。例如，其DeepSeek-V2模型在单节点搭载8块H800 GPU的情况下，实现了超过50 000 tokens/s的生成吞吐量，但这是在特定硬件条件下的结果。

◎ **模型算法：** DeepSeek的MTP技术等算法优化有助于提升生成速度，但在处理复杂任务时，可能会受到算法复杂度的影响。

◎ **数据量与类型：** 不同的输入数据量和类型也会影响响应速度。例如，推理任务和内容生成任务的响应速度可能会有所不同。

总之，DeepSeek的流式输出机制提高了实时交互体验，但在响应速度上存在一定的局限性，尤其是在首Token延迟和总体生成速度方面。相比之下，火山引擎等第三方服务商在响应速度上表现出色，成为API接入的首选。

4.2 概率模型：如何生成有意义的文本

在文本生成中，概率模型通过对已生成的上下文进行分析，利用自注意力机制将语境信息映射到高维向量空间，再通过Softmax函数计算每个候选词在当前语境下的出现概率。根据这些概率，系统采用采样或贪心策略选择最合适的词汇，从而逐步构建出既符合语法逻辑又具有语义连贯性的文本。这一过程确保了生成文本的合理性和多样性，使得每一次生成都能兼顾准确性和创造性。

4.2.1 概率分布与预测机制

概率分布与预测机制结合了深度学习的概率建模能力和符号逻辑的确定性推理能力，可以实现高效、准确的文本生成和推理任务。

1. 概率分布与预测机制的核心架构

DeepSeek 采用了双引擎架构，包括概率推理引擎和确定性规则引擎，两者的协同工作实现了复杂任务的高效处理。

（1）概率推理引擎

概率推理引擎基于深度学习和神经网络技术，能够从数据中学习复杂的概率分布和模式。其核心特点如下。

◎ **数据驱动：** 通过大规模数据训练，学习数据中的统计规律和模式。

◎ **概率建模：** 处理不确定性，输出概率分布而非确定性结果。

◎ **灵活性：** 适用于多种任务，如语言生成、分类、预测等。

◎ **端到端学习：** 从输入到输出可以直接优化，无须显式规则。

（2）确定性规则引擎

确定性规则引擎基于符号逻辑和规则系统，通过显式定义的规则和知识库进行推理，适用于需要逻辑严格和可解释性的任务。

2. 概率分布的计算与预测

在概率推理引擎中，DeepSeek 通过以下机制实现概率分布的计算与预测。

（1）MTP

DeepSeek-V3 引入了 MTP 机制，显著提高了生成任务的效率和推理速度。具体实现过程如下。

◎ 在每次训练和推理中，模型不仅预测当前 Token，还需要同时预测后续的多个 Token。

◎ 设计新的损失函数，优化生成多个 Token 的联合概率分布。

◎ 通过共享的嵌入层、输出头和 Transformer 块，MTP 模块能够预测多个未来 Token。

（2）动态注意力窗口调节

DeepSeek 的概率推理引擎采用了动态注意力窗口调节技术，能够根据输入的复杂性自适应调整注意力窗口的大小（32~512 Token），从而优化计算资源的分配。

（3）不确定性量化

DeepSeek 的概率推理引擎能够输出不确定性量化结果（置信度分值为 0~1），帮助用户判断结果的可靠性。

3. 预测机制的优化与创新

DeepSeek 在预测机制上进行了多项优化和创新。

◎ **条件概率森林：** 构建 256 棵决策树组成的集成学习器，每棵树对应不同的推理维度。

◎ **语义熵评估器：** 实时计算输入信息的语义模糊度指标（0~1 scale），帮助模型更好地处理模糊性。

◎ **注意力路由算法：** 根据任务复杂度分配计算资源，在省电模式下能耗降低约 40%。

4. 概率分布与预测机制的优势

◎ **处理复杂数据：** 能够处理非结构化数据（如自然语言、图像），在缺乏明确规则的任务中表现优异。

◎ **泛化能力：**通过大规模数据训练，模型可以泛化到未见过的场景。

◎ **效率提升：**MTP机制显著提升了生成任务的效率和推理速度。

5. 应用场景与实际效果

DeepSeek的概率分布与预测机制在多个领域表现出色，应用场景与实际效果举例如下。

◎ **数学推理：**通过概率推理引擎和确定性规则引擎的协同工作，DeepSeek在数学推理任务中表现优异。

◎ **法律逻辑推理：**利用确定性规则引擎的精确逻辑推理能力，DeepSeek能够处理复杂的法律逻辑推理任务。

通过上述机制，DeepSeek不仅能够生成高质量的自然语言文本，还能在复杂任务中提供可靠的推理和预测结果。

4.2.2 采样方法与文本多样性

DeepSeek在文本生成中采用了多种采样方法来控制生成文本的多样性和创造性，这些方法通过调整模型的概率分布来实现不同的生成效果。采样方法与文本多样性的具体说明和实际应用如图4-2所示。

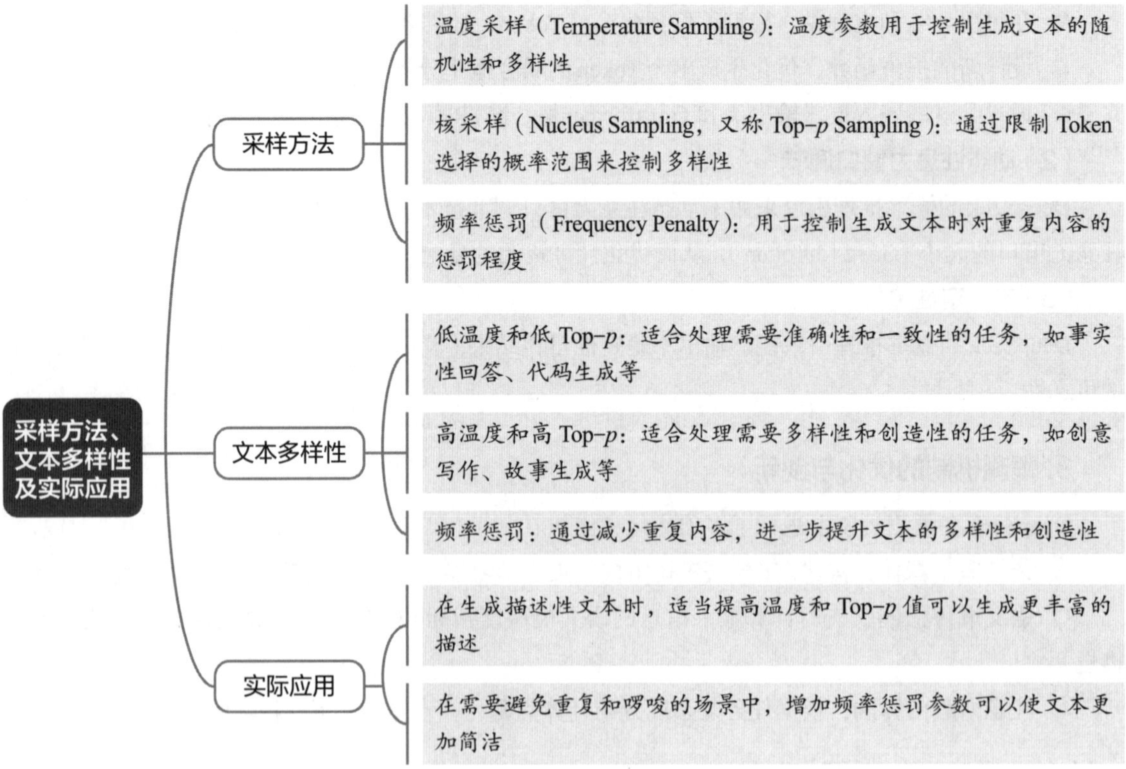

采样方法、文本多样性及实际应用

- 采样方法
  - 温度采样（Temperature Sampling）：温度参数用于控制生成文本的随机性和多样性
  - 核采样（Nucleus Sampling，又称 Top-p Sampling）：通过限制 Token 选择的概率范围来控制多样性
  - 频率惩罚（Frequency Penalty）：用于控制生成文本时对重复内容的惩罚程度
- 文本多样性
  - 低温度和低 Top-p：适合处理需要准确性和一致性的任务，如事实性回答、代码生成等
  - 高温度和高 Top-p：适合处理需要多样性和创造性的任务，如创意写作、故事生成等
  - 频率惩罚：通过减少重复内容，进一步提升文本的多样性和创造性
- 实际应用
  - 在生成描述性文本时，适当提高温度和 Top-p 值可以生成更丰富的描述
  - 在需要避免重复和啰唆的场景中，增加频率惩罚参数可以使文本更加简洁

图4-2

总之，通过这些灵活的采样方法和多样性控制机制，DeepSeek 能够生成高质量、多样化的文本，满足各种复杂的应用需求。

4.2.3 生成控制机制与调优策略

DeepSeek 在生成控制和调优方面提供了多种策略，这些策略不仅优化了生成文本的质量和多样性，还提升了模型的训练效率和推理性能。

1. 生成控制机制

（1）长度控制

DeepSeek 允许用户通过设置最大长度（max_length）和最小长度（min_length）参数来控制生成文本的长度。

◎ **最大长度：**限制生成文本的最大长度，避免生成过长的文本。

◎ **最小长度：**确保生成文本达到一定长度，避免过早结束。

（2）截断机制

DeepSeek 支持截断机制，允许用户在生成过程中设置截断条件，举例如下。

◎ **按长度截断：**当生成文本达到指定长度时停止生成。

◎ **按特定标记截断：**当生成特定标记（如句号“。”或换行符“\n”）时停止生成。

（3）停止词

用户可以指定一组停止词，当生成文本中出现这些词时，生成过程会立即停止。这在需要生成特定格式的文本时非常有用，如生成标题或摘要。

2. 调优策略

（1）学习率调度

DeepSeek 支持多种学习率调度策略，以优化训练过程。

◎ **线性衰减：**学习率从初始值线性下降到零，适合长周期训练。

◎ **余弦衰减：**学习率按照余弦曲线变化，有助于模型在训练后期更稳定地收敛。

◎ **分段常数衰减：**在不同阶段设置不同的学习率，适合复杂的训练任务。

（2）批量大小调整

DeepSeek 允许用户根据硬件资源和任务需求调整批量大小。

◎ **小批量：**适合内存受限的设备，但可能需要更多的训练时间。

◎ **大批量：**加速训练过程，但可能导致模型泛化能力下降。

（3）网络结构优化

DeepSeek 支持对网络结构进行优化，以适应不同的任务需求。

◎ **层数调整：**增加或减少 Transformer 架构的层数，平衡模型复杂度和性能。

◎ **隐藏层维度调整：**改变隐藏层的维度，优化模型的表达能力。

（4）正则化技术

DeepSeek提供了多种正则化技术，以防止过拟合。

◎ **随机丢弃法：**在训练过程中随机丢弃神经元，增强模型的泛化能力。

◎ **L2正则化：**通过惩罚权重的大小，防止模型过拟合。

◎ **早停：**在验证集性能不再提升时停止训练，避免过拟合。

（5）超参数搜索

DeepSeek提供了自动化超参数搜索工具，帮助用户高效地找到最优的超参数组合。

◎ **随机搜索：**在预定义的搜索空间中随机采样，寻找最优参数。

◎ **贝叶斯优化：**通过贝叶斯方法动态调整搜索方向，提高搜索效率。

◎ **网格搜索：**穷举预定义的超参数组合，适合小规模搜索空间。

3. 实际应用中的调优策略

在实际应用中，DeepSeek的调优策略可以根据具体任务需求进行调整。

（1）对于需要高准确性的任务（如代码生成、事实性回答）：使用较低的温度值（如0.1）和较低的Top-p值（如0.2）；提高正则化强度，减少过拟合风险。

（2）对于需要高创造性的任务（如创意写作、故事生成）：使用较高的温度值（如1.0）和较高的Top-p值（如0.9）；适当降低正则化强度，增加模型的灵活性。

（3）对于长文本生成任务：增加最大长度限制，优化截断机制；调整学习率调度策略，确保模型在长周期训练中稳定收敛。

总之，DeepSeek通过多种生成控制机制和调优策略，提供了强大的灵活性和适应性。用户可以根据具体任务需求调整生成参数和训练策略，从而优化生成文本的质量和多样性，同时提升模型的训练效率和推理性能。这些策略不仅增强了模型的实用性，还为复杂任务提供了高效的解决方案。

4.3 性能优化与效率提升

DeepSeek通过多项技术创新实现了性能优化与效率提升。在模型架构方面，DeepSeek系列模型（如DeepSeek-V2、DeepSeek-V3、DeepSeek-R1等）采用了MoE架构，显著提高了模型的计算效率。同时引入了MTP机制，使模型能够一次性预测多个连续的Token，减少了生成步数，从而提升了推理速度和整体效率。

4.3.1 硬件加速与分布式训练

DeepSeek在硬件加速与分布式训练方面采用了多种先进技术和策略，以提升训练效率和降低算力成本。

1. 硬件加速

◎ **PTX汇编语言优化：** DeepSeek通过PTX汇编语言对核心计算模块进行优化。PTX是一种针对NVIDIA GPU的底层编程语言，能够最大限度地提升代码执行效率，减少不必要的计算开销。

◎ **FP8混合精度训练：** DeepSeek引入了FP8混合精度训练框架，支持FP8计算和存储，显著减少了GPU显存使用，同时加速了训练过程。

◎ **KV缓存优化：** DeepSeek通过优化KV缓存，减少显存占用，从而提升推理性能。

◎ **与硬件对齐的稀疏注意力机制：** DeepSeek采用原生稀疏注意力机制，针对现代硬件优化设计，能够加速推理过程，降低预训练成本，且不降低性能。

2. 分布式训练

◎ **大规模计算集群架构：** DeepSeek的训练环境是一个大规模的计算集群，比如DeepSeek-V3使用了配备2 048个NVIDIA H800 GPU的集群。节点内通过NVLink和NVSwitch实现高速互连，节点间采用无限带宽（InfiniBand，IB）技术进行高效通信。

◎ **并行策略：** DeepSeek-V3采用了多种并行策略，包括流水线并行、专家并行和数据并行。具体来说，采用16路流水线并行、跨8个节点的64路专家并行，以及ZeRO-1数据并行。

◎ **双向流水线并行（DualPipe）算法：** DeepSeek通过DualPipe算法优化流水线并行处理，减少了流水线停滞，并通过计算与通信重叠减少了大部分通信开销。

◎ **跨节点通信优化：** DeepSeek团队开发了高效的跨节点全对全通信内核，充分利用InfiniBand和NVLink的带宽，减少通信所需的流式多处理器资源占用。

◎ **内存优化：** DeepSeek通过精细的内存管理优化，减少了模型训练过程中的内存占用，使其在有限的硬件资源下能够训练更大规模的模型。

总之，通过硬件加速和分布式训练技术，DeepSeek显著提升了训练效率和推理性能，同时降低了算力成本。这些优化策略不仅提高了模型的训练速度，还使得DeepSeek能够在大规模集群上高效运行，为大规模预训练语言模型的开发提供了强大的技术支持。

4.3.2 模型压缩与轻量化

DeepSeek的模型压缩与轻量化技术旨在显著降低模型的存储和计算需求，同时尽可能保留模型性能，使模型能够高效运行于资源受限的环境。DeepSeek的压缩与轻量化技术如图4-3所示。

总之，通过上述内容，DeepSeek不仅实现了模型的轻量化，还在保持较高性能的同时，显著降低了计算资源消耗和推理延迟，为大模型的实际部署提供了有力支持。

4.3.3 推理优化与实时性

DeepSeek在推理优化与实时性方面采用了多种先进技术，以提升模型的运行效率和响应速度，满足实时性要求较高的应用场景。

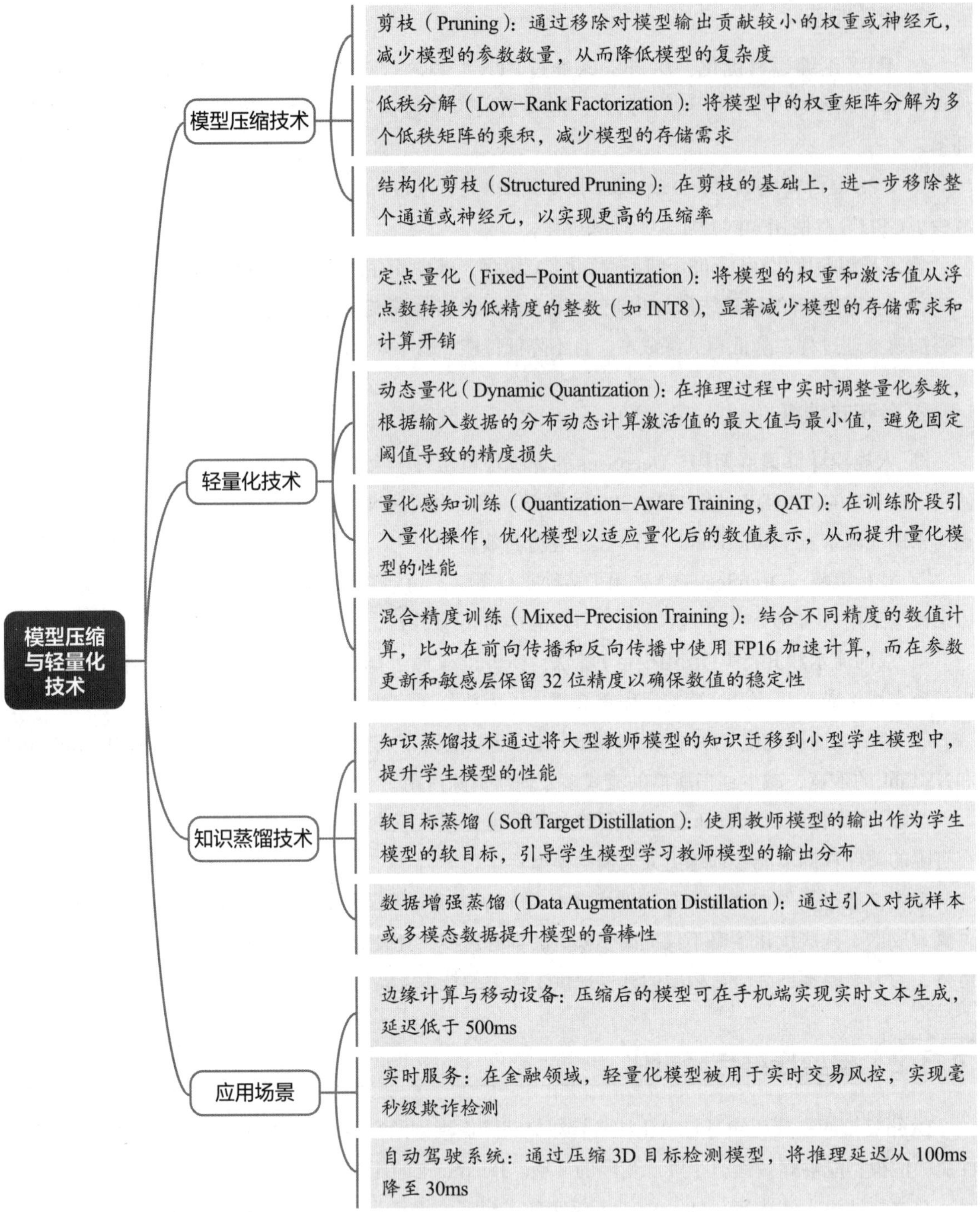

- 模型压缩与轻量化技术
  - 模型压缩技术
    - 剪枝（Pruning）：通过移除对模型输出贡献较小的权重或神经元，减少模型的参数数量，从而降低模型的复杂度
    - 低秩分解（Low-Rank Factorization）：将模型中的权重矩阵分解为多个低秩矩阵的乘积，减少模型的存储需求
    - 结构化剪枝（Structured Pruning）：在剪枝的基础上，进一步移除整个通道或神经元，以实现更高的压缩率
  - 轻量化技术
    - 定点量化（Fixed-Point Quantization）：将模型的权重和激活值从浮点数转换为低精度的整数（如INT8），显著减少模型的存储需求和计算开销
    - 动态量化（Dynamic Quantization）：在推理过程中实时调整量化参数，根据输入数据的分布动态计算激活值的最大值与最小值，避免固定阈值导致的精度损失
    - 量化感知训练（Quantization-Aware Training，QAT）：在训练阶段引入量化操作，优化模型以适应量化后的数值表示，从而提升量化模型的性能
    - 混合精度训练（Mixed-Precision Training）：结合不同精度的数值计算，比如在前向传播和反向传播中使用FP16加速计算，而在参数更新和敏感层保留32位精度以确保数值的稳定性
  - 知识蒸馏技术
    - 知识蒸馏技术通过将大型教师模型的知识迁移到小型学生模型中，提升学生模型的性能
    - 软目标蒸馏（Soft Target Distillation）：使用教师模型的输出作为学生模型的软目标，引导学生模型学习教师模型的输出分布
    - 数据增强蒸馏（Data Augmentation Distillation）：通过引入对抗样本或多模态数据提升模型的鲁棒性
  - 应用场景
    - 边缘计算与移动设备：压缩后的模型可在手机端实现实时文本生成，延迟低于500ms
    - 实时服务：在金融领域，轻量化模型被用于实时交易风控，实现毫秒级欺诈检测
    - 自动驾驶系统：通过压缩3D目标检测模型，将推理延迟从100ms降至30ms

图4-3

1. 推理优化技术

（1）量化部署

DeepSeek通过量化技术显著提升了推理性能，同时降低了硬件资源消耗。

◎ **TensorRT适配：**使用NVIDIA的TensorRT对DeepSeek进行量化部署后，推理速度大幅加快，显存占用显著降低。例如，在NVIDIA A100 GPU上，推理速度提升了数倍，显存占用降低了数十个百分点。

◎ **OpenVINO适配：** 针对英特尔硬件，DeepSeek通过OpenVINO优化，充分利用CPU的AVX指令集和VPU的硬件特性，显著降低了推理延迟并提高了吞吐量。在英特尔酷睿i9处理器上，推理延迟降低了数十毫秒，吞吐量提升了数个百分点。

（2）MTP

DeepSeek的MTP技术允许模型同时预测多个连续位置的Token，减少了推理步数，提高了生成效率。这一技术不仅提升了模型的推理速度，还更好地捕捉了Token之间的依赖关系。

（3）知识蒸馏

通过知识蒸馏技术，DeepSeek团队将大型教师模型的知识迁移到小型学生模型中，使得轻量化后的模型在保持较低计算成本的同时，性能接近原模型。例如，经过知识蒸馏技术优化的小模型性能可达到教师模型的95%以上。

（4）硬件加速

DeepSeek针对不同硬件平台进行了优化，充分利用GPU、CPU和神经网络处理器（NPU）的特性，以实现高效的推理。

◎ 在GPU平台上，通过TensorRT优化，DeepSeek能够实现极高的并行计算效率。

◎ 在CPU平台上，通过OpenVINO优化，DeepSeek能够充分利用英特尔CPU的指令集优势。

◎ 在NPU平台上，通过算子融合和内存管理优化，DeepSeek显著降低了推理延迟。

2. 实时性表现

DeepSeek在多个领域展现了强大的实时性能力，应用场景举例如下。

◎ **金融领域：** DeepSeek能够实时分析市场数据、新闻信息和社交媒体动态，为交易员提供即时的市场洞察。

◎ **零售业：** DeepSeek实时分析销售数据和库存信息，帮助商家快速调整定价策略和库存管理。

◎ **智能安防领域：** 在移动端设备上，DeepSeek经过优化后能够实时处理监控视频，进行目标检测和识别。

3. 性能提升效果

◎ **推理速度：** 经过量化和优化后，DeepSeek在GPU和CPU上的推理速度分别提升了数倍和数十个百分点。

◎ **能耗降低：** 在NPU上，DeepSeek的能耗仅为CPU的几分之一，显著延长了移动设备的续航时间。

◎ **模型体积：** 通过量化和剪枝技术，DeepSeek的模型体积大幅减小，同时保持了较高的精度。

总之，通过量化部署、MTP、知识蒸馏和硬件加速等技术，DeepSeek在推理优化和实时性方面取得了显著进展。这些技术不仅提升了模型的运行效率，还使其能够在资源受限的环境中高效运行，满足了金融、零售、智能安防等多个领域对实时性的严格要求。

4.4 模型的安全性与可靠性

模型的安全性与可靠性是确保人工智能系统在实际应用中稳定、可信的关键。通过提高模型的可解释性与透明度，用户可以理解模型的决策过程，增强信任度。同时，检测并减少模型中的偏见，确保其在各类任务中表现公平、公正。此外，增强模型的鲁棒性和安全性，有助于抵御潜在的对抗性攻击和数据泄露等威胁，保障系统的整体安全。

4.4.1 模型的可解释性与透明度

DeepSeek在模型的可解释性与透明度方面采取了多项创新措施，致力于打破传统大模型的“黑盒”特性，让用户能够更清晰地理解模型的决策过程。模型的可解释性与透明度的具体说明如图4-4所示。

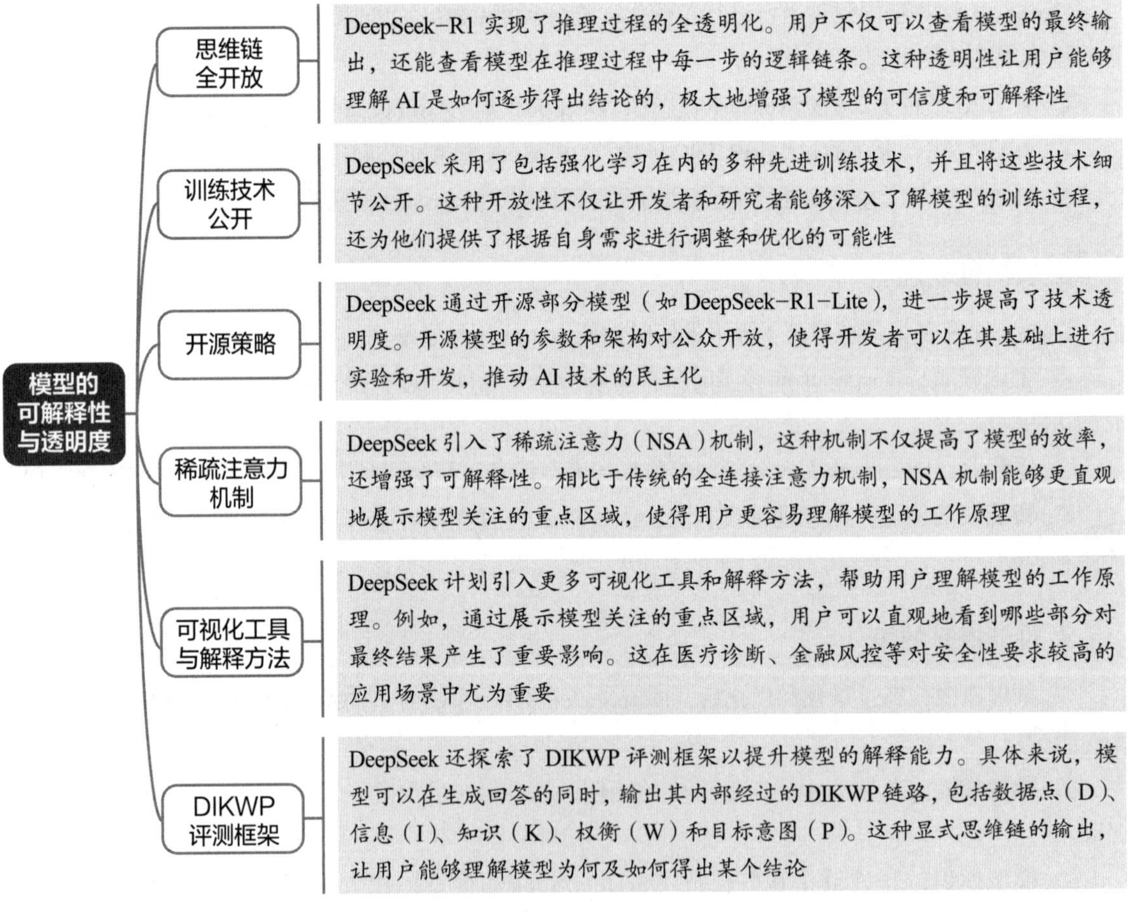

模型的可解释性与透明度
思维链全开放
DeepSeek-R1 实现了推理过程的全透明化。用户不仅可以查看模型的最终输出，还能查看模型在推理过程中每一步的逻辑链条。这种透明性让用户能够理解 AI 是如何逐步得出结论的，极大地增强了模型的可信度和可解释性
训练技术公开
DeepSeek 采用了包括强化学习在内的多种先进训练技术，并且将这些技术细节公开。这种开放性不仅让开发者和研究者能够深入了解模型的训练过程，还为他们提供了根据自身需求进行调整和优化的可能性
开源策略
DeepSeek 通过开源部分模型（如 DeepSeek-R1-Lite），进一步提高了技术透明度。开源模型的参数和架构对公众开放，使得开发者可以在其基础上进行实验和开发，推动 AI 技术的民主化
稀疏注意力机制
DeepSeek 引入了稀疏注意力（NSA）机制，这种机制不仅提高了模型的效率，还增强了可解释性。相比于传统的全连接注意力机制，NSA 机制能够更直观地展示模型关注的重点区域，使得用户更容易理解模型的工作原理
可视化工具与解释方法
DeepSeek 计划引入更多可视化工具和解释方法，帮助用户理解模型的工作原理。例如，通过展示模型关注的重点区域，用户可以直观地看到哪些部分对最终结果产生了重要影响。这在医疗诊断、金融风控等对安全性要求较高的应用场景中尤为重要
DIKWP评测框架
DeepSeek 还探索了 DIKWP 评测框架以提升模型的解释能力。具体来说，模型可以在生成回答的同时，输出其内部经过的 DIKWP 链路，包括数据点（D）、信息（I）、知识（K）、权衡（W）和目标意图（P）。这种显式思维链的输出，让用户能够理解模型为何及如何得出某个结论

图4-4

总而言之，通过思维链全开放、训练技术公开、开源策略、稀疏注意力机制及可视化工具等，DeepSeek显著提高了模型的可解释性和透明度。这些措施不仅增强了用户对模型的信任，还为AI技术的广泛应用和进一步发展奠定了坚实基础。

4.4.2 模型的偏见与公平性

DeepSeek在模型的偏见与公平性方面采取了多种策略，以检测和减少模型中的偏见，并确保模型的公平性和公正性。

1. 偏见检测方法

为了检测模型中的偏见，DeepSeek采用了多种量化指标和检测方法。

◎ **统计均等：**检查不同用户群体之间接收到的推荐数量是否一致。

◎ **机会均等：**关注不同群体间正面推荐的概率是否相同。

◎ **预测均等：**分析不同组别在得到推荐后的满意度或参与度是否有显著差异。

◎ **差异影响：**评估模型输出对不同群体的影响是否存在显著差异。

2. 减少偏见的策略

通过以下策略可以减少模型中的偏见。

（1）数据预处理

◎ 使用多样化数据集，覆盖不同群体的样本，减少数据偏见。

◎ 进行数据去标识化，移除个人标识符，保护隐私并减少偏见。

◎ 通过数据增广（如合成、插值、过采样）增加少数群体的样本数量，平衡数据集。

（2）模型训练阶段

◎ 采用公平性约束优化，将公平性作为目标函数的一部分，在模型训练过程中直接考虑公平性要求。

◎ 使用对抗性训练，通过对抗网络减少模型对特定特征的依赖，从而减少偏见。

◎ 引入正则化项，限制模型在某些特征上的权重，减少对这些特征的过度依赖。

（3）后处理调整

◎ 在生成推荐列表之后应用算法调整，以保证最终输出符合公平性标准。

◎ 使用公平性后处理算法，如平等机会后处理。

3. 持续监控与迭代

公平性是一个持续的过程，需要定期监控模型的表现，并根据新发现的问题及时更新模型和策略。

◎ 定期评估模型的公平性指标，确保模型在不同群体上的表现一致。

◎ 根据用户反馈和社会变化，动态调整模型的训练数据和优化目标。

4. 实际应用案例

在实际应用中，DeepSeek可以通过上述策略显著减少模型中的偏见，并提升公平性。

◎ 在金融领域，可以通过公平性优化减少对不同收入群体的信贷评估偏见。

◎ 在招聘系统中，可以通过数据预处理和后处理调整，确保不同性别和种族的候选人获得公平的机会。

通过上面介绍的多种偏见检测方法和减少偏见的策略，可以确保模型的公平性和公正性。通过数据预处理、公平性约束优化、后处理调整及持续监控与迭代，能够有效减少模型中的偏见，提升模型在不同群体上的表现一致性。

4.4.3 模型的鲁棒性与安全性

DeepSeek在模型的鲁棒性与安全性方面采取了多种策略，以确保模型在复杂环境下的稳定性和可靠性，同时防止潜在的安全风险和滥用风险。

1. 鲁棒性增强

◎ **优化注意力机制：** DeepSeek通过优化Transformer架构中的注意力机制，显著降低了计算复杂度，提升了长序列建模能力与参数效率。这种优化使得模型在处理复杂任务时更加高效和稳定。

◎ **轻量化部署：** DeepSeek支持轻量化部署，减少了对硬件资源的需求，同时增强了模型在工业等复杂环境下的适应性。

◎ **MTP机制：** 通过MTP机制，DeepSeek能够同时预测多个Token，减少了推理步数，提高了生成效率，同时增强了模型对输入数据的鲁棒性。

◎ **MoE架构：** DeepSeek引入了MoE架构，将模型划分为多个专家子模型，每个子模型负责处理不同的输入任务。这种架构不仅提高了模型的泛化能力，还增强了模型的鲁棒性。

2. 安全性保障

◎ **隐私保护：** DeepSeek在处理涉及敏感信息的任务时，会对敏感信息进行加密处理，保护用户隐私。

◎ **安全检测与监控：** DeepSeek团队对模型进行严格的安全检测，防止恶意利用。同时，建立了实时监控机制，能够及时发现并纠正模型的异常行为。

◎ **伦理与合规性：** DeepSeek团队积极参与行业伦理规范的制定，推动AI技术的健康发展。通过采用公平的训练数据和算法，避免模型产生偏见。

◎ **透明度与可解释性：** DeepSeek通过实时展示推理过程，增强了模型的透明度与可解释性。这种透明性不仅提高了用户对模型的信任度，还为监管和遵循法规提供了便利。

3. 持续监控与优化

DeepSeek团队认识到鲁棒性与安全性是一个持续的过程，需要定期监控模型的表现，并根据新发现的问题及时更新模型和策略。

◎ 定期评估模型的鲁棒性与安全性指标，确保模型在不同环境下的表现一致。

◎ 根据用户反馈和社会变化，动态调整模型的训练数据和优化目标。

总之，通过优化注意力机制、轻量化部署、MTP机制、MoE架构等技术手段，DeepSeek显著增强了模型的鲁棒性。同时，通过隐私保护、安全检测与监控、伦理规范和透明度提升等措施，DeepSeek确保了模型的安全性和公正性。这些策略不仅提升了模型在复杂环境下的适应性，还为AI技术的广泛应用奠定了坚实的基础。

第 5 章

DeepSeek的内部机制：智能思维的发动机

DeepSeek的内部机制融合了先进的模型架构和训练策略，旨在实现高效的自然语言处理（NLP）。其核心采用Transformer架构，利用自注意力机制捕捉长距离依赖关系，确保生成文本的连贯性和一致性。在生成响应内容的过程中，DeepSeek通过精心设计的算法确保输出内容的连贯性和逻辑性。另外，DeepSeek通过其推理机制实现多步骤思考，能够基于已有的信息进行推断，模拟人类的思考过程。总之，通过这些内部机制的协同作用，DeepSeek能够在多样化的应用场景中提供高质量的文本生成和语义理解能力。

5.1 “嵌入”与向量空间

DeepSeek的内部机制融合了先进的NLP技术和深度学习架构，旨在实现高效、准确的文本生成。通过将单词映射到高维向量空间，DeepSeek能够捕捉单词之间的语义关系。

5.1.1 词向量的基本概念

词向量是NLP中的一种技术，用于将文本中的单词或短语映射到高维空间中的向量表示。这些向量能够捕捉单词之间的语义关系和上下文信息，是现代NLP模型的基础。

1. 词向量的定义

词向量是一种将单词或短语转换为数值向量的技术。每个单词都被表示为一个固定长度的向量，向量中的每个维度代表了单词的某种特征。通过这种表示方式，模型能够处理文本数据，并捕捉单词之间的语义和语法关系。

2. 词向量的主要生成方法

词向量的主要生成方法如图5-1所示。

3. 词向量的特性

◎ **语义相似性：**词向量能够捕捉单词之间的语义相似性。例如，向量之间的余弦相似度可以衡量两个单词的语义相关性。语义相似的单词在向量空间中距离较近。

◎ **上下文相关性：**某些词嵌入方法（如BERT）能够根据上下文动态调整单词的向量表示。例如，“苹果”在“苹果手机”和“苹果树”中会有不同的向量表示。

◎ **维度：**词向量的维度通常是一个超参数，常见的维度有100、200、300等。维度越高，向量能够捕捉的信息越丰富，但计算成本也越高。

4. 词向量的应用

◎ **文本分类：**通过词向量将文本转换为数值表示，用于情感分析、主题分类等任务。

◎ **机器翻译：**词向量能够捕捉单词之间的语义关系，帮助模型更好地理解源语言和目标语言之间的对应关系。

◎ **问答系统：**通过词向量匹配问题和答案之间的语义相似性，提高问答系统的准确性和效率。

◎ **文本生成：**在生成文本时，词向量能够帮助模型生成语义连贯的文本。

5. 词向量的局限性

◎ **词汇表大小：**词向量的生成依赖于预定义的词汇表，对于词汇表之外的单词（Out of Vocabulary，OOV），模型无法直接生成向量。

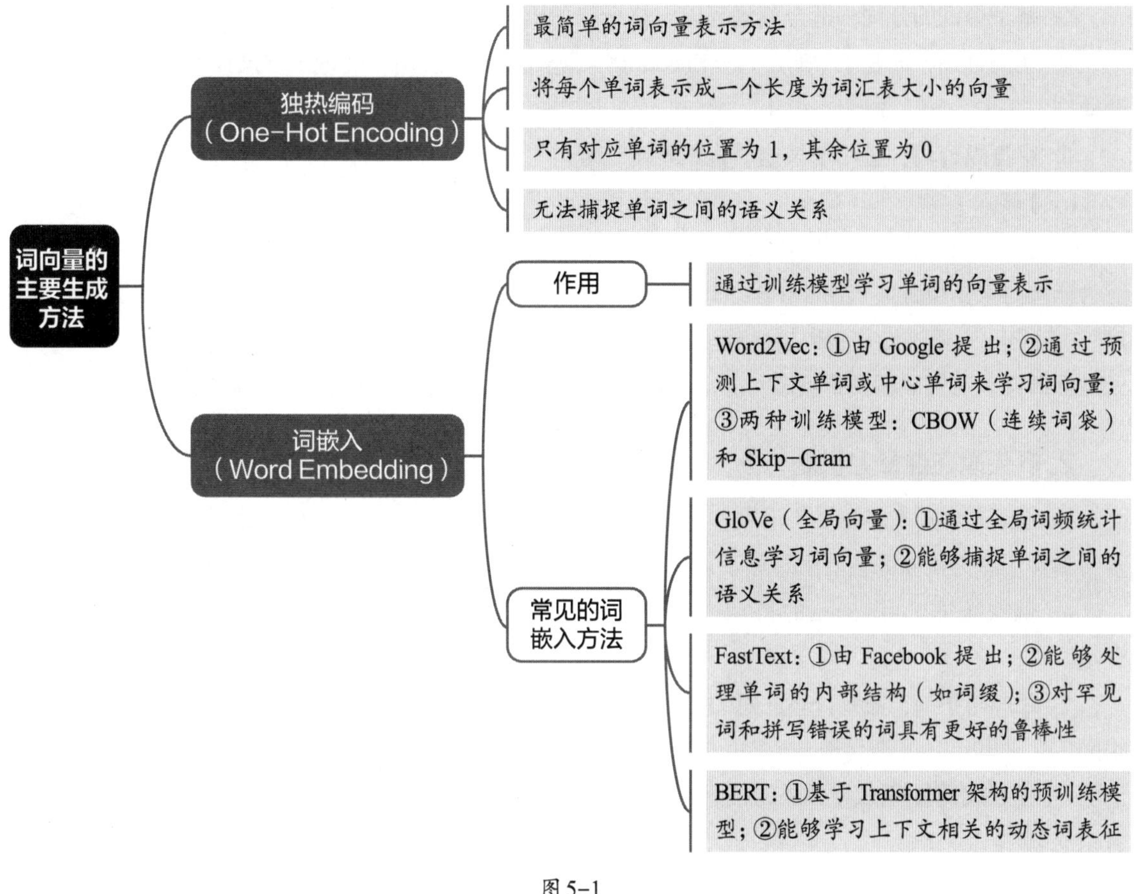

图 5-1

◎ **上下文无关性：**某些词嵌入方法（如Word2Vec和GloVe）生成的向量是上下文无关的，无法捕捉单词在不同上下文中的不同含义。

◎ **计算成本：**高维度的词向量和大规模的词汇表会增加计算和存储成本。

总而言之，词向量是NLP中的关键技术，通过将单词映射到高维向量空间，能够捕捉单词之间的语义和语法关系。常见的词嵌入方法包括Word2Vec、GloVe、FastText和BERT等。词向量广泛应用于文本分类、机器翻译、问答系统等领域，是现代NLP模型的基础。

5.1.2 嵌入层的实现原理

DeepSeek的嵌入层是其模型架构中的关键组成部分，负责将输入文本转换为模型能够处理的数值向量。以下是嵌入层的实现原理。

1. 输入处理：文本分词与嵌入

（1）分词

DeepSeek先将输入文本分解为一系列的Token，这些Token可以是单词、子词或字符，具体取决于分词器（Tokenizer）的设计，分词后，每个Token会被映射到一个唯一的ID，与模型的词汇表对应。常用的分词方法如下。

◎ **基于单词的分词：** 适合英语等以空格分隔的语言。

◎ **子词分词：** 如BPE（Byte Pair Encoding）或WordPiece，用于处理未登录词（如新词或拼写错误的词）。

◎ **字符级分词：** 适用于某些语言或特定任务。

（2）嵌入

DeepSeek嵌入层包含文本嵌入、位置嵌入、模态嵌入三大核心模块。文本嵌入将输入Token映射为低维向量；位置嵌入用RoPE将Token的位置信息编码为向量后，与文本嵌入向量相加（而非拼接）；模态嵌入通过专用编码器转换非文本数据至同维度。三大模块融合形成了统一嵌入向量，确保捕捉语义、感知顺序及跨模态对齐。为输入后续的Transformer层进行处理做好准备。

2. 多头潜在注意力机制

DeepSeek的嵌入层与多头潜在注意力（MLA）机制紧密配合，以优化模型的计算效率和性能。多头潜在注意力机制的核心思想如下。

◎ **低秩压缩：** 将Token的特征通过下投影矩阵压缩到较小的潜在空间，减少存储空间和计算量。

◎ **还原与扩展：** 需要计算注意力时，通过上投影矩阵将潜在向量恢复到所需的键（K）、值（V）空间。

◎ **位置编码处理：** 对必要的信息（如RoPE）的矩阵进行单独处理，确保模型能保留时序和位置信息。

3. 嵌入层的优化

DeepSeek通过以下方式优化嵌入层的性能。

◎ **低秩压缩：** 通过压缩Token特征，减少了K、V的存储空间和计算量，降低了推理时的缓存占用。

◎ **多头注意力优化：** MLA机制在推理期间需要更少量的KV缓存，内存开销减少了5%到13%，并且提供了比传统多头注意力（MHA）机制更好的性能。

◎ **上下文长度扩展：** 通过改进的位置编码技术（如YaRN），DeepSeek能够扩展上下文长度，增强模型对长文本的泛化能力。

4. 嵌入层的应用

嵌入层的输出不仅用于下游的Transformer层，还通过MLA机制为模型提供上下文信息。这种设计使得DeepSeek能够在处理长文本和复杂语义关联时表现出色，如法律文本摘要或长篇小说翻译等任务。

总之，DeepSeek的嵌入层通过高效的分词、词嵌入和位置编码技术，将输入文本转换为模型能够处理的数值向量。结合MLA机制，嵌入层不仅优化了计算效率，还提高了模型对长文本的处理能力。这些技术使得DeepSeek在NLP任务中表现出色，同时降低了推理成本。

5.1.3 向量空间中的语义关系

在NLP中，向量空间模型是一种将文本数据转换为数值向量的技术，这些向量能够捕捉单词之间的语义关系。通过向量空间模型，可以量化单词之间的相似性，并理解它们在语义上的关联。在DeepSeek中，向量空间中的语义关系是通过先进的模型架构和嵌入层设计来实现的。

1. 嵌入层的作用

DeepSeek的嵌入层是模型理解语义的基础。它将输入文本中的单词或短语转换为高维向量，这些向量能够捕捉单词的语义信息和上下文关系。

◎ **词嵌入：** 每个单词被映射到固定一个维度的向量空间中，这些向量通过训练学习到单词之间的语义相似性。

◎ **位置嵌入：** 为了保留单词在句子中的顺序信息，DeepSeek引入了位置嵌入。位置嵌入通过RoPE技术实现，确保模型能够理解单词的位置关系。

2. MLA 机制

DeepSeek采用了MLA机制来优化语义关系的捕捉。MLA机制通过以下方式来增强模型的语义理解能力。

◎ **低秩压缩：** 将Token的特征通过下投影矩阵压缩到较低维度的潜在空间，减少计算量和存储空间。

◎ **位置信息编码：** 通过解耦的RoPE策略，为查询（Q）和键（K）向量单独生成位置编码，并将其与上投影的$\boldsymbol{Q}$和$\boldsymbol{K}$向量连接，确保每个注意力头都包含位置信息。

3. 语义关系的应用

DeepSeek通过向量空间模型捕捉的语义关系，广泛应用于多种NLP任务。

◎ **语义匹配：** 通过计算查询向量和文档向量之间的相似度，DeepSeek能够找到与用户查询最匹配的文档。

◎ **上下文理解：** DeepSeek的嵌入层和MLA机制能够动态生成上下文相关的向量表示，从而更好地理解多义词和上下文中的语义变化。

4. 优化与效率

DeepSeek通过优化嵌入层和注意力机制，显著提高了模型的效率和性能。

◎ **减少计算开销：** 通过低秩压缩和优化的位置编码，DeepSeek在保持高性能的同时，降低了计算和存储需求。

◎ **提高推理速度：** 优化的嵌入层和MLA机制减少了推理时的缓存占用，加快了模型的推理速度。

总之，DeepSeek通过先进的嵌入层设计和MLA机制，有效地捕捉了向量空间中的语义关系。这些技术不仅增强了模型对语义的理解能力，还提高了模型的效率和性能，使其在NLP任务中表现出色。

5.2 语义理解与生成

语义理解与生成模块基于深度学习技术，旨在实现对自然语言的深入理解和高质量生成。在语义理解方面，DeepSeek通过自注意力机制捕捉上下文信息，准确解析文本的语义结构。在生成过程中，模型利用编码的语义信息，逐词生成连贯且符合语法的文本。这种双向的理解与生成能力，使DeepSeek能够在问答系统、对话生成等应用中表现出色。

5.2.1 自然语言的语义理解基础

自然语言的语义理解是NLP的核心任务之一，旨在使计算机能够理解人类语言的含义。语义理解是指计算机对自然语言文本的含义进行解析和理解的能力。它不仅包括对单词和短语的字面意义的理解，还涉及对上下文、语境、逻辑关系和隐含意义的把握。语义理解的目标是让计算机能够像人类一样处理语言信息，从而实现有效的交流和任务执行。

1. 语义理解的关键要素

（1）词汇语义

词汇语义关注单词和短语的含义。

◎ **词义消歧：**确定多义词在上下文中的具体含义。例如，“苹果”可以指一种水果，也可以指苹果公司。

◎ **同义词和反义词：**识别语义上相似或相反的单词。例如，“大”和“巨大”是同义词，而“大”和“小”是反义词。

◎ **词义关系：**分析单词之间的语义关系，如上下位关系（“动物”是“狗”的上位词）和部分—整体关系（“轮子”是“汽车”的一部分）。

（2）句法语义

句法语义关注句子结构对语义的影响。

◎ **句法分析：**分析句子的语法结构，确定单词之间的依存关系。例如，识别主语、谓语和宾语。

◎ **短语结构：**理解短语的组成和功能，如名词短语、动词短语等。

◎ **依存关系：**分析单词之间的依存关系，如主谓关系、动宾关系等。

（3）上下文语义

上下文语义关注语义在特定语境中的变化。

◎ **上下文理解：**理解句子或段落在特定语境中的含义。例如，“我饿了”在不同的语境下可能有不同的含义。

◎ **语义角色标注：**识别句子中各个成分的语义角色，如施事、受事、工具等。

◎ **指代消解：**识别文本中指代同一实体的词语，如代词“他”指代的是谁。

（4）语义关系

语义关系是指单词、短语和句子之间的语义联系。

◎ **相似性**：衡量两个单词或句子在语义上的相似程度。例如，通过余弦相似度计算词向量之间的相似性。

◎ **关联性**：衡量两个单词或句子在语义上的关联程度。例如，“苹果”和“水果”之间存在关联性。

◎ **逻辑关系**：分析句子之间的逻辑关系，如因果关系、转折关系等。

2. 语义理解的技术基础

（1）词向量

词向量是将单词映射到高维向量空间的技术，能够捕捉单词之间的语义关系。常见的词向量模型如下。

◎ Word2Vec：通过预测上下文单词或中心单词来学习词向量。

◎ GloVe：通过全局词频统计信息学习词向量。

◎ BERT：基于Transformer架构的预训练模型，能够生成上下文相关的词向量。

（2）Transformer架构

Transformer架构通过自注意力机制处理序列数据，能够捕捉长距离的依赖关系。它在NLP任务中表现出色，是现代NLP模型的核心。

（3）预训练模型

预训练模型通过在大规模文本数据上进行无监督学习，学习语言的通用规律。常见的预训练模型如下。

◎ BERT：双向 Transformer 编码器，能够生成上下文相关的词向量。

◎ GPT：基于 Transformer 架构的生成式模型，能够生成自然语言文本。

◎ DeepSeek：通过稀疏注意力机制和MTP技术优化的预训练模型，能够高效处理长文本。

3. 语义理解的应用

（1）问答系统

问答系统通过理解用户的问题，从知识库或文档中找到最相关的答案。语义理解能力使得问答系统能够准确理解问题的意图，并生成准确的答案。

（2）机器翻译

机器翻译通过理解源语言的语义，将其转换为目标语言的文本。语义理解能力使得机器翻译模型能够生成更准确、自然的翻译结果。

（3）情感分析

情感分析通过理解文本中的情感倾向，判断文本是正面、负面还是中性的。语义理解能力使得情感分析模型能够准确捕捉文本中的情感信息。

（4）文本分类

文本分类通过理解文本的主题或类别，将其归类到预定义的类别中。语义理解能力使得文本分类模型能够更准确地识别文本的语义特征。

总之，自然语言的语义理解是NLP的核心任务，它涉及词汇语义、句法语义、上下文语义和语义关系等多个方面。通过词向量、Transformer架构和预训练模型等技术，现代NLP模型能够有效地捕捉语义关系，实现多种NLP任务。然而，语义理解仍然面临多义性、上下文依赖和隐喻等挑战，需要进一步研究和技术创新。

5.2.2 语义编码与信息捕捉

在DeepSeek中，语义编码与信息捕捉是通过先进的模型架构和嵌入层设计实现的，并且和MLA机制密切相关，具体说明如图5-2所示。

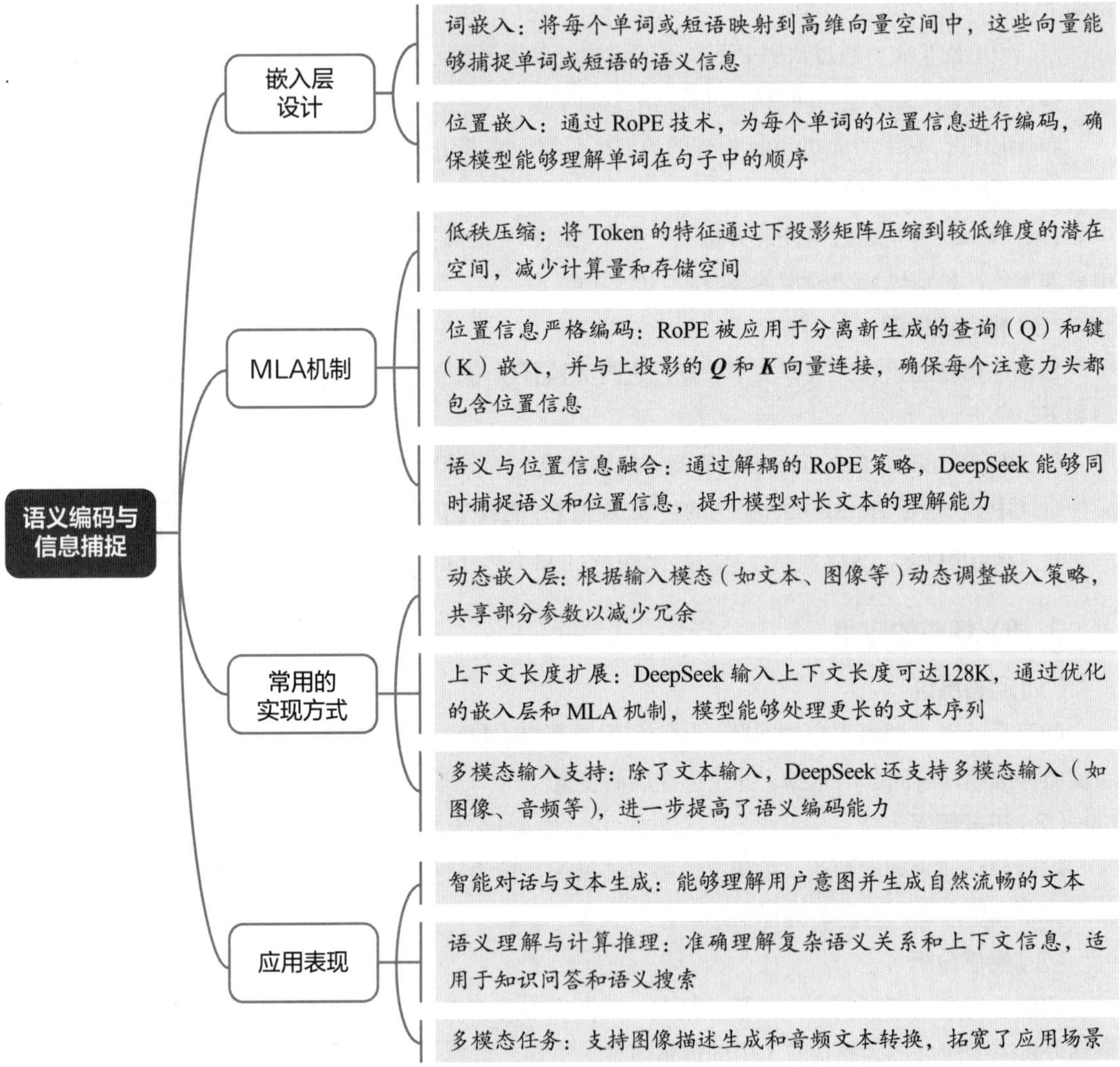

- 语义编码与信息捕捉
  - 嵌入层设计
    - 词嵌入：将每个单词或短语映射到高维向量空间中，这些向量能够捕捉单词或短语的语义信息
    - 位置嵌入：通过RoPE技术，为每个单词的位置信息进行编码，确保模型能够理解单词在句子中的顺序
  - MLA机制
    - 低秩压缩：将Token的特征通过下投影矩阵压缩到较低维度的潜在空间，减少计算量和存储空间
    - 位置信息严格编码：RoPE被应用于分离新生成的查询（Q）和键（K）嵌入，并与上投影的 $\boldsymbol{Q}$ 和 $\boldsymbol{K}$ 向量连接，确保每个注意力头都包含位置信息
    - 语义与位置信息融合：通过解耦的RoPE策略，DeepSeek能够同时捕捉语义和位置信息，提升模型对长文本的理解能力
  - 常用的实现方式
    - 动态嵌入层：根据输入模态（如文本、图像等）动态调整嵌入策略，共享部分参数以减少冗余
    - 上下文长度扩展：DeepSeek输入上下文长度可达128K，通过优化的嵌入层和MLA机制，模型能够处理更长的文本序列
    - 多模态输入支持：除了文本输入，DeepSeek还支持多模态输入（如图像、音频等），进一步提高了语义编码能力
  - 应用表现
    - 智能对话与文本生成：能够理解用户意图并生成自然流畅的文本
    - 语义理解与计算推理：准确理解复杂语义关系和上下文信息，适用于知识问答和语义搜索
    - 多模态任务：支持图像描述生成和音频文本转换，拓宽了应用场景

图5-2

总而言之，DeepSeek通过先进的嵌入层设计和MLA机制，有效地实现了语义编码与信息捕捉。这些技术不仅提升了模型对自然语言的理解能力，还增强了其在长文本和多模态任务中的表现。

5.2.3 生成过程中的语义连贯性

在DeepSeek中，生成过程中的语义连贯性是通过先进的架构和技术实现的，具体说明如下。

1. 自注意力机制

DeepSeek基于Transformer架构，通过自注意力机制实现了对输入文本的高效解析。这种机制允许模型在处理每个词时，同时关注整个句子中的其他部分，从而捕捉到更丰富的语义信息。自注意力机制使得DeepSeek能够在处理长文本时保持较高的准确性和连贯性，避免了传统RNN模型容易出现的梯度消失问题。研究表明，采用自注意力机制的模型在处理超过500个单词的长文本时，依然能够保持95%以上的准确率。

2. 多头注意力机制

DeepSeek利用多头注意力机制进一步增强了对复杂语境的理解能力。每个“头”可以专注于不同的上下文关系，如词汇间的依赖、句法结构及语义关联等。这种设计使得模型能够更好地捕捉到句子内部及跨句子之间的复杂语义联系，从而提升生成文本的连贯性。实验表明，使用多头注意力机制后，DeepSeek在处理涉及多个实体和复杂逻辑关系的文本时，其理解准确率提升了15%左右，显著优于单头注意力机制的模型。

3. 位置编码与顺序信息

DeepSeek引入了位置编码技术，以保留输入序列的位置信息。这对于保持句子结构的完整性至关重要，尤其是在处理长句或复杂语境时。位置编码通过将绝对位置信息嵌入词向量中，使得模型能够在不依赖递归结构的情况下，有效地处理顺序信息。研究表明，加入位置编码后的模型，在处理包含时间顺序或因果关系的文本时，其理解准确率提高了约10%。

4. 动态上下文扩展

DeepSeek通过优化的嵌入层和MLA机制，能够处理更长的上下文长度。输入的上下文长度可达128K，这使得模型能够更好地理解长文本中的语义连贯性。这种长文本处理能力不仅提升了模型对复杂文本的理解能力，还增强了生成文本的连贯性和逻辑性。

5. 多模态语义融合

DeepSeek不仅支持文本输入，还支持多模态输入（如图像、视频等）。通过跨模态特征融合技术，DeepSeek能够将不同模态的特征信息整合在一起，形成统一的语义表示。例如，在图像描述生成任务中，模型可以根据图像内容生成准确且自然的文本描述，这依赖于图文之间的有效对齐。这种多模态语义融合进一步增强了模型对复杂语境的理解能力，从而提升了生成文本的连贯性。

6. 生成控制与调优

DeepSeek通过多种生成控制策略，如温度采样、核采样和频率惩罚等，优化生成文本的多样性和连贯性。这些策略允许用户根据具体任务需求调整生成文本的风格和内容，从而在保证连贯性的同时，满足不同应用场景的需求。

综上所述，DeepSeek通过自注意力机制、多头注意力机制、位置编码技术、动态上下文扩展和多模态语义融合等技术，有效地实现了生成过程中的语义连贯性。这些技术不仅提升了模型对复杂文本的理解能力，还增强了生成文本的逻辑性和自然性，使模型在NLP任务中表现出色。

5.3 模型的决策过程

DeepSeek的模型决策过程融合了深度学习和符号逻辑推理。在处理复杂任务时，模型先收集并预处理多种形式的数据输入，如文本和图像。然后利用内部的概率推理引擎和确定性规则引擎协同工作，进行推理和决策。这种双引擎架构使DeepSeek在处理复杂决策任务时，能够提供高效且可靠的解决方案。

5.3.1 内部推理与链式思考机制

DeepSeek的内部推理与链式思考机制是其核心优势之一，通过模拟人类的思考过程，模型能够更有效地处理复杂问题并提供可解释的推理路径。

1. 链式思考机制

DeepSeek通过思维链实现链式思考，将复杂问题拆解为一系列有序的中间步骤，并逐步推导出最终的答案。这种方法类似于人类在解决问题时的分步思考，使得模型能够更有条理地处理信息，提升推理的准确性和可解释性。

例如，在处理数学问题时，DeepSeek不会直接给出答案，而是会逐步展示推理过程。以“若小明有5个苹果，吃了2个后又买了3个，此时小明有几个苹果？”为例，模型会先计算5-2=3，再计算3+3=6，从而清晰地展示整个推理流程。

2. 内部推理过程

DeepSeek的内部推理过程基于其强大的Transformer架构和多头注意力机制。模型通过设置简单的格式，为“思考”提供空间，将问题、中间推理步骤和答案结合起来，生成最终结果。这种机制不仅提升了模型在复杂任务下的推理能力，还使其具备了类似人类的“慢思考”能力。

3. 强化学习与多阶段训练

DeepSeek-R1通过多阶段训练，结合冷启动数据微调和推理导向的强化学习训练，能够生成较长且复杂的推理步骤。这种训练方式使得模型在处理复杂的数学、编程和逻辑推理任务时表现出色，展现出高准确率和强大的推理能力。

4. 优势与应用场景

DeepSeek的链式思考机制在多个领域表现出色，尤其是在数学、编程和复杂逻辑推理任务上。

例如，在数学竞赛题的解答中，模型不仅能给出正确答案，还能详细解释每一步的推导依据，帮助用户理解解题思路。此外，DeepSeek在仅有极少标注数据的情况下，依然能通过强化学习技术提升推理能力，适用于NLP等任务。

5. 性能表现

DeepSeek-R1在多项复杂基准测试中表现出色，如AIME 2024和MATH-500等，展现了强大的推理能力。模型的推理过程透明化，便于人们理解模型为何得出特定结论，增强了人们对模型决策的信任。

总之，DeepSeek通过链式思考机制和内部推理过程，显著提升了模型在复杂任务中的推理能力和可解释性。这种机制不仅让模型能够更有效地处理复杂问题，还使其输出的答案更具可解释性，类似于人类的思考过程。

5.3.2 决策权重与概率计算

DeepSeek在决策权重与概率计算方面采用了先进的技术，结合了概率推理引擎和确定性规则引擎，以实现高效、准确的推理和决策。

1. 双引擎架构

DeepSeek采用了双引擎架构，包括概率推理引擎和确定性规则引擎。

（1）概率推理引擎

概率推理引擎基于深度学习和神经网络技术，能够处理不确定性并输出概率分布。它结合Transformer架构和概率图模型，通过动态注意力窗口调节（32~512 Token自适应）和不确定性量化输出（置信度分值为0~1），提升模型对复杂数据的处理能力。

其技术创新如下。

◎ **多维度推理：**通过构建256棵决策树组成的集成学习器，模型能够从多个角度进行推理，提高推理的准确性和鲁棒性。

◎ **语义模糊度处理：**实时计算输入信息的语义模糊度指标（0~1 scale），帮助模型更好地处理模糊性和不确定性。

◎ **智能资源分配：**根据任务复杂度动态分配计算资源，在省电模式下可以降低能耗，同时保持高性能输出。

（2）确定性规则引擎

确定性规则引擎基于符号逻辑和规则系统，能够处理精确推理任务。其核心组件如下。

◎ **Datalog推理引擎：**支持2 000多条逻辑规则。

◎ **符号计算器：**精确到10^{128}位精度。

◎ **规则库：**包含50万条形式化表达式，覆盖法律、数学等领域。

其突破性设计如下。

◎ **动态规则加载：**按需调用子规则库，减少内存占用量约63%。

◎ **反事实验证层：**支持32层嵌套条件判断。

◎ **跨领域映射表：**建立自然语言到形式化逻辑的自动转换，转换准确率达92.7%。

2. 动态路由算法

DeepSeek通过动态路由算法决定在特定任务中使用哪个引擎，算法的核心逻辑如下。

◎ **特征提取：**计算输入的语义熵和逻辑深度。

◎ **权重计算：**根据语义熵和逻辑深度计算概率推理引擎和确定性规则引擎的权重。

◎ **硬件加速：**利用NPU加速计算，提高推理效率。

3. 概率计算与决策权重策略

DeepSeek在概率计算和决策权重方面采用了以下策略。

◎ **MTP：**通过增加训练信号的密度，提高数据利用效率，并使模型能够提前规划表征，更准确地预测后续的Token。

◎ **交叉熵损失优化：**为每个预测层级计算交叉熵损失，并通过权重系数整合到总体损失中，优化训练效果。

◎ **推理阶段的灵活性：**在实际推理阶段，可以根据任务需求选择是否使用MTP模块，基础模型能够独立完成正常推理。

4. 应用场景与优势

◎ **数学问题：**通过概率推理引擎和确定性规则引擎的协同工作，DeepSeek能够准确解答复杂的数学问题，并提供详细的推理步骤。

◎ **法律逻辑推理：**利用确定性规则引擎的精确逻辑推理能力，DeepSeek能够处理复杂的法律逻辑推理任务。

◎ **响应时间优化：**通过动态路由算法和硬件加速，DeepSeek在保持高准确率的同时，显著降低了推理延迟。

总之，DeepSeek通过双引擎架构和动态路由算法，实现了概率推理和确定性推理的有机结合。这种混合架构不仅提升了模型在复杂任务中的推理能力，还增强了决策的透明性和可解释性。通过优化的MTP机制和灵活的推理策略，DeepSeek在多种应用场景中表现出色，展现了强大的性能和适应性。

5.3.3 输出修正与决策反馈

DeepSeek的输出修正与决策反馈机制是其高效推理和精准决策的关键技术之一，具体说明如下。

1. 输出修正机制

DeepSeek通过多种技术手段实现输出修正，确保生成内容的准确性和连贯性。

◎ **链式思考：**DeepSeek采用链式思考机制，将复杂问题拆解为多个有序的中间步骤，逐步推导出最终答案。这种机制不仅提升了模型在复杂任务中的推理能力，还使得输出结果更具可解释性。

◎ **多模态融合：** DeepSeek 支持多模态输入（如文本、图像、音频等），通过跨模态特征融合技术，进一步增强其语义编码能力。这种多模态融合不仅提升了模型对复杂语境的理解能力，还增强了生成文本的连贯性和准确性。

◎ **知识蒸馏：** DeepSeek 通过知识蒸馏技术训练小模型，这些小模型继承了大模型的知识和能力，同时降低了计算成本。例如，DeepSeek-R1 蒸馏的 32B 和 70B 模型在多项能力上实现了对标 OpenAI o1-mini 的效果。

2. 决策反馈机制

DeepSeek 的决策反馈机制通过多种方式实现，确保模型能够根据用户反馈和环境变化动态调整决策。

◎ **强化学习：** DeepSeek 在训练阶段广泛使用强化学习技术，通过与环境的交互学习最优决策策略。例如，DeepSeek-R1 在仅有极少标注数据的情况下，通过强化学习技术显著提升了推理能力。

◎ **动态路由算法：** DeepSeek 采用动态路由算法，根据输入的语义熵和逻辑深度动态调整概率推理引擎和确定性规则引擎的权重。这种算法使得模型能够根据任务的复杂度灵活选择推理路径，提高决策的准确性和效率。

◎ **用户反馈循环：** DeepSeek 支持用户反馈机制，通过实时监控和调整模型的输出，确保生成内容符合用户期望。这种反馈循环不仅提升了用户体验，还增强了模型的适应性和灵活性。

总之，DeepSeek 通过链式思考机制、多模态融合、知识蒸馏和强化学习等技术手段，实现了高效的输出修正和决策反馈。这些机制不仅提升了模型在复杂任务中的推理能力，还增强了生成内容的准确性和连贯性。通过动态路由算法和用户反馈循环，DeepSeek 能够根据任务需求灵活调整决策路径，确保输出结果符合用户期望。

DeepSeek的架构揭秘：驾驭大模型的核心

DeepSeek架构作为大模型技术的前沿突破，其创新设计将在本章得到系统解析：先深入剖析基础MoE架构的核心机制，进而详解升级版DeepSeekMoE的优化创新与DeepSeek-V3的整体架构设计；随后探索DeepSeek在多模态模型上的布局，呈现从Janus到Janus-Pro的演进路径及其视觉—语言融合的关键技术。这些创新技术不仅构成了DeepSeek的性能基石，还为其大规模推理与跨模态应用奠定了坚实的技术基础。

6.1 探索模型网络：基础 DeepSeekMoE 架构剖析

DeepSeekMoE是一种创新的MoE架构，旨在通过细粒度专家分割和共享专家隔离策略实现专家的专业化。DeepSeekMoE架构采用无辅助损失的负载均衡策略和节点限制的路由机制，确保在训练和推理过程中不会丢弃任何Token，同时优化通信成本。此外，DeepSeekMoE架构通过动态冗余策略和高效的专家激活机制，进一步提升了推理效率。

6.1.1 背景回顾

DeepSeekMoE架构的推出背景如图6-1所示。

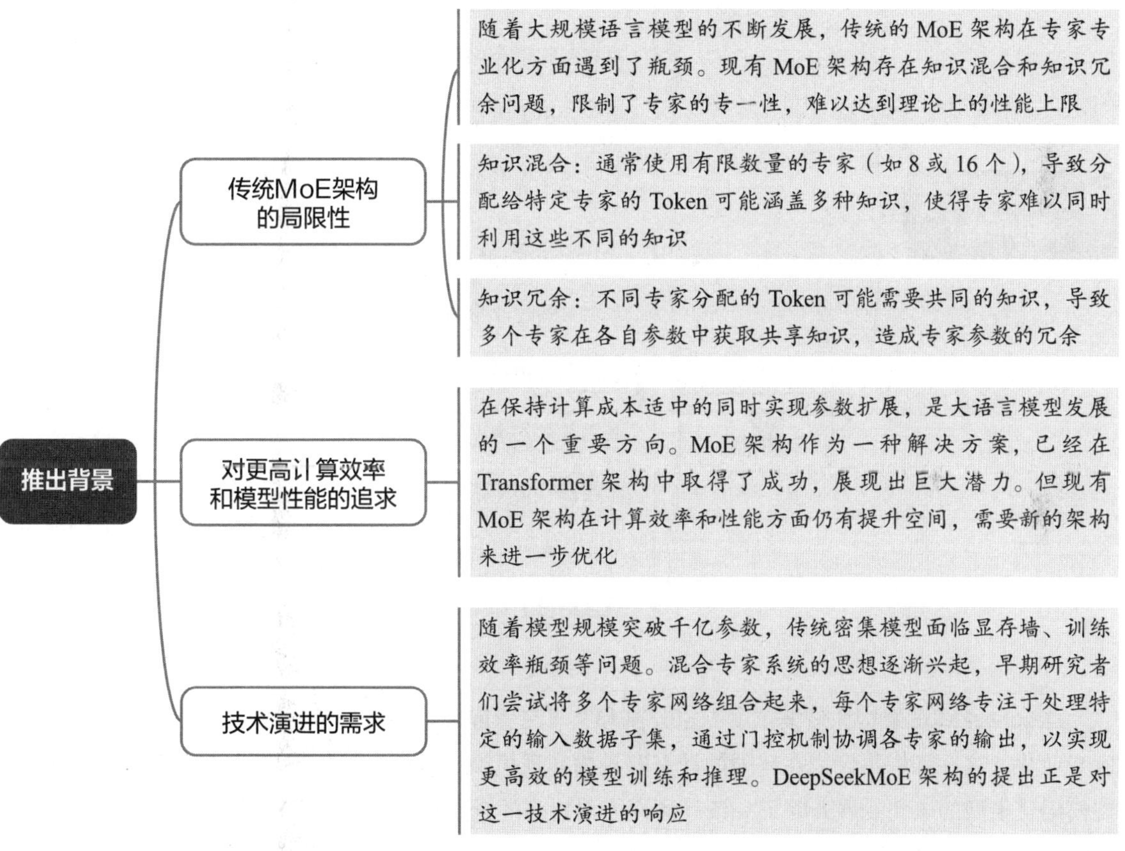

图6-1

为了解决图6-1中的问题，DeepSeek团队于2024年1月提出了DeepSeekMoE架构，旨在实现混合专家语言模型的专家模块高度专业化。该架构通过细粒度专家分割和共享专家隔离两个主要策略，提升了专家的专业化程度和模型的性能。

6.1.2 专家处理机制

为应对知识混合与知识冗余的挑战，DeepSeek团队创新性地推出了DeepSeekMoE架构。该架构的核心追求是推动专家模块的高度专业化，以便在大规模模型扩展中实现性能提升与计算成本的平衡。DeepSeekMoE架构借助两大关键策略实现目标：细粒度专家分割和共享专家隔离，具体说明如图6-2所示。

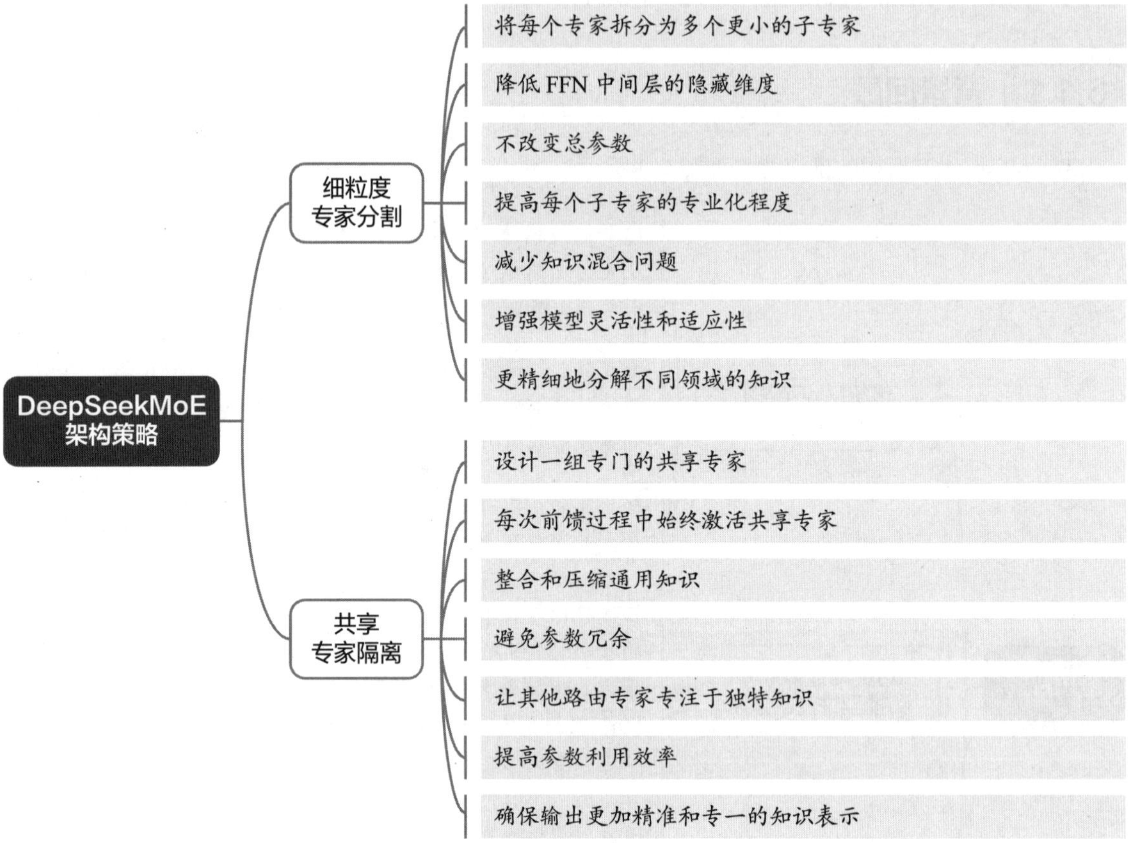

- DeepSeekMoE架构策略
  - 细粒度专家分割
    - 将每个专家拆分为多个更小的子专家
    - 降低FFN中间层的隐藏维度
    - 不改变总参数
    - 提高每个子专家的专业化程度
    - 减少知识混合问题
    - 增强模型灵活性和适应性
    - 更精细地分解不同领域的知识
  - 共享专家隔离
    - 设计一组专门的共享专家
    - 每次前馈过程中始终激活共享专家
    - 整合和压缩通用知识
    - 避免参数冗余
    - 让其他路由专家专注于独特知识
    - 提高参数利用效率
    - 确保输出更加精准和专一的知识表示

图6-2

DeepSeekMoE架构凭借细粒度专家分割和共享专家隔离的创新设计，成功推动了专家模块的高度专业化。这一架构不仅为在有限的计算资源内实现模型参数的高效扩展提供了可行方案，还为大规模语言模型的未来发展开辟了一条兼顾性能与效率的全新道路，充分展现了MoE架构在实际应用中的广阔前景。

1. 细粒度专家分割

DeepSeek团队引入细粒度专家分割策略，旨在不增加总参数量和计算成本的情况下，将每个专家进一步细分为更小的子专家单元。具体而言，该策略通过将传统MoE架构中每个专家的前馈神经网络（FFN）中间隐藏层的维度缩小至原来的$1/N$，将每个专家拆解为N个更小的子专家。这一改变使每个子专家的参数量和容量显著降低，但同时让每个子专家能够更专注于特定的知识领域，从而显著提升其专业化程度。由于专家被细分，为了维持相同的计算成本，激活的专家数量会相应增加至原来的N倍。通过这种细粒度的专家分割，MoE层的输出得以重新表达。

通过细粒度专家分割，MoE层的输出可以表示为

$$\boldsymbol{h}_t^l = \sum_{i=1}^{mN} \left(g_{i,t}\mathrm{FFN}_i\left(\boldsymbol{u}_t^l\right)\right) + \boldsymbol{u}_t^l$$

$$g_{i,t} = \begin{cases} s_{i,t}, & s_{i,t} \in \mathrm{Top}k(\{s_{j,t} | 1 \leqslant j \leqslant mN\}, mK) \\ 0, & \text{其他情况} \end{cases}$$

$$s_{i,t} = \mathrm{Softmax}_i\left(\boldsymbol{u}_t^{l\mathrm{T}} \boldsymbol{e}_i^l\right)$$

其中，l表示神经网络的层数，用于表示当前处理的是第l层的输出或输入；t表示输入序列中的位置索引，即当前处理的Token在序列中的位置；m表示细分倍数，将每个原始专家细分为m个小专家，总专家数量变为mN；N表示原始专家的数量；k表示细分后每个输入Token激活的专家数量；K表示每个输入Token在未细分时选择的专家数量（即Top-K路由中的K）；T表示矩阵或向量的转置操作。

以一个例子来说明：假设N=16，传统的Top-2路由策略会产生$\binom{16}{2}=120$种可能的组合，而当每个专家被细分为4个更小的子专家时，细粒度路由策略可以产生$\binom{64}{8}=4\ 426\ 165\ 368$种潜在组合。组合灵活性的显著提升，极大地增强了模型获取更准确、更有针对性知识的能力。

在这种情况下，尽管每个子专家的规模较小，但参与计算的专家总数增加，使模型整体的计算量和参数总量与原始MoE层相当。通过这种方式，MoE层的输出不仅变得更加稀疏，而且每个专家的输出都能更精准地反映特定领域的知识，从而实现了更高效的知识分布和利用。

综上所述，细粒度专家分割策略不仅有效解决了传统MoE架构中专家因知识混合而专业化不足的问题，而且在不增加额外计算资源的前提下，显著提升了模型的表达能力和泛化能力，为MoE架构的性能提升树立了新的标杆。

2. 共享专家隔离

在传统常规路由策略里，不同专家所接收的标记往往需要依赖某些通用的知识或信息。这导致多个专家在各自的参数中可能会重复学习这些共享知识，进而产生参数冗余。但如果设置专门的共享专家来捕捉和整合不同上下文中的通用知识，那么其他路由专家之间的参数冗余问题就能得到缓解。减少这种冗余有助于构建更高效的模型，让其他路由专家能够更聚焦于各自独特的内容。

基于细粒度专家分割策略，DeepSeek团队进一步划分出M个专家作为共享专家。无论路由模块如何决策，每个标记都会被固定分配给这些共享专家。为了维持计算成本不变，其他路由专家中被激活的数量相应减少M个。在完整的DeepSeekMoE架构中，融入共享专家隔离策略的MoE层可表达为

$$\boldsymbol{h}_t^l = \sum_{i=1}^{K_s} \mathrm{FFN}_i\left(\boldsymbol{u}_t^l\right) + \sum_{i=K_s+1}^{mN} \left(g_{i,t}\mathrm{FFN}_i\left(\boldsymbol{u}_t^l\right)\right) + \boldsymbol{u}_t^l$$

$$g_{i,t}=\begin{cases}s_{i,t}, & s_{i,t}\in \text{Top}k(\{s_{j,t}|K_s+1\leqslant j\leqslant mN\},mK-K_s)\\ 0, & \text{其他情况}\end{cases}$$

$$s_{i,t}=\text{Softmax}_i\left(\boldsymbol{u}_t^{l\text{T}}\boldsymbol{e}_i^l\right)$$

最终，在DeepSeekMoE架构中，共享专家的数量为K_s，路由专家的总数为$mN-K_s$，非零门控值的数量为$mK-K_s$。

6.1.3 对比分析

DeepSeekMoE架构与传统MoE架构的对比如表6-1所示。

表6-1 DeepSeekMoE架构与传统MoE架构的对比

对比维度	DeepSeekMoE架构	传统MoE架构
专家粒度与数量	采用更细粒度的专家划分，每个MoE层包含1个共享专家和256个路由专家，专家数量更多	使用较粗粒度的专家划分，专家数量较少
共享专家机制	引入共享专家模块，负责处理通用特征，路由专家处理具体特征，减少冗余	通常没有专门的共享专家模块，所有专家独立处理任务
稀疏激活机制	每个Token只激活少数专家（如8个路由专家），降低计算开销，提升灵活性	通常激活所有专家或较多专家，计算开销较大
动态路由机制	使用动态路由机制（如Top-K策略），为每个Token动态选择最相关的专家，适应性强	专家分配较为固定，灵活性较差
训练与推理优化	引入多头潜在注意力机制和RMSNorm归一化，进一步提升性能和效率	优化较少，通常依赖于标准的训练和归一化方法

总之，DeepSeek团队通过创新的MoE架构设计，显著提升了模型的计算效率和灵活性，同时降低了资源消耗。

6.1.4 负载均衡

负载均衡是一种优化技术，用于确保在多任务处理或分布式计算环境中，各个处理单元（如专家模块、计算节点等）的负载保持均衡。在MoE架构中，负载均衡尤为重要，因为它涉及动态选择哪些专家来处理输入数据，以避免某些专家过载而其他专家闲置的问题。

在自动学习的路由策略中，模型会根据输入的特征动态选择激活哪些专家。然而，由于训练数据的分布不均匀及路由决策机制的局限性，这一过程可能会导致负载不均衡的问题，进而引发以下两个显著缺陷。

（1）路由崩溃风险

◎ **问题描述：**负载不均衡可能会导致模型倾向于选择少数几个专家来处理大部分输入（即“路

由崩溃”）。这种情况下，其他专家无法获得足够的训练信号，导致整体专家的利用率降低。

◎ **影响：**不仅降低了整体专家的利用率，还可能使模型在面对多样化任务时缺乏足够的专业化能力，从而影响其性能。

（2）跨设备通信瓶颈

◎ **问题描述：**在分布式训练环境中，不同专家通常分布在多个设备上。如果某些设备上的专家被过度激活，而其他设备上的专家几乎闲置，负载不均衡问题将进一步加剧跨设备的通信开销和计算瓶颈。

◎ **影响：**这种不均衡不仅降低了整体训练效率，还会增加系统的延迟风险。

为了解决负载不均衡的问题，现有方法通常依赖于引入额外的辅助损失项来鼓励路由在专家之间实现均衡分布。然而，这种方法往往会带来额外的超参数调节负担，甚至可能在一定程度上损害模型性能。

DeepSeek团队提出了一种无辅助损失的负载均衡策略，通过在路由决策中动态调整专家的偏置项，使模型能够自发实现负载均衡。

1. 专家级平衡损失

DeepSeek定义专家级平衡损失为

$$L_{\text{ExpBal}} = \alpha_1 \sum_{i=1}^{N'} f_i P_i$$

其中，α_1为超参数，被称为专家级平衡因子，用于调控该损失项对整体训练目标的影响；N'为$mK-K_s$，即经过细粒度分割后参与路由的专家总数减去被隔离为共享专家的数量。

接下来，定义每个专家的激活频率f_i和平均亲和度得分P_i。

（1）激活频率f_i

f_i表示在一个训练批次（或序列）中，选择了专家i的令牌数量，其计算方式为

$$f_i = \frac{N'}{K'T} \sum_{t=1}^{T} \mathbb{1}(\text{令牌}t\text{选择了专家}i)$$

其中，K'为每个令牌实际激活的细粒度专家数量（mK），如果存在K_s个共享专家，则可定义有效激活专家数量为$K'=mK-K_s$，表示去除共享部分后真正参与差异化路由的专家数量。T是参与路由决策的令牌的总数，$\mathbb{1}(\cdot)$是指示函数，当括号内条件（令牌t选择了专家i）满足时返回1，否则返回0。

（2）平均亲和度得分P_i

P_i表示在整个批次中所有令牌对所有参与路由的专家的亲和度得分总和，计算公式为

$$P_i = \frac{1}{T} \sum_{t=1}^{T} s_{i,t}$$

其中，T是整个批次中令牌的总数；$s_{i,t}$是令牌t与专家i之间的亲和度得分，反映了两者之间的匹配程度。

2. 设备级平衡损失

设备级平衡损失是MoE架构中用于优化分布式训练负载均衡的一种损失函数，目的是在确保在不同设备（如GPU）之间的计算负载保持均衡，从而提高训练效率并减少计算瓶颈。

如果把所有路由专家划分为D个组$\{E_1,E_2,\cdots,E_D\}$，并将每个组部署在单个设备上，设备级平衡损失为

$$L_{\text{DevBal}}=\alpha_2\sum_{i=1}^{D}f_i'P_i'$$

其中，α_2表示超参数，称为设备级平衡因子；f_i'表示第i组专家的归一化激活频率，其公式为

$$f_i'=\frac{1}{|E_i|}\sum_{j\in E_i}f_j$$

其中，$|E_i|$表示在第i个设备上被分配的专家数量；而f_j表示专家j在该组内的激活频率。

P_i'表示第i组专家的累计亲和度得分，计算公式为

$$P_i'=\sum_{j\in E_i}P_j$$

其中，P_j表示专家j的平均亲和度得分。

总之，负载均衡是确保MoE架构高效运行的关键技术。通过动态调整专家的偏置项，DeepSeek的无辅助损失负载均衡策略在不引入额外辅助损失项的前提下，有效解决了负载不均衡的问题，提高了模型的训练效率和性能。这一策略不仅防止了路由崩溃，还在多设备场景下优化了计算资源的利用，为大规模分布式训练提供了有力支持。

6.1.5 微调技术揭秘

DeepSeekMoE架构通过细粒度专家分割策略和共享专家隔离策略对整体架构进行优化，这显著提高了模型的计算效率与整体性能。此外，DeepSeekMoE架构还借助监督式微调及直接偏好优化（Direct Preference Optimization，DPO）等先进技术进行微调，使其能够更好地理解和执行用户给出的指令，同时也能更好地适应对话任务。在DeepSeekMoE架构微调过程中，使用了图6-3所示的关键技术。

总之，通过上述微调技术的结合使用，能够使DeepSeekMoE架构在微调过程中高效利用计算资源，同时保持模型性能，并适应不同的下游任务需求。

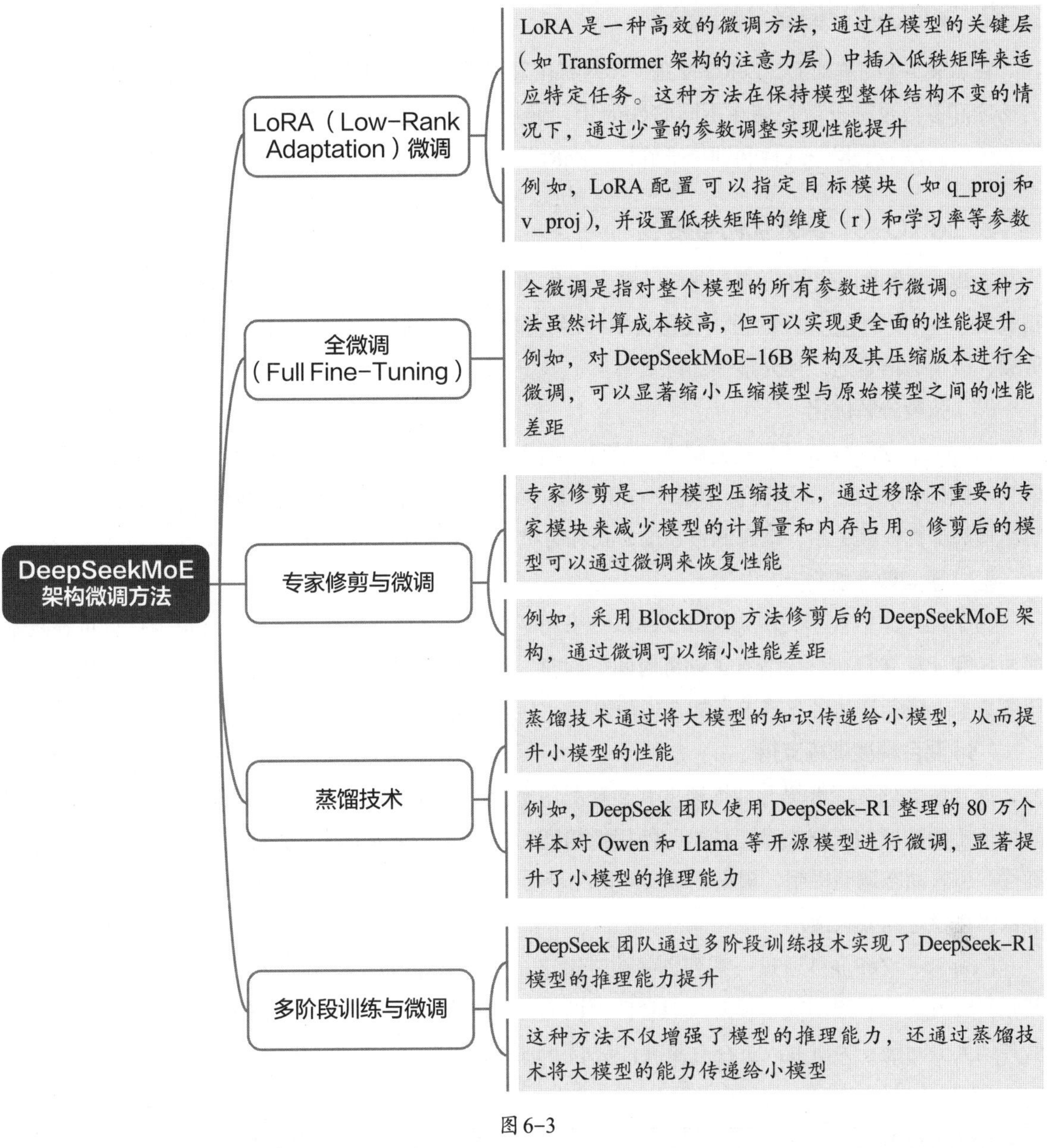

图 6-3

6.1.6 零冗余优化器

DeepSeek通过零冗余优化器（Zero Redundancy Optimizer，ZeRO）系列技术显著优化了大规模模型训练中的显存使用和并行性能。以下是DeepSeek中ZeRO优化技术的详细介绍。

1. ZeRO-1：优化器状态分割

ZeRO-1首次提出将优化器状态分割存储，改变了传统数据并行训练中每个GPU完整保存优化器状态导致的显存冗余。通过将优化器状态分割成多个部分，每个GPU仅保存其中一部分，大大减少了每个GPU的显存占用，有效缓解了显存压力。

2. ZeRO-2：梯度与参数分割

在ZeRO-1的基础上，ZeRO-2进一步对梯度和参数进行分割处理。不仅分割优化器状态，模型的梯度和参数也被分散存储在不同的GPU上。通过更全面地减少每个GPU的显存负担，利用高效的通信机制保证数据一致性和训练准确性，ZeRO-2在显存优化方面取得了更大的突破。

3. ZeRO-3：深入优化与拓展

ZeRO-3在前两代的基础上进行了深入优化和拓展。它延续了对优化器状态、梯度和参数的分割策略，并引入了更先进的通信优化技术和混合精度训练支持。ZeRO-3能够更好地均衡各GPU的负载，减少通信延迟，提升整体训练效率。

（1）张量分解优化

DeepSeek ZeRO-3在张量分解方面进行了深入优化，将大型张量分解成小型子张量，并合理分配到不同的GPU上，显著降低了每个GPU的显存占用。同时，引入改进的通信机制，根据张量分解结构和计算依赖关系，动态调整通信方式和时机，减少通信延迟和开销。

（2）通信效率提升

为了提升通信效率，DeepSeek ZeRO-3采用了多种先进的通信优化技术。通信与计算重叠技术使通信和计算并行执行，节省了训练时间。同时，对通信数据进行压缩优化，采用高效的压缩算法压缩数据，降低通信带宽需求，加快通信速度。

（3）混合精度训练支持

混合精度训练能够提升训练速度和显存利用率。DeepSeek ZeRO-3全面支持混合精度训练，智能切换不同精度的数据类型，计算时使用低精度加快速度、减少显存，关键步骤使用高精度保证准确性。引入动态调整机制，根据训练实际情况自动调整混合精度策略，避免训练不稳定或精度损失，确保模型稳定高效收敛。

DeepSeek ZeRO-3通过一系列创新改进策略，在大规模深度学习模型训练中展现了巨大优势。其张量分解优化、通信效率提升及混合精度训练支持等方面的改进，有效解决了显存占用过大、通信开销大等问题，为研究人员在有限硬件资源下训练更大规模、更复杂模型提供了可能。

6.2 升级进化：DeepSeek-V3模型全景

DeepSeek-V3是一个基于MoE架构的强大语言模型，它致力于实现高效推理与成本效益的训练，其核心在于采用了多头潜在注意力（MLA）机制及DeepSeekMoE架构。这些技术均在DeepSeek-V2中得到了充分验证，而DeepSeek-V3在此基础上实现了更多创新，如无辅助损失的负载均衡策略和多令牌预测训练目标，从而大幅提升模型的性能。

6.2.1 架构纵览：DeepSeek-V3的设计蓝图

DeepSeek-V3不仅整合了传统Transformer架构的核心机制，还通过MoE模块和定制的注意力层扩展了模型的容量和灵活性，同时支持分布式训练和低精度计算，为大规模语言模型的高效训练与推理提供了有力保障。DeepSeek-V3 的架构和主要组成如下。

1. 基础架构

DeepSeek-V3的基本架构仍然基于Transformer架构，为了实现高效的推理和经济的训练，DeepSeek-V3采用了MLA机制和DeepSeekMoE架构技术。与DeepSeek-V2相比，DeepSeek-V3引入了一种无辅助损失的负载均衡策略，以缓解因负载均衡而导致的性能下降。图6-4展示了DeepSeek-V3的基础架构。

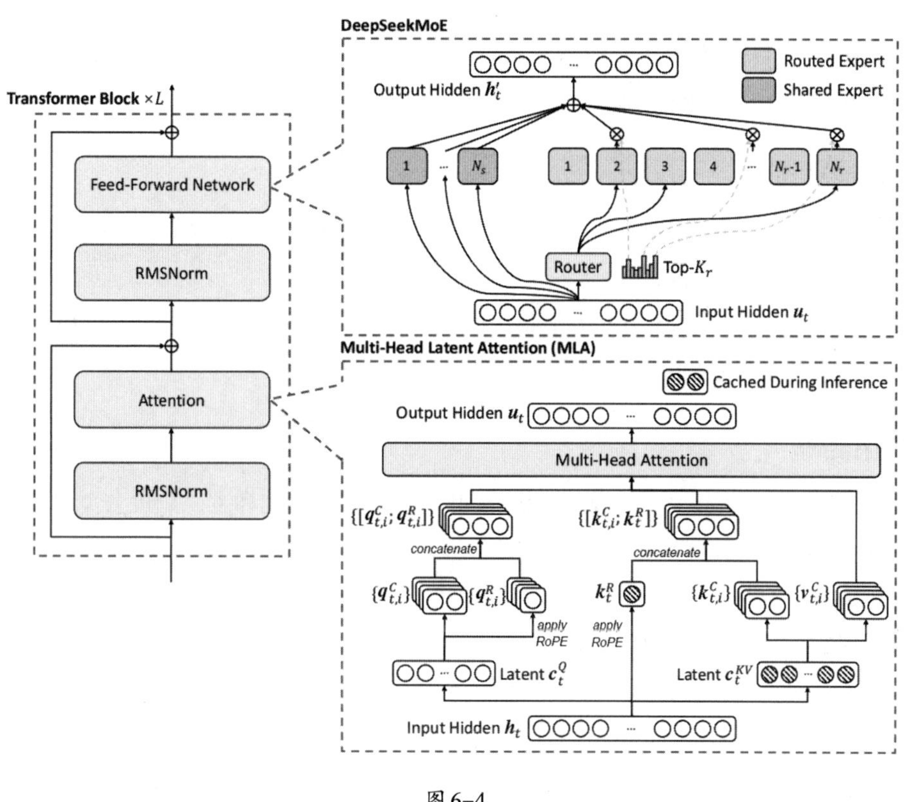

图 6-4

2. MLA 机制

◎ **低秩压缩：** MLA机制通过将注意力键和值压缩成低秩的潜在向量，显著降低了推理过程中的内存占用。

◎ **查询压缩：** MLA机制对注意力查询进行低秩压缩，减少训练过程中的激活内存。

◎ **RoPE：** MLA机制支持解耦的查询和键，使用RoPE来处理位置信息，增强模型对序列位置的敏感性。

3. MoE 架构

◎ **专家数量和分布：** 模型包含14 906个专家，每层有257个专家（1个共享专家+256个路由专家），实现了模型参数的灵活分配和计算资源的高效利用。

◎ **路由专家：**每个Token选择8个路由专家进行处理，通过专家的专精化实现知识的深度挖掘，提升模型的推理性能。

◎ **共享专家：**每个Token都会选择1个共享专家，提供通用知识和稳定性，确保模型在处理多样任务时的鲁棒性。

4. MTP 机制

◎ **MTP机制的作用：**使模型能够预测每个位置的多个后续Token，增加训练信号的密度，提高数据利用效率，加速模型的训练过程。

◎ **顺序预测：**MTP机制采用顺序预测方式，保持每个Token的预测过程中的完整因果关系链，确保生成的序列具有连贯性和逻辑性。

5. 模型参数和训练

◎ **总参数量：**DeepSeek-V3拥有671B个总参数，每个Token激活37B个参数，庞大的参数量为模型提供了卓越的表达能力和知识储备。

◎ **训练策略：**模型采用AdamW优化器，预训练阶段最大序列长度为4K，在14.8T个Token上进行训练，确保模型能够充分学习到语言的多样性和复杂性。

6. 推理和部署

◎ **硬件部署：**DeepSeek-V3部署在H800集群上，采用预填充和解码阶段分离的部署策略，以确保在线服务质量目标（SLO）和高吞吐量。

◎ **负载均衡：**在推理阶段，模型采用冗余专家部署策略，确保每个GPU处理相近数量的Token，实现负载均衡，提升推理效率。

DeepSeek-V3通过这些创新的技术和架构设计，实现了高效的长序列处理、负载均衡和多Token预测，使其在性能和效率上超越了其他开源模型，并接近领先的闭源模型。

6.2.2 无辅助损失的负载均衡

DeepSeek-V3采用了DeepSeekMoE架构，与传统的MoE架构（如GShard）相比，DeepSeekMoE架构使用了更细粒度的专家，并隔离了一些共享专家。在传统的MoE架构中，负载均衡是一个关键问题，因为某些专家可能因处理过多的任务而负载过高，而其他专家则可能负载过低。为了解决这一问题，DeepSeekMoE架构提出了一种无辅助损失的负载均衡策略，其核心机制如下。

◎ **动态偏置调整：**在训练过程中，系统会监控每个专家的负载情况。如果某个专家的负载过高，系统会自动降低其偏置项，从而减少该专家的激活频率；反之，如果某个专家的负载过低，系统则会增加其偏置项，使其更容易被激活。

◎ **无须辅助损失函数：**传统方法通常会引入额外的辅助损失函数来强制负载均衡，但这种方法可能会对模型的性能产生负面影响。DeepSeekMoE架构的无辅助损失策略避免引入额外的损失函数，从而减少了梯度干扰，提高了模型的训练效率。

◎ **序列级负载均衡：** DeepSeekMoE架构引入了序列级负载均衡，专门针对单个输入序列内的Token分配情况进行优化，防止单个序列内的Token过度集中在少数专家上。

6.2.3 训练框架搭建

DeepSeek-V3的训练框架由HAI-LLM框架支持，这是一个由DeepSeek团队从头开始构建的高效且轻量级的训练框架。为了实现高效训练，DeepSeek-V3采用了多种并行策略和优化技术，包括16路流水线并行（PP）、64路专家并行（EP）和ZeRO-1数据并行（DP）。这些策略的结合使得模型能够在大规模集群上高效训练。

1. DualPipe和计算—通信重叠

对于DeepSeek-V3，跨节点专家并行引入的通信开销导致计算与通信比约为1∶1，效率较低。为了解决这一问题，DeepSeek团队设计了一种创新的流水线并行算法——DualPipe。DualPipe通过有效重叠正向和反向的计算与通信阶段，减少了流水线气泡，从而加速模型训练。具体来说，每个块被分为4个部分：注意力计算、全通信分发、MLP计算和全通信聚合。对于反向块，注意力计算和MLP计算进一步分为两部分：反向输入和反向权重。

DualPipe的关键在于通过手动调整GPU流式多处理器的分配比例，确保全通信和PP通信可以完全隐藏。这种双向流水线调度从流水线的两端同时输入微批次，使得大部分通信可以完全重叠。即使在没有通信负担的情况下，DualPipe仍然表现出显著的效率优势。

2. 跨节点全通信的高效实现

为了确保DualPipe的高性能，DeepSeek-V3定制了高效的跨节点全通信内核，包括分发和合并操作。这些内核与MoE门控算法和集群的网络拓扑结构协同设计，充分利用了IB和NVLink的不同带宽。具体来说，每个Token最多分发到4个节点，从而减少IB流量。通过这种方式，IB和NVLink的通信可以完全重叠，每个Token可以高效地选择平均每个节点3.2个专家。

此外，DeepSeek-V3采用了Warp Specialization技术，将20个流式多处理器划分为10个通信通道。在分发和合并的过程中，IB发送、IB到NVLink转发、NVLink接收等任务由不同的Warp处理，并根据实际工作负载动态调整分配给每个通信任务的Warp数量。这种设计显著减少了对L2缓存的使用和对其他流式多处理器的干扰。

3. 极致的内存节省与最小化开销

为了减少训练过程中的内存占用，DeepSeek-V3采用了多种技术，具体如下。

◎ **RMSNorm和MLA上投影的重新计算：** 在反向传播的过程中重新计算所有RMSNorm操作和MLA上投影，从而无须持续存储它们的输出激活，显著减少了内存占用。

◎ **在CPU中使用指数移动平均（EMA）：** EMA参数存储在CPU内存中，并在每个训练步骤后异步更新，避免了额外的内存或时间开销。

◎ **MTP的共享嵌入和输出头：** 结合DualPipe策略，将模型的最浅层（嵌入层）和最深层（输出头）部署在相同的PP等级上，使得MTP模块和主模型之间的参数与梯度可以物理共享，进一步提高了内存效率。

通过上述优化基础，DeepSeek-V3在不使用成本高昂的张量并行（TP）的情况下，实现了高效的训练，同时显著降低了内存占用。

6.2.4 FP8精度训练

DeepSeek-V3引入了一种创新的FP8混合精度训练框架，旨在利用低精度计算的效率优势，同时解决低精度训练中常见的数值不稳定性和异常值问题。通过一系列优化策略，该框架在大语言模型预训练中实现了高效且稳定的训练效果。

1. 混合精度框架

DeepSeek-V3的FP8精度训练框架结合了低精度计算和高精度关键操作，以平衡效率和稳定性。以FP8精度执行核心计算内核（如GEMM操作），显著提升了计算速度并减少了内存占用。例如，前向传播、激活反向传播和权重反向传播均采用FP8精度。这种设计不仅将计算速度提升至BF16精度的两倍，还通过FP8格式存储激活，进一步降低了内存需求。

然而，因为某些操作对低精度计算较为敏感，因此在框架中保留了部分高精度组件，如嵌入模块、输出头、MoE门控模块、归一化操作符和注意力操作符等。这些组件以BF16或FP32精度执行，确保了训练过程的数值稳定性。此外，主权重、权重梯度和优化器状态也以高精度存储，并通过分布式训练系统中的分片策略最小化内存开销。

2. 提高精度的策略

为了应对FP8格式动态范围有限的问题，DeepSeek-V3引入了细粒度量化方法和高精度累加等策略。

◎ **细粒度量化：** 针对激活和权重，DeepSeek-V3采用128×128块的分组量化策略。与传统的整体量化方法相比，这种细粒度量化能够更好地适应异常值，通过在较小的元素组内调整比例因子，减少溢出和下溢问题。此外，GEMM操作的内维度引入了每组缩放因子，进一步优化了量化精度。

◎ **高精度累加：** 由于FP8 GEMM的累加精度有限，DeepSeek-V3采用了将累加提升到CUDA Core的策略。通过在Tensor Core执行矩阵乘积累加操作后，将中间结果复制到CUDA Core的FP32寄存器中进行全精度累加，显著提高了计算精度。实验表明，设置最小累加间隔$\Delta=128$时，可以在不引入显著开销的情况下实现高精度计算。

◎ **尾数优于指数：** 与传统FP8格式（如E4M3用于前向传播，E5M2用于反向传播）不同，DeepSeek-V3统一采用E4M3格式处理所有张量。这种设计通过细粒度量化策略，有效共享分组元素间的指数位，减轻了有限动态范围的影响。

◎ **在线量化：** 为了确保准确的比例因子，DeepSeek-V3为每个激活瓦片或权重块在线计算最大绝对值，并据此推导缩放因子，将激活或权重实时量化为FP8格式。这种方法避免了延迟量化中可能出现的误差累积。

3. 低精度存储和通信

结合FP8训练框架，DeepSeek-V3进一步优化了内存和通信效率。

◎ **低精度优化器状态：** 优化器的第一矩和第二矩以BF16格式存储，而非传统的FP32，从而显著减少了内存占用。主权重和梯度仍以FP32保留，以确保数值的稳定性。

◎ **低精度激活：** 激活数据以FP8格式缓存，用于线性算子的反向传播。对于精度敏感的操作，如线性算子后的输入激活，采用定制的E5M6数据格式，并通过整数缩放因子进行量化，避免额外误差。

◎ **低精度通信：** 在MoE模块中，激活在投影前被量化为FP8格式，以减少通信带宽需求。激活梯度的缩放因子采用2的整数次幂，进一步优化了通信效率。正向和反向合并组件则保留BF16格式，以确保训练精度。

总之，DeepSeek-V3的FP8精度训练框架通过细粒度量化、高精度累加和低精度存储等策略，成功解决了低精度训练中的数值不稳定性和异常值问题。在大语言模型预训练中，该框架不仅显著降低了内存和通信开销，还保持了与BF16基线相当的训练精度，为低精度训练技术在大模型中的应用提供了新的思路。

6.2.5 推理和部署：规模化应用的落地方案

DeepSeek团队在H800集群上部署DeepSeek-V3，其中每个节点内的GPU通过NVLink互联，所有集群中的GPU通过IB完全互联。为了同时确保在线服务的服务质量目标和高吞吐量，DeepSeek采用了将预填充和解码阶段分开的部署策略。

1. 预填充

预填充阶段的最小部署单元由4个节点组成，共32个GPU。注意力部分采用4路张量并行（TP4）与序列并行（SP）相结合，再结合8路数据并行（DP8）。对于MoE架构部分，DeepSeek使用32路专家并行（EP32），这确保了每个专家处理足够大的批量大小，从而提高了计算效率。对于MoE架构的全通信，DeepSeek团队使用与训练相同的策略：先通过IB在节点间传输Token，然后在节点内通过NVLink转发。特别是将1路张量并行用于浅层的密集MLP，以节省TP通信开销。

为了在MoE架构部分实现不同专家之间的负载均衡，需要确保每个GPU处理数量大约相同的Token。为此，DeepSeek引入了一种冗余专家的部署策略，根据在线服务期间收集的统计信息检测高负载专家，并定期（如每10 min）进行调整。在确定冗余专家集合后，根据观察到的负载在节点内的GPU之间仔细重新排列专家，尽量在不增加跨节点全通信开销的情况下均衡GPU之间的负载。对于DeepSeek-V3的部署，DeepSeek在预填充阶段设置了32个冗余专家。对于每个GPU，除了其原本托管的8个专家，还将托管一个额外的冗余专家。

此外，为了提高吞吐量并隐藏TP通信和全通信的开销，在预填充阶段同时处理两个具有相似计算工作量的微批次，将一个微批次的注意力和MoE架构操作与另一个微批次的分发和合并操作重叠。

2. 解码

在解码阶段，DeepSeek将共享专家视为路由专家。从这个角度来看，每个Token将选择9个专家进行路由，其中共享专家被视为一个高负载专家，始终被选中。解码阶段的最小部署单元由40个节点组成，共320个GPU。注意力部分采用TP4与SP相结合，再结合DP80，而MoE架构部分使用EP320。对于MoE架构部分，每个GPU托管一个专家，64个GPU负责托管冗余专家和共享专家。对于MoE架构的全通信，可以通过直接点对点传输在IB上实现低延迟，并利用IBGDA（NVIDIA，2022）技术进一步减少延迟并提高通信效率。

与预填充类似，DeepSeek根据在线服务期间收集的专家负载统计信息定期确定冗余专家集合。然而，由于每个GPU只托管一个专家，DeepSeek不需要重新排列专家。DeepSeek团队也在探索动态冗余策略，但需要更仔细地优化计算全局最优路由方案的算法，以及与分发内核的融合，以减少开销。

此外，为了提高吞吐量并隐藏全通信的开销，DeepSeek团队还在解码阶段探索同时处理两个具有相似计算工作量的微批次。与预填充不同，注意力在解码阶段占用的时间比例更大。因此，将一个微批次的注意力操作与另一个微批次的“解码+MoE+合并”操作重叠。在解码阶段，每个专家的批量相对较小（通常在256个以内），瓶颈是内存访问而非计算。由于MoE架构部分只需要加载一个专家的参数，因此内存访问开销最小，分配较少的流式多处理器不会显著影响整体性能。因此，为了避免影响注意力部分的计算速度，可以只为“解码+MoE+合并”分配一小部分流式多处理器。

6.2.6 模型评估：多维指标下的性能洞察

在评估阶段，采用多种基准测试全面验证模型的性能，其中涵盖了标准指标、开放式生成任务及生成式奖励模型（Reward Model，RM）的测试。

1. 评估设置

◎ **评估基准：**除了基础模型测试的基准，DeepSeek还对指令化模型进行了全面评估，涵盖IFEval、FRAMES、LongBench v2、GPQA、SimpleQA、C-SimpleQA、SWE-Bench Verified、Aider、LiveCodeBench、Codeforces 2、CNMO 2024和AIME 2024等基准。

◎ **对比基线：**DeepSeek对比了多个强大基线模型，包括DeepSeek-V2系列、Qwen2.5 72B Instruct、Llama3.1 405B Instruct、Claude-3.5-Sonnet和GPT-4o。对于闭源模型，通过其API进行评估。

◎ **详细评估配置：**对于标准基准测试，DeepSeek采用simple-evals框架和Zero-Eval提示格式。对于代码和数学基准测试，DeepSeek使用多种编程语言和解码方法进行评估。所有模型被允许为每个基准输出最多8 192 Token。

2. 标准评估

DeepSeek-V3在多项基准测试中表现出色，成为表现非常好的开源模型，并相对于前沿闭源模型具有竞争力。下面是对评估结果的简单说明。

◎ **英语基准测试：**在MMLU、GPQA和长文本理解基准（如DROP、LongBench v2和FRAMES）中，DeepSeek-V3展现出非常好的性能，尤其在DROP上取得91.6的F1分数，接近GPT-4o。

◎ **代码和数学基准测试：**在代码生成任务中，DeepSeek-V3在HumanEval-Mul和LiveCodeBench中超越所有基线模型。在数学基准测试中，DeepSeek-V3在AIME 2024、MATH-500和CNMO 2024中表现出色，为非o1-like模型设定了新标准。

◎ **中文基准测试：**DeepSeek-V3在中文事实性知识（C-SimpleQA）和教育知识评估（C-Eval）中表现出色，超越Qwen2.5 72B。

3. 开放式评估

在开放式生成任务中，DeepSeek-V3在AlpacaEval 2.0和Arena-Hard基准测试中表现出色，胜率超过85%，成为当时首个达到这一标准的开源模型。

4. DeepSeek-V3 作为生成式奖励模型

DeepSeek-V3在RewardBench基准测试中表现出色，与GPT-4o和Claude-3.5相当，展示了其作为生成式奖励模型的潜力。

5. MTP 评估

DeepSeek-V3不是只预测下一个单一Token，而是通过MTP技术预测接下来的2个Token。结合推测性解码框架，它可以显著加快模型的解码速度。自然会产生一个问题：额外预测的Token的接受率是多少？根据评估，第二个Token预测的接受率在各种生成主题之间保持在85%到90%之间，显示出一致的可靠性。这种高接受率使DeepSeek-V3能够实现显著改进的解码速度，每秒生成Token的数量提高了1.8倍。

总之，经过上面的综合评估结果表明，DeepSeek-V3已成为目前较强的开源基础模型，尤其在代码和数学领域表现出色。其聊天版本也在一系列标准和开放式基准测试中超越了其他开源模型，并实现了与领先闭源模型（如GPT-4o和Claude-3.5-Sonnet）相当的性能。

6.3 多模态大模型：DeepSeek 的跨感知融合

DeepSeek多模态大模型从文本处理能力逐步扩展至视觉语言融合与跨模态理解，并通过模型架构优化和训练方法改进（如高效推理、跨模态对齐），显著提升了性能与实用性。这一技术演进不仅体现了快速迭代能力，也为跨模态推理和商业化应用奠定了基础，同时在模型效率与成本控制上取得了持续进展。

6.3.1 多模态策略的演进

DeepSeek在多模态领域的演进之路如下。

◎ 2023年7月，DeepSeek成立，聚焦大模型与AGI的研发。

◎ 2024年1月，发布DeepSeek LLM。

◎ 2024年3月，发布DeepSeek-VL。

◎ 2024年5月，发布第二代开源MoE架构DeepSeek-V2。

◎ 2024年10月，发布了Janus模型。

◎ 2024年11月，发布了JanusFlow大模型。

◎ 2024年12月，发布了DeepSeek-V3，推出视觉模型DeepSeek-VL2。

◎ 2025年1月，发布开源多模态模型Janus-Pro，重点优化文生图能力。

6.3.2 基础模型 Janus

Janus模型是由DeepSeek团队提出的一种统一多模态理解与生成的模型，它能够在单一模型中实现图像理解和文本到图像生成的双重任务。Janus的核心创新点在于将多模态理解与生成的视觉编码进行解耦，从而缓解了这两个任务潜在的冲突。Janus模型通过优化训练策略、扩展训练数据和扩大模型规模，在多模态理解和文本到图像指令遵循能力方面取得了显著进步，并提高了文本到图像生成的稳定性。此外，Janus-Pro是Janus的高级版本，它在训练策略、数据和模型规模3个方面进行了改进，进一步增强了模型的性能。

1. 视觉编码路径

在Janus模型架构中，视觉编码路径的特点如图6-5所示。

2. Janus 模型架构设计的优势

Janus多模态模型通过解耦视觉编码路径，具有多个方面的优势。

（1）解耦视觉编码路径

◎ **任务适配性强：**Janus为多模态理解和多模态生成分别设计独立的视觉编码路径。多模态理解任务中，视觉编码器旨在提取高级语义信息，其表征粒度集中在高维语义；而多模态生成任务更关注细粒度的空间结构和纹理细节等。解耦后的编码路径能分别采用最适合各自任务的编码技术，使模型在处理不同类型任务时更具针对性，避免了单一视觉编码器难以同时满足两种任务需求的问题。

◎ **减少任务冲突：**多模态理解和生成所需的视觉编码表示差异较大，使用同一视觉编码器易导致任务间冲突。Janus的解耦设计有效缓解了这一冲突，消除了在选择视觉编码器时需在两种任务间进行权衡的需求，让模型在多模态理解和生成任务上都能有更好的发挥。

（2）统一的Transformer架构

◎ **架构简洁高效：**通过使用统一的Transformer架构来处理多模态理解和生成任务，在此基础上对视觉编码进行解耦，既实现了模型架构的简洁性，又提高了处理不同类型任务的效率，降低了模型的复杂度和训练难度。

◎ **良好的扩展性：**这种架构具有很强的扩展性，未来可以容纳更多输入类型，如点云、脑电图信号、音频数据等。只需为不同类型输入添加相应的独立编码器提取特征，然后利用统一的Transformer架构进行处理，即可实现对多模态数据的融合处理，拓展了模型的应用范围。

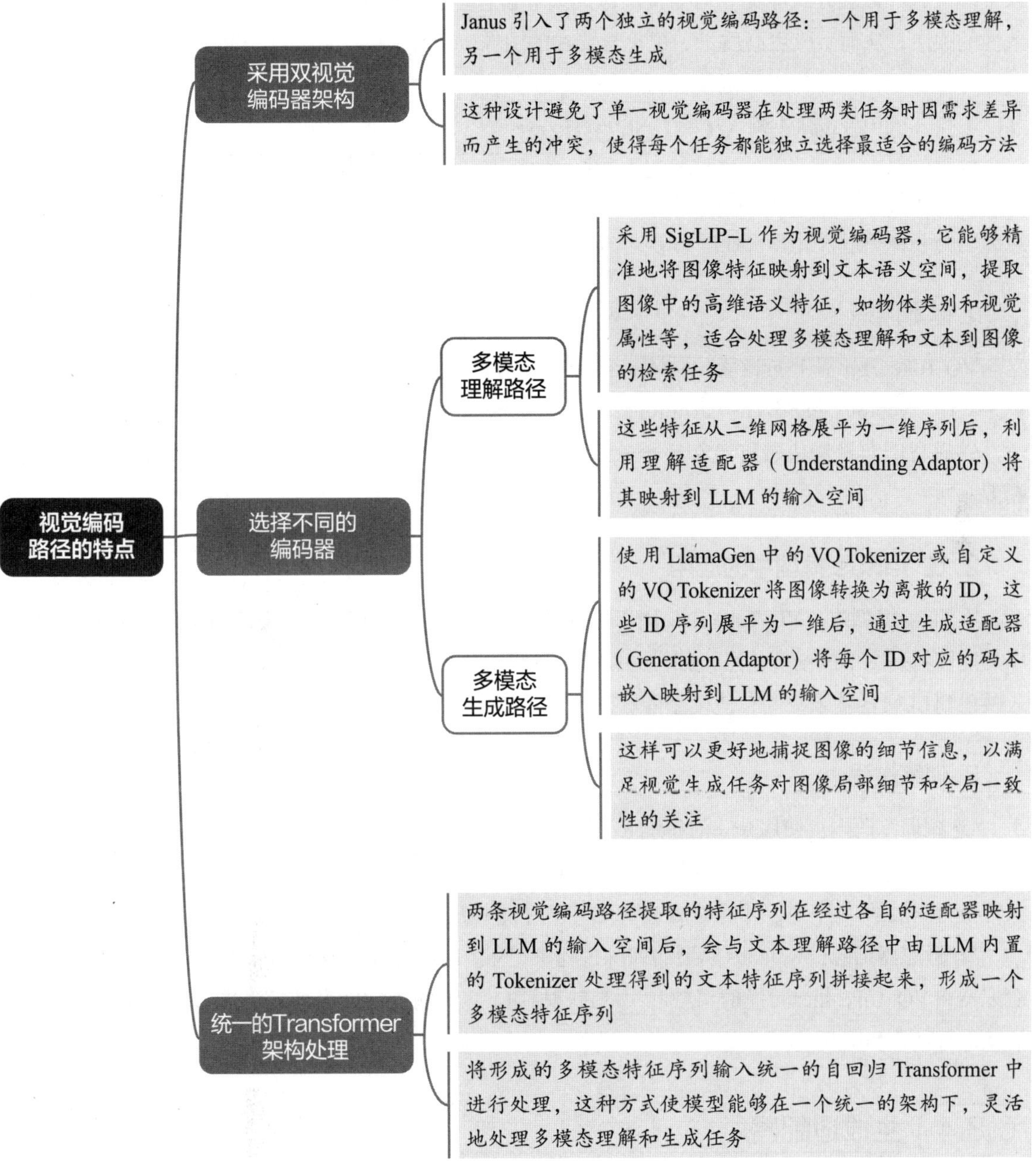

图 6-5

（3）独立适配的编码方法

◎ **多模态理解编码优势：**在多模态理解路径中，采用SigLIP-L作为视觉编码器，可精准地将图像特征映射到文本语义空间，提取图像中的高维语义特征，如物体类别和视觉属性等。这些特征经理解适配器映射到LLM的输入空间后，能更好地服务于多模态理解任务，提升模型在视觉问答、图像描述等任务上的性能。

◎ **多模态生成编码优势：** 对于多模态生成任务，使用LlamaGen中的VQ Tokenizer或自定义的VQ Tokenizer将图像转换为离散的ID，再经生成适配器将每个ID对应的码本嵌入映射到LLM的输入空间。这种处理方式能更好地捕捉图像的细节信息，满足视觉生成任务对图像局部细节和全局一致性的关注，从而生成更高质量、更符合要求的图像。

6.3.3 视觉编码器 VQ Tokenizer

Janus模型的视觉编码器VQ Tokenizer用于将图像转换为离散的ID序列，从而将图像的细节信息编码为一种更适合计算机处理的形式。

1. 基本原理

VQ Tokenizer基于向量量化技术，能够将图像的连续特征空间映射到离散的码本上。它使用VQ-VAE（Vector Quantized-Variational AutoEncoder）架构，先通过编码器将图像编码为潜在表示，然后利用向量量化层将潜在表示映射到离散的码字上，最后通过解码器将离散的码字重构为图像。

2. 在 Janus 模型中的应用

在Janus模型中，VQ Tokenizer用于处理视觉生成任务，将图像转换为离散的ID序列，这些ID序列能够捕捉图像的细节信息，如空间结构和纹理等。然后通过生成适配器将每个ID对应的码本嵌入映射到LLM的输入空间，使模型能够基于这些特征序列进行图像生成等视觉生成任务。

3. 训练过程

◎ **预训练码本：** 使用ImageNet-1K数据集对VQ Tokenizer进行预训练，训练过程包括对潜在变量进行量化和对码本进行更新。在训练过程中，最小化重构误差，使VQ Tokenizer能够准确地将图像转换为离散的ID序列，并能够从这些ID序列中重构出与原图像相似的图像。

◎ **适配器训练：** 在Janus模型的训练过程中，VQ Tokenizer的码本被冻结，只训练适配器部分。适配器将VQ Tokenizer转换的离散ID序列映射到LLM的输入空间，使模型能够将视觉信息与语言信息进行融合和交互。

6.3.4 生成适配器

生成适配器是连接视觉与语言模态的关键组件，负责将视觉编码后的特征转换为语言模型可理解的表示。它通常采用轻量级结构，如线性投影或跨模态注意力机制，确保高效对接而不过度增加模型复杂度。通过生成适配器，多模态信息得以无缝融合，这显著提升了模型在图文理解与生成任务中的表现。在Janus模型中，生成适配器是视觉生成路径的关键组件，如图6-6所示。

生成适配器
功能和位置
功能：生成适配器的主要功能是将VQ Tokenizer转换的离散ID对应的码本嵌入映射到LLM的输入空间，从而使视觉生成任务中的图像特征能够与语言模型进行有效的融合和交互
位置：在Janus模型的架构中，生成适配器位于视觉生成路径中，处于VQ Tokenizer之后和统一的自回归Transformer之前。它接收来自VQ Tokenizer的离散ID序列，对该序列进行处理后，将处理后的特征序列与文本特征序列等其他模态的特征序列拼接起来，形成一个多模态特征序列，随后输入LLM中进行处理
输入和输出
输入：生成适配器的输入是VQ Tokenizer转换的离散ID序列。VQ Tokenizer将图像转换为离散的ID，这些ID序列被展平为一维序列后输入生成适配器中。每个ID对应着码本中的一个嵌入向量，这些嵌入向量包含了图像的细节信息，如空间结构和纹理等
输出：生成适配器的输出是经过映射处理后的特征序列，该特征序列与LLM的输入空间相适配，能够作为LLM的输入进行进一步的处理和建模。输出的特征序列保留了图像的细节特征，并且能够与文本等其他模态的特征序列进行有效的融合
训练过程
第一阶段：在训练的第一阶段，主要训练适配器和图像预测头。此时冻结视觉编码器和语言模型的参数，只更新生成适配器和图像预测头中的可训练参数。这一阶段的目标是在嵌入空间内创建视觉和语言元素之间的概念联系，使LLM能够初步理解和处理图像中的实体，并具备基本的视觉生成能力
第二阶段：在统一预训练阶段，解冻语言模型的参数，训练除理解编码器和生成编码器外的所有组件参数。此时，生成适配器继续参与训练，与整个模型一起学习多模态数据中的复杂模式和关联，从而提升模型在多模态理解和生成任务上的性能

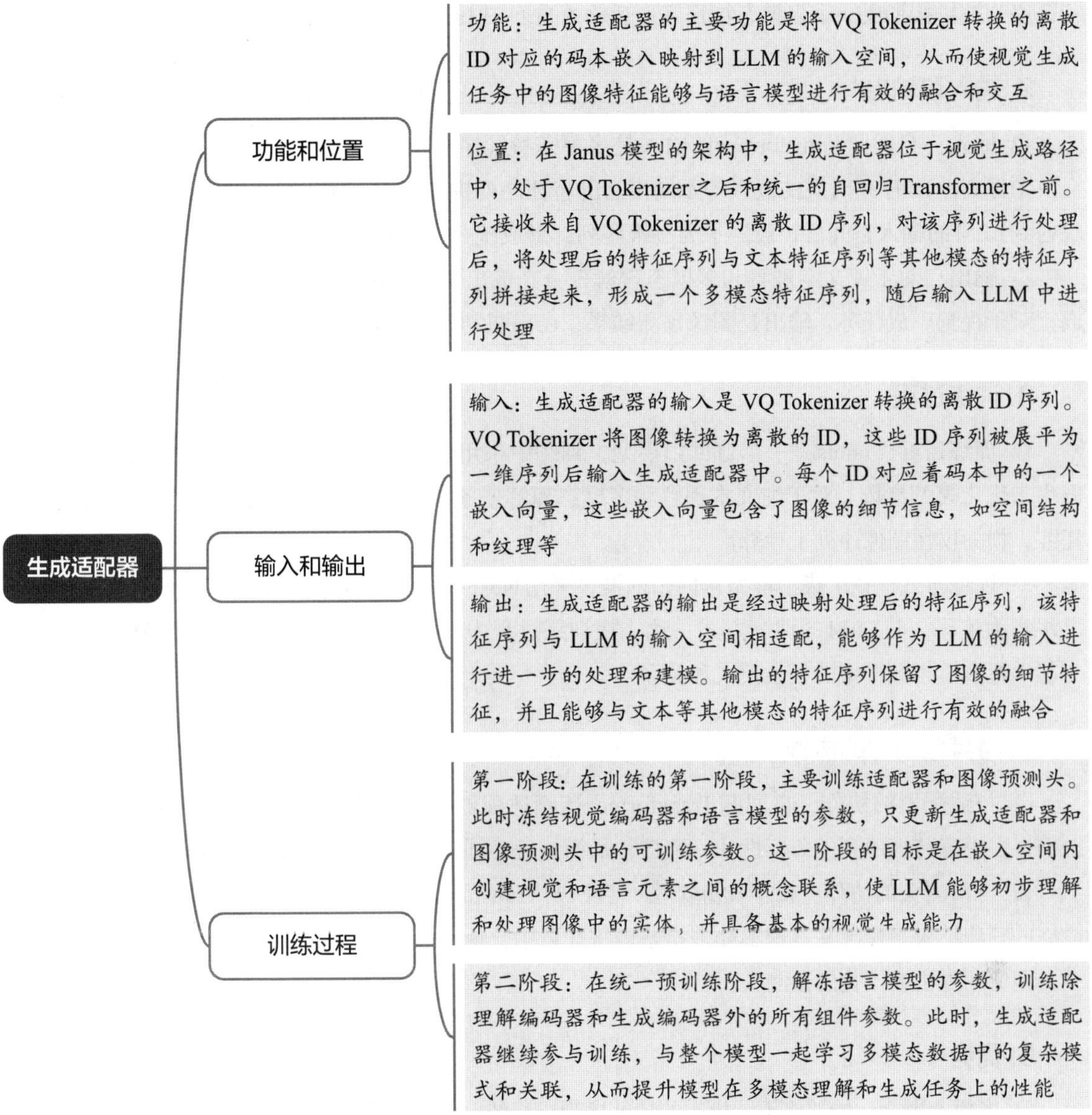

图6-6

6.3.5 特征序列处理

在Janus模型中，通过自回归Transformer处理多模态特征序列，并生成相应的输出结果。

1. 功能和位置

◎ **功能：**自回归Transformer负责对拼接形成的多模态特征序列进行处理和建模，捕捉序列中的长程依赖关系，生成连贯且符合语义逻辑的输出序列。它能够根据输入的特征序列，自回归地预测下一个标记，从而实现文本生成、图像生成等任务。

◎ **位置：**在Janus模型架构中，自回归Transformer位于特征处理的下游。它接收来自不同模态编码路径（如文本理解路径、多模态理解路径和视觉生成路径）经适配器映射后的特征序列，这些

特征序列被拼接形成一个多模态特征序列后输入自回归Transformer中进行统一处理。

2. 输入和输出

◎ **输入：** 自回归Transformer的输入是多模态特征序列，该序列由文本特征、图像高维语义特征及图像离散ID序列对应的嵌入等不同模态的特征序列拼接而成。这些特征序列经过各自的适配器映射到LLM的输入空间后，被展平为一维序列，形成统一的多模态特征序列输入Transformer中。

◎ **输出：** 对于纯文本理解和多模态理解任务，输出是文本预测结果，由LLM内置的预测头生成；对于视觉生成任务，输出是图像预测结果，由随机初始化的预测头生成。

3. 训练过程

◎ **训练目标：** Janus是一个自回归模型，训练中采用交叉熵损失，通过最大化输入序列的条件概率来优化模型参数。对于纯文本理解和多模态理解任务，损失计算在文本序列上；对于视觉生成任务，损失仅在图像序列上计算。

◎ **训练方式：** 整个模型遵循自回归框架，采用Next-Token-Prediction的方式进行训练，使用因果注意力掩码，与LLM的训练方式一致。在训练过程中，自回归Transformer与适配器等其他组件一起学习多模态数据中的复杂模式和关联。

4. 与其他组件的协作

◎ **与适配器的协作：** 自回归Transformer依赖适配器将不同模态的特征映射到同一输入空间，以确保多模态特征序列的兼容性和一致性，从而实现不同模态间的信息交互和融合。

◎ **与预测头的协作：** 根据任务类型，自回归Transformer的输出会传递给相应的预测头以生成最终的预测结果。在纯文本理解和多模态理解任务中，使用LLM内置的预测头；而在视觉生成任务中，则使用随机初始化的预测头。

5. 优势

◎ **多模态融合：** 能够将不同模态的特征序列进行统一处理，充分融合文本和图像等多模态信息，实现多模态理解和生成任务的统一建模。

◎ **简单高效的架构：** 采用统一的自回归Transformer架构，避免为不同任务设计专门的注意力掩码，简化了模型设计，降低了训练和推理的复杂度。

◎ **强大的生成能力：** 基于自回归生成机制，能够逐步生成连贯且高质量的文本和图像内容，生成结果具有较好的多样性和准确性。

注意：

◎输入长度限制：由于Transformer的计算复杂度与输入序列长度的平方成正比，因此在处理长序列或多模态特征序列时，可能会受到输入长度的限制。

◎训练数据要求：为了获得良好的性能，自回归Transformer需要大量的高质量多模态训练数据来学习不同模态之间的复杂关联和语义信息。

6.3.6 预训练策略

Janus模型的预训练分为以下3个阶段，每个阶段都有其独特的目标和方法，如图6-7所示。

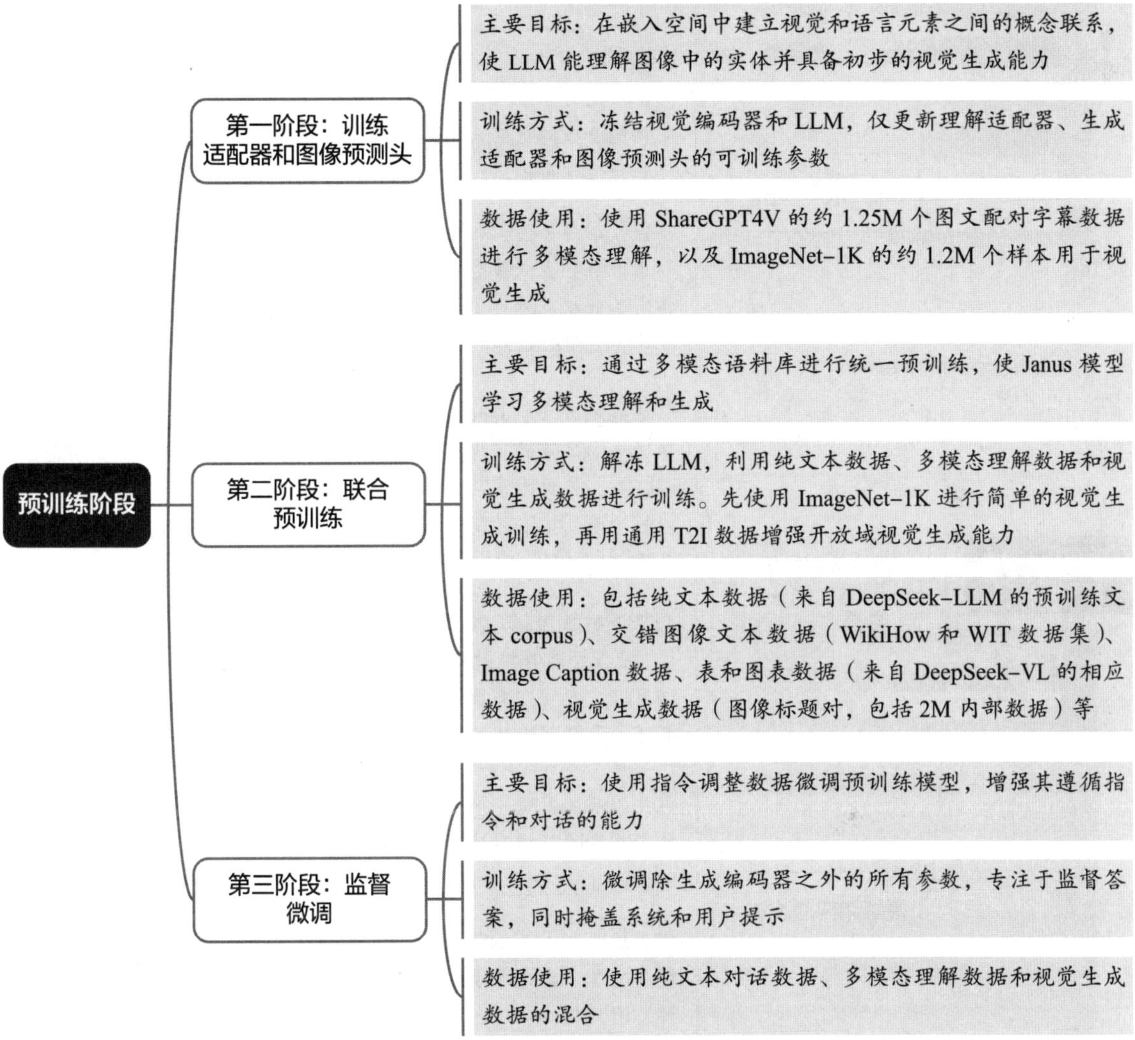

预训练阶段

- 第一阶段：训练适配器和图像预测头
  - 主要目标：在嵌入空间中建立视觉和语言元素之间的概念联系，使 LLM 能理解图像中的实体并具备初步的视觉生成能力
  - 训练方式：冻结视觉编码器和 LLM，仅更新理解适配器、生成适配器和图像预测头的可训练参数
  - 数据使用：使用 ShareGPT4V 的约 1.25M 个图文配对字幕数据进行多模态理解，以及 ImageNet-1K 的约 1.2M 个样本用于视觉生成
- 第二阶段：联合预训练
  - 主要目标：通过多模态语料库进行统一预训练，使 Janus 模型学习多模态理解和生成
  - 训练方式：解冻 LLM，利用纯文本数据、多模态理解数据和视觉生成数据进行训练。先使用 ImageNet-1K 进行简单的视觉生成训练，再用通用 T2I 数据增强开放域视觉生成能力
  - 数据使用：包括纯文本数据（来自 DeepSeek-LLM 的预训练文本 corpus）、交错图像文本数据（WikiHow 和 WIT 数据集）、Image Caption 数据、表和图表数据（来自 DeepSeek-VL 的相应数据）、视觉生成数据（图像标题对，包括 2M 内部数据）等
- 第三阶段：监督微调
  - 主要目标：使用指令调整数据微调预训练模型，增强其遵循指令和对话的能力
  - 训练方式：微调除生成编码器之外的所有参数，专注于监督答案，同时掩盖系统和用户提示
  - 数据使用：使用纯文本对话数据、多模态理解数据和视觉生成数据的混合

图 6-7

通过上述3个阶段的预训练策略，以及逐步解冻和更新模型的不同部分，可以使模型从基础的视觉和语言理解逐步过渡到复杂的多模态理解和生成任务，同时利用多种类型的数据来增强模型的通用性和鲁棒性。

6.4 升级版 Janus-Pro：多模态进阶的实践与优化

Janus-Pro模型基于Janus模型进行了优化，通过改进训练策略、扩展训练数据和扩大模型规模，显著提升了多模态理解和文本到图像生成的性能。它采用解耦的视觉编码路径，分别处理多模态理解和生成任务，有效解决了视觉编码器在两种任务中的功能冲突。

6.4.1 关键改进：Janus-Pro 的性能提升点

Janus-Pro模型主要有3个方面的改进，如图6-8所示。

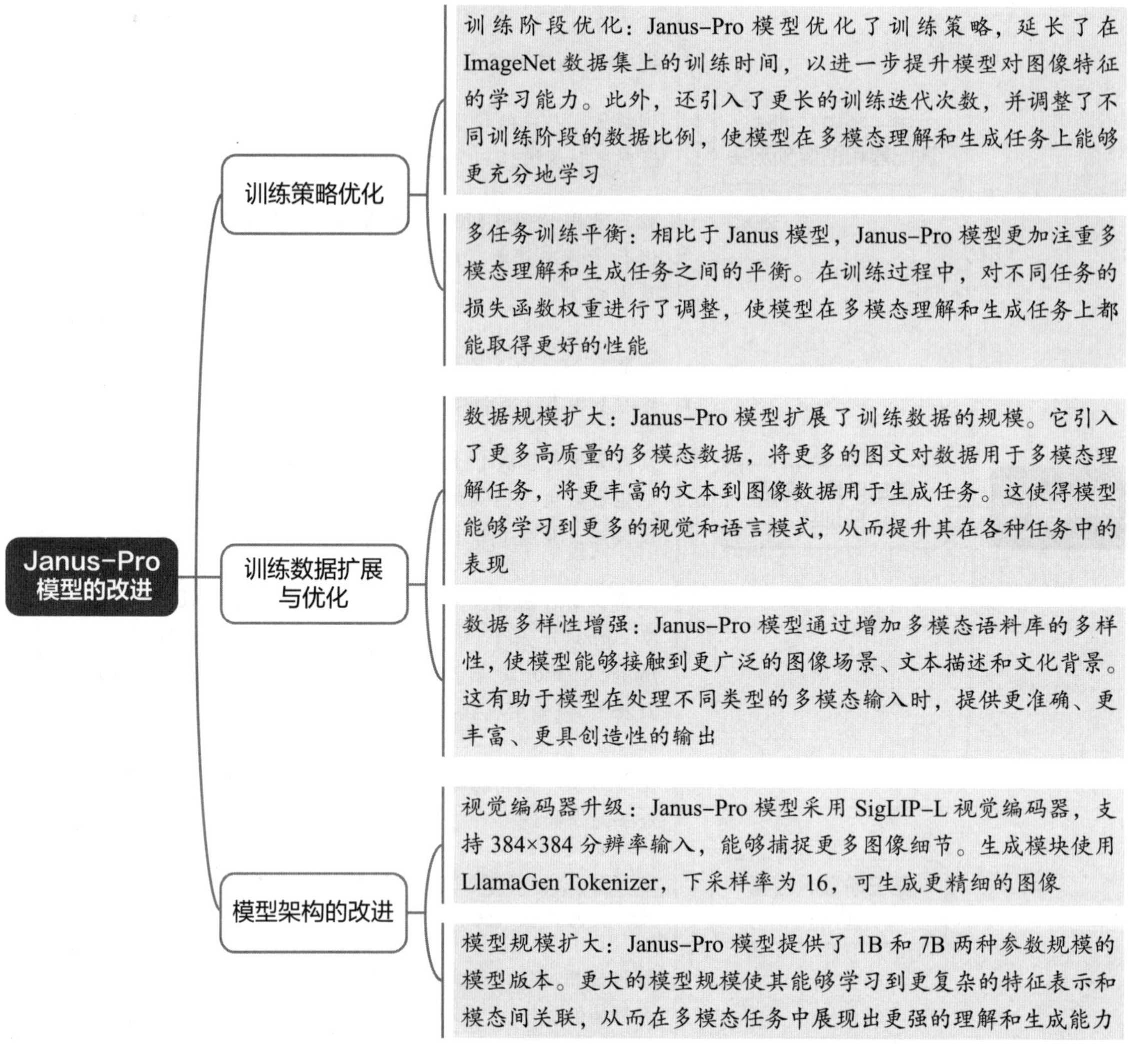

Janus-Pro
模型的改进
训练策略优化
训练阶段优化：Janus-Pro模型优化了训练策略，延长了在ImageNet数据集上的训练时间，以进一步提升模型对图像特征的学习能力。此外，还引入了更长的训练迭代次数，并调整了不同训练阶段的数据比例，使模型在多模态理解和生成任务上能够更充分地学习
多任务训练平衡：相比于Janus模型，Janus-Pro模型更加注重多模态理解和生成任务之间的平衡。在训练过程中，对不同任务的损失函数权重进行了调整，使模型在多模态理解和生成任务上都能取得更好的性能
训练数据扩展
与优化
数据规模扩大：Janus-Pro模型扩展了训练数据的规模。它引入了更多高质量的多模态数据，将更多的图文对数据用于多模态理解任务，将更丰富的文本到图像数据用于生成任务。这使得模型能够学习到更多的视觉和语言模式，从而提升其在各种任务中的表现
数据多样性增强：Janus-Pro模型通过增加多模态语料库的多样性，使模型能够接触到更广泛的图像场景、文本描述和文化背景。这有助于模型在处理不同类型的多模态输入时，提供更准确、更丰富、更具创造性的输出
模型架构的改进
视觉编码器升级：Janus-Pro模型采用SigLIP-L视觉编码器，支持384×384分辨率输入，能够捕捉更多图像细节。生成模块使用LlamaGen Tokenizer，下采样率为16，可生成更精细的图像
模型规模扩大：Janus-Pro模型提供了1B和7B两种参数规模的模型版本。更大的模型规模使其能够学习到更复杂的特征表示和模态间关联，从而在多模态任务中展现出更强的理解和生成能力

图6-8

6.4.2 解耦视觉编码

在Janus-Pro模型中，采用了独特的视觉处理技术：解耦视觉编码，具体说明如下。

1. 解耦视觉编码的设计原理

Janus-Pro模型采用了解耦视觉编码的设计，为多模态理解和生成任务分别设计独立的视觉编码路径，以满足两种任务对图像特征表示的不同需求。

2. 多模态理解路径

使用SigLIP编码器提取图像的高维语义特征，这些特征从二维网格展平为一维序列，并通过理解适配器将图像特征映射到大语言模型的输入空间。

3. 视觉生成路径

使用VQ Tokenizer将图像转换为离散ID，这些ID序列展平为一维后，通过生成适配器将每个ID对应的码本嵌入映射到LLM的输入空间。这种处理方式能够更好地捕捉图像的细节信息，以满足视觉生成任务对图像局部细节和全局一致性的关注。

上述解耦模式的设计避免了单一视觉编码器在处理两类任务时因需求差异而产生的冲突，充分发挥了各自编码器的优势，实现了在多模态理解和生成任务中的出色表现。

6.4.3 初始训练策略挑战

Janus-Pro模型的训练策略分为3个阶段：先训练适配器和图像预测头，建立视觉和语言元素间的概念联系；再进行联合预训练，解冻语言模型并利用多种数据学习多模态任务；最后通过监督微调，提升模型遵循指令和对话的能力，增强其在实际应用中的表现。

1. 初始策略：参考 PixArt 方法的两部分训练

（1）第一部分：像素依赖性学习

Janus-Pro模型训练的第一步是进行像素依赖性学习，此阶段专注于训练适配器和图像预测头。模型从ImageNet预训练模型开始，其架构设计与预训练权重兼容，以确保合适的初始化可以显著提高训练效率。目标是使模型能够根据类别名称生成合理的图像，从而实现对像素依赖关系的有效建模。

（2）第二部分：文本—图像对齐学习

在完成像素依赖性学习后，训练进入文本—图像对齐学习阶段，此阶段直接使用常规的文本到图像数据进行训练。通过这种方法，模型能够基于密集的文本描述来生成图像，从而更有效地利用文本到图像数据，提高训练效率和整体性能。

2. 问题与挑战

尽管Janus-Pro模型在初始训练策略中参考了PixArt方法，将训练分为两部分，但在实施过程中遇到了一些问题和挑战。

◎ **计算效率低下：**在第二阶段的训练中，Janus模型按照PixArt的方法将文本到图像的训练分为两部分：第一部分在ImageNet数据集上进行训练，使用图像类别名称作为提示词，目标是建模像素依赖性；第二部分在常规的文本到图像数据上进行训练。然而，这种策略导致计算效率显著下降，因为大部分训练步骤被分配给了第一部分。

◎ **数据利用不充分：**在第二阶段中，过多的训练步骤分配给基于类别名称的像素依赖性建模，而对常规文本到图像数据的利用不足。这导致模型在处理复杂文本描述生成图像时的能力没有得到充分提升。

◎ **训练策略次优：** 通过实验发现，这种分阶段的训练策略是次优的。模型在第一阶段的训练时间不足，导致像素依赖性建模不够充分；而在第二阶段，过多的训练资源被浪费在相对简单的类别名称提示上。

6.4.4 三阶段优化：从预热到精调的训练全流程

在DeepSeek的技术报告中，Janus-Pro模型针对原始Janus模型的3个阶段训练流程进行了显著优化，提升了训练效率和多模态任务性能。

1. 第一阶段：适配器与图像预测头训练

原始Janus模型在第一阶段训练步数较少，导致图像像素依赖关系学习不充分。Janus-Pro模型进行了以下改进。

◎ **延长在ImageNet数据集上的训练步数：** 显著增加在ImageNet数据集上的训练步数，使模型在冻结大语言模型参数的情况下，更充分地学习图像像素依赖关系，提升图像生成质量。

◎ **专注于像素依赖关系学习：** 第一阶段专注于学习图像内部的像素依赖关系，而非复杂文本描述，为后续多模态任务奠定基础。

2. 第二阶段：统一预训练

原始Janus模型在第二阶段的训练中参考了PixArt方法，将文本到图像训练分为两部分，导致计算效率低下且复杂描述处理不稳定。Janus-Pro模型进行了以下优化。

◎ **取消依赖ImageNet数据集分类提示训练：** 去除依赖ImageNet数据集的分类提示训练部分，减少冗余计算开销。

◎ **直接使用常规文本到图像数据训练：** 直接利用常规文本到图像数据进行训练，重点学习根据密集文本描述生成图像，提升训练效率和稳定性。

◎ **提升训练效率与稳定性：** 优化后，模型更高效地利用数据，生成任务稳定性增强，语义对齐能力提升，生成图像质量更高。

3. 第三阶段：监督微调

原始Janus模型的数据比例为：多模态理解数据：纯文本数据：文本到图像数据=7：3：10，性能仍有提升空间。Janus-Pro模型进行了以下调整。

◎ **调整数据比例：** 将数据比例调整为5:1:4，更注重多模态理解任务，同时保持图像生成能力。

◎ **优化任务平衡：** 通过调整数据比例，更好地平衡多模态理解与图像生成任务需求，提升视觉问答、图像分类等任务表现。

◎ **增强综合性能：** 优化后，模型在多模态理解任务中表现更出色，同时图像生成质量保持较高水平，综合性能显著提升。

总之，Janus-Pro模型通过优化各阶段训练策略，延长在ImageNet数据集上的训练步数、取消冗余训练部分、调整数据比例等措施，显著提升了训练效率和多模态任务性能，为多模态模型训练提供了更高效的方法。

第 7 章

DeepSeek的训练过程：从数据到微调的全流程揭秘

DeepSeek的训练过程主要包括数据预处理、预训练、微调和优化等关键阶段。首先，通过大规模数据的收集与清洗，构建高质量的训练语料，并进行分词等预处理步骤；其次，在预训练阶段，DeepSeek采用自回归或自编码架构，基于Transformer等深度学习架构进行大规模无监督学习，以获取通用语言表示；再次，针对特定任务或领域，模型通过监督微调等技术进行了优化，以提升生成质量、增加指令对齐能力；最后，通过本书前面介绍的混合精度训练等技术优化计算效率。

7.1 数据准备与预处理

DeepSeek的数据准备与预处理包括数据收集、清洗和格式化等关键步骤。先从多种来源（如网页、书籍、论文等）收集大规模高质量文本数据，并进行去重、去噪和过滤，以确保数据的纯净性和多样性。然后使用分词、归一化等技术对文本进行结构化处理，为后续模型训练提供标准化的输入。

7.1.1 数据收集与筛选

在DeepSeek的数据收集与筛选过程中，通过构建高质量、多样化的训练语料以提升模型的推理和生成能力，该过程主要包括数据来源选择、数据清洗与筛选等关键步骤。数据收集与筛选的具体说明如图7-1所示。

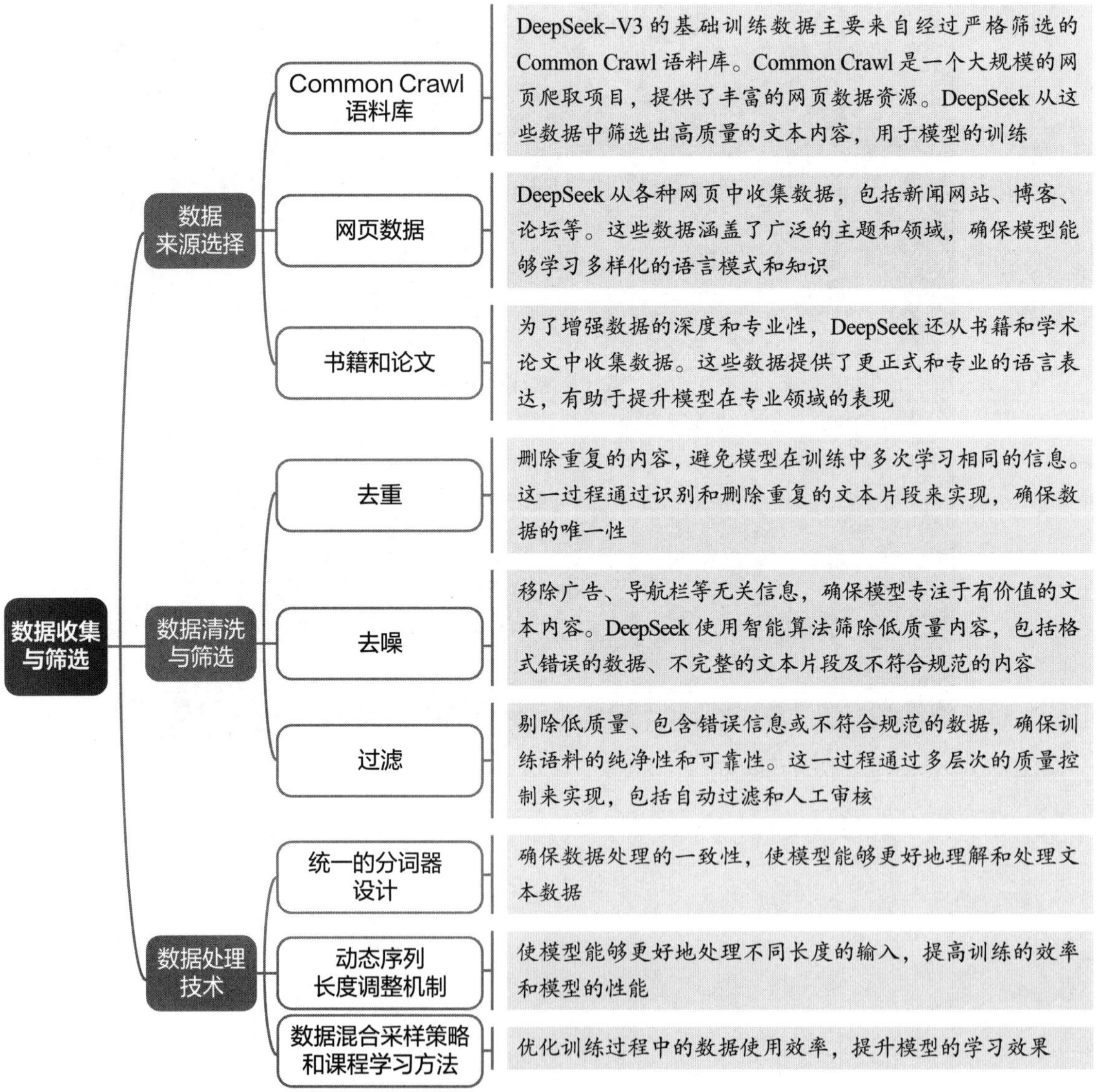

- 数据收集与筛选
  - 数据来源选择
    - Common Crawl语料库：DeepSeek-V3的基础训练数据主要来自经过严格筛选的Common Crawl语料库。Common Crawl是一个大规模的网页爬取项目，提供了丰富的网页数据资源。DeepSeek从这些数据中筛选出高质量的文本内容，用于模型的训练
    - 网页数据：DeepSeek从各种网页中收集数据，包括新闻网站、博客、论坛等。这些数据涵盖了广泛的主题和领域，确保模型能够学习多样化的语言模式和知识
    - 书籍和论文：为了增强数据的深度和专业性，DeepSeek还从书籍和学术论文中收集数据。这些数据提供了更正式和专业的语言表达，有助于提升模型在专业领域的表现
  - 数据清洗与筛选
    - 去重：删除重复的内容，避免模型在训练中多次学习相同的信息。这一过程通过识别和删除重复的文本片段来实现，确保数据的唯一性
    - 去噪：移除广告、导航栏等无关信息，确保模型专注于有价值的文本内容。DeepSeek使用智能算法筛除低质量内容，包括格式错误的数据、不完整的文本片段及不符合规范的内容
    - 过滤：剔除低质量、包含错误信息或不符合规范的数据，确保训练语料的纯净性和可靠性。这一过程通过多层次的质量控制来实现，包括自动过滤和人工审核
  - 数据处理技术
    - 统一的分词器设计：确保数据处理的一致性，使模型能够更好地理解和处理文本数据
    - 动态序列长度调整机制：使模型能够更好地处理不同长度的输入，提高训练的效率和模型的性能
    - 数据混合采样策略和课程学习方法：优化训练过程中的数据使用效率，提升模型的学习效果

图7-1

由此可知，DeepSeek能够在高质量、多样化的数据的基础上进行训练，从而提升在推理、编程和知识处理等方面的性能。

7.1.2 数据清洗与格式化

数据清洗与格式化是数据分析和机器学习中非常重要的步骤，旨在提高数据的质量和可用性，为后续的分析和建模提供可靠的基础。

1. 数据清洗

数据清洗是指对收集到的原始数据进行处理，如去除重复数据、处理缺失值、纠正错误数据等，从而提高数据的准确性和一致性。数据清洗的主要步骤和方法如图 7-2 所示。

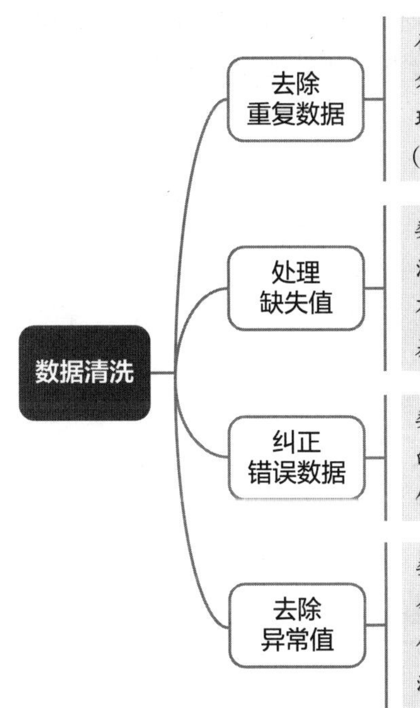

在数据收集过程中，可能会出现重复的数据记录。这些重复数据可能会对分析结果产生偏差，因此需要通过数据清洗来去除。例如，在客户关系管理系统中，如果同一个客户的信息被多次录入，就需要通过比较关键字段（如客户 ID、姓名、联系方式等）来识别并删除重复记录

数据中可能存在缺失值，即某些数据项的值为空或缺失。缺失值的处理方法有多种，如删除含有缺失值的记录、填充缺失值等。填充缺失值的方法有多种，如使用均值、中位数、众数填充，或者使用更复杂的插值方法或基于模型的预测方法来填充缺失值

数据中可能存在错误的数据，如错误的输入、测量误差等。纠正错误数据的方法包括检查数据的一致性和合理性，使用数据验证规则来检测和纠正错误数据，或者使用机器学习算法来自动检测和纠正错误数据

数据中可能存在异常值，即与大部分数据明显不同的极端值。异常值可能会对分析结果产生很大的影响，因此需要通过数据清洗来去除或调整异常值。去除异常值的方法包括使用统计学方法（如箱线图、标准差等）来检测和去除异常值，或者使用机器学习算法来自动检测和去除异常值

图 7-2

2. 数据格式化

数据格式化是指将数据转换为统一的格式和结构，以便于后续的分析和处理。以下是数据格式化的主要步骤和方法。

◎ **统一日期格式：** 日期数据通常有多种格式，如“YYYY-MM-DD”“MM/DD/YYYY”等。为了便于分析和比较，需要将日期数据格式统一，如“YYYY-MM-DD”。

◎ **统一数值格式：** 数值数据可能有不同的格式，如整数、小数、科学记数法等。为了便于分析和比较，需要将数值数据格式统一，如小数点后保留两位小数。

◎ **统一文本格式：** 文本数据可能有不同的格式，如大小写、空格、标点符号等。为了便于分析和比较，需要将文本数据格式统一，如全部转换为小写、去除多余的空格和标点符号等。

◎ **数据类型转换：** 数据可能有不同的类型，如数值型、字符型、日期型等。为了便于分析和处理，需要将数据转换为合适的类型，如将字符型的日期数据转换为日期型数据，将字符型的数值数据转换为数值型数据等。

7.1.3 数据增强策略

在深度学习领域，数据增强策略是提升模型性能和泛化能力的关键技术。这些策略通过增加训练数据的多样性，帮助模型更好地理解和处理不同的输入。

1. 数据增强策略介绍

数据增强是指对数据进行不同方向的扰动处理，或使用深度学习模型在原始数据的潜在空间中生成新数据点，从而扩充数据集。数据增强通过创建现有数据的多种变体来丰富数据集，为模型训练提供更大的数据量，使模型能够学习更多不同的特征。这有助于模型更好地归纳未见过的数据，提高其在现实环境中的整体性能。常用的数据增强方法如下。

◎ **几何变换：** 对图像进行翻转、旋转、缩放、平移等操作。

◎ **颜色变换：** 调整亮度、对比度、饱和度，或进行颜色抖动。

◎ **噪声添加：** 在数据中加入随机噪声，增强模型的鲁棒性。

◎ **合成数据：** 使用生成对抗网络等技术生成新的数据样本。

这些方法旨在提高模型对不同输入的适应能力，减少过拟合。

2. DeepSeek 的数据增强策略

在训练DeepSeek的过程中，数据增强策略被广泛应用，以提升模型的推理能力和生成质量。具体而言，DeepSeek采用的数据增强策略如图7-3所示。

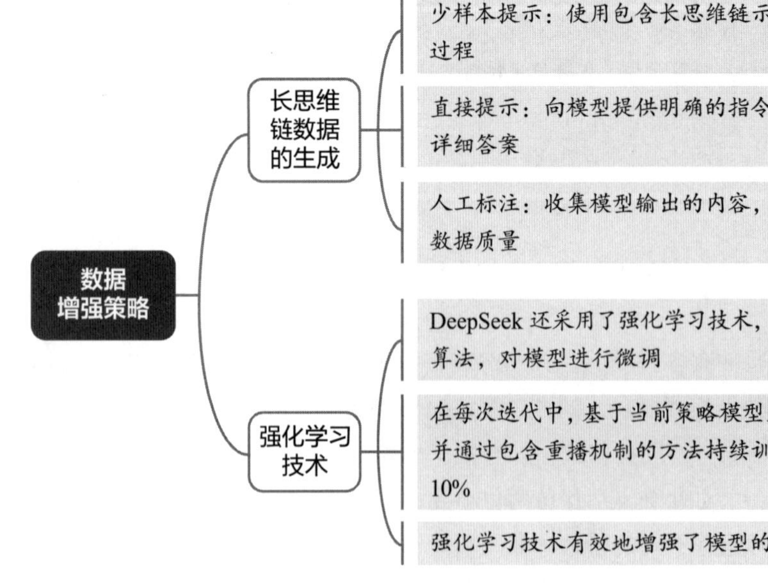

图7-3

通过上述方法，DeepSeek在训练过程中逐步学习并内化了复杂的推理过程，从而在推理任务中取得了优异的表现。同时，综合应用数据增强策略，使DeepSeek在推理、编程和知识处理等方面均展现出卓越的性能。

7.2 基础训练：从无到有

基础训练是深度学习模型从无到有的关键阶段，主要包括模型初始参数设定、大规模预训练过程，以及应对训练难点的解决方案。

7.2.1 模型初始参数设定

在模型训练过程中，初始参数设定是一个关键步骤，它对模型的训练速度和最终性能有着重要影响。在实际应用中，常见的初始参数设定方法和注意事项如下。

◎ **零初始化：** 将所有参数设置为零。这种方法虽然简单，但很少使用，因为它会导致对称权重更新，使得神经元学习相同的特征。

◎ **随机初始化：** 将权重和偏置从某个随机分布中抽取，常见的分布有均匀分布或正态分布。随机初始化有助于打破对称性，使得不同的神经元可以学习不同的特征。

◎ **小随机初始化：** 将权重初始化为非常小的随机数，这有助于防止梯度消失或梯度爆炸问题，特别是在深层网络中。

◎ **Xavier初始化：** 适用于Sigmoid或Tanh激活函数，通过控制方差，可以使信号在前向传播与反向传播中尽量保持相同的量级，缓解梯度消失问题。

◎ **He初始化：** 适用于ReLU系列激活函数，可将权重元素随机采样自均值为0、方差为2/n_in的分布，通常能在深层网络中更好地缓解梯度消失问题。

关于模型的初始参数设定，DeepSeek官方进行了如下推荐。

◎ **不要使用系统提示词：** DeepSeek-R1被设计为不需要系统提示词，所有指令都应直接包含在用户提出的问题中，这样更有助于模型准确理解用户意图，与官方平台的prompt处理方式保持一致。

◎ **温度参数设置为0.6：** 温度参数直接影响模型输出的随机性和创造性。官方推荐将此参数设置为0.6，这可以在输出结果的创造性和连贯性之间取得理想的平衡，确保本地部署模型的输出风格与官方平台一致。

◎ **优化搜索和文件上传的提示词：** DeepSeek官方分享了用于搜索和文件上传的提示词模板。对于文件上传，建议用户按照模板创建提示，其中包含{file_name}、{file_content}和{question}等参数；而对于网页搜索，则建议使用包含{search_results}、{cur_data}和{question}等参数的模板。

◎ **应对模型的思维绕过：** 为了解决模型在一些查询中输出空白或无效响应的问题，DeepSeek建议强制在每个响应开头引入特定的标记，以保证模型推理的完整性。

目前，DeepSeek官方强调其官方部署的版本跟开源版本模型完全一致，但具体的初始参数设定细节尚未明确公开。

7.2.2 大规模预训练过程

DeepSeek的大规模预训练过程主要包括以下几个关键阶段和步骤。

1. 预训练阶段

◎ **数据准备：** DeepSeek使用了大规模的高质量数据集进行预训练。例如，DeepSeek-V3使用了14.8万亿个高质量且多样化的Token进行预训练。这些数据主要来自Common Crawl语料库，以及其他来源，如网页、书籍、论文等，以确保数据的广泛性和代表性。

◎ **模型架构：** DeepSeek-V3是一款强大的MoE大模型，总参数量达到671B，每个Token激活37B个参数。为了实现高效的推理和经济的训练成本，DeepSeek-V3采用了多头潜在注意力（MLA）机制和DeepSeekMoE架构。

◎ **训练方法：** 在预训练阶段，DeepSeek使用自监督学习方法，如掩码语言模型（MLM）或自回归生成（如预测下一个词）。模型通过预测被掩盖的词或生成后续文本，学习词法、句法、语义及知识关联。

◎ **训练参数设置：** 常用的优化器是Adam优化器，损失函数通常使用交叉熵损失，评估指标包括准确率、召回率等。超参数包括学习率、批次大小、迭代次数等。

2. 上下文长度扩展

DeepSeek通过特定的技术手段扩展了模型的上下文长度。例如，DeepSeek-V3通过优化模型架构和训练策略，将上下文长度从4K扩展到128K，从而能够处理更长的文本序列。

3. 监督微调阶段

◎ **目标：** 让模型适应特定任务或遵循指令。

◎ **数据准备：** 使用少量高质量的人工标注数据，如问答对、指令响应对。

◎ **训练方法：** 通过监督学习对预训练模型进行微调，模型学会理解任务格式、遵循指令。

4. 奖励建模阶段

◎ **目标：** 训练一个能模拟人类偏好的奖励模型（RM），为后续强化学习提供评估信号。

◎ **数据收集：** 人工标注员对同一输入的不同模型输出进行排序，形成偏好数据集。

◎ **训练方法：** 利用SFT模型生成的候选输出及对应的人工排序数据构建训练样本，通过对比学习或排序损失函数训练奖励模型，能够根据输入自动预测和区分不同输出之间的人类偏好。

5. 基于强化学习的优化阶段

◎ **目标：** 让模型生成更符合人类偏好的内容。

◎ **训练方法：** 通过应用强化学习算法，如近端策略优化（Proximal Policy Optimization，PPO），利用奖励模型生成的奖励信号作为反馈，对SFT模型的策略进行微调，从而使模型生成的内容更符合人类偏好。

◎ **流程：**输入提示词生成多个候选响应，RM 为每个响应打分，通过 PPO 更新模型参数，最大化奖励信号的期望值。

通过以上大规模预训练过程，DeepSeek 能够学习到丰富的语言知识和模式，具备强大的语言理解和生成能力，并在多种任务中表现出色。

7.2.3 应对训练难点的解决方案

在训练 DeepSeek 的过程中，DeepSeek 团队面临多项挑战，并有针对性地提出了解决方案，具体说明如下。

1. 深度模型的训练难题

◎ **问题：**随着模型层数的增加，深层网络可能出现训练不足，导致收敛速度变慢甚至无法收敛。

◎ **解决方案：**DeepSeek 引入了层归一化缩放（LayerNorm Scaling）技术，通过对每一层的输出进行精细缩放，确保深层网络的稳定训练。

2. 后训练阶段的奖励定义与数据质量

◎ **问题：**在强化学习阶段，如何定义有效的奖励函数及获取高质量的专业问答和思维链数据是关键挑战。

◎ **解决方案：**DeepSeek 团队通过人工标注和合成数据相结合的方法，确保训练数据的质量和多样性，从而提升模型的推理能力。

3. 训练资源与成本优化

◎ **问题：**训练超大规模模型需要巨大的计算资源和成本。

◎ **解决方案：**DeepSeek 采用 MoE 架构，实现“用空间换时间”的策略，显著降低了训练成本。例如，DeepSeek-V3 的训练成本约为 557.6 万美元，使用了 2 048 个 NVIDIA H800 GPU 集群，训练成本较同等规模的模型大幅降低。

通过以上解决方案，DeepSeek 团队成功克服了模型训练中的多项挑战，提升了模型的性能并有效控制了训练成本。

7.3 微调与优化：提升性能

微调是指在预训练模型的基础上，针对特定任务对模型参数进行进一步调整，以提升其在新任务上的性能。优化则是通过调整模型的参数，使其在训练数据上达到损失函数的最小值，从而提高模型的准确性和泛化能力。在深度学习中，微调和优化相结合，可以有效地利用预训练模型的知识，加速训练过程，并提高模型在特定任务上的表现。

7.3.1 监督微调方法

在深度学习模型的训练过程中，监督微调是一个关键步骤，它旨在提升模型的指令遵循能力和回答的准确性。

1. 监督微调基础

在预训练模型的基础上，监督微调通过利用高质量的标注数据进行进一步训练，可以使模型更好地适应特定任务或领域。监督微调的基本信息如图7-4所示。

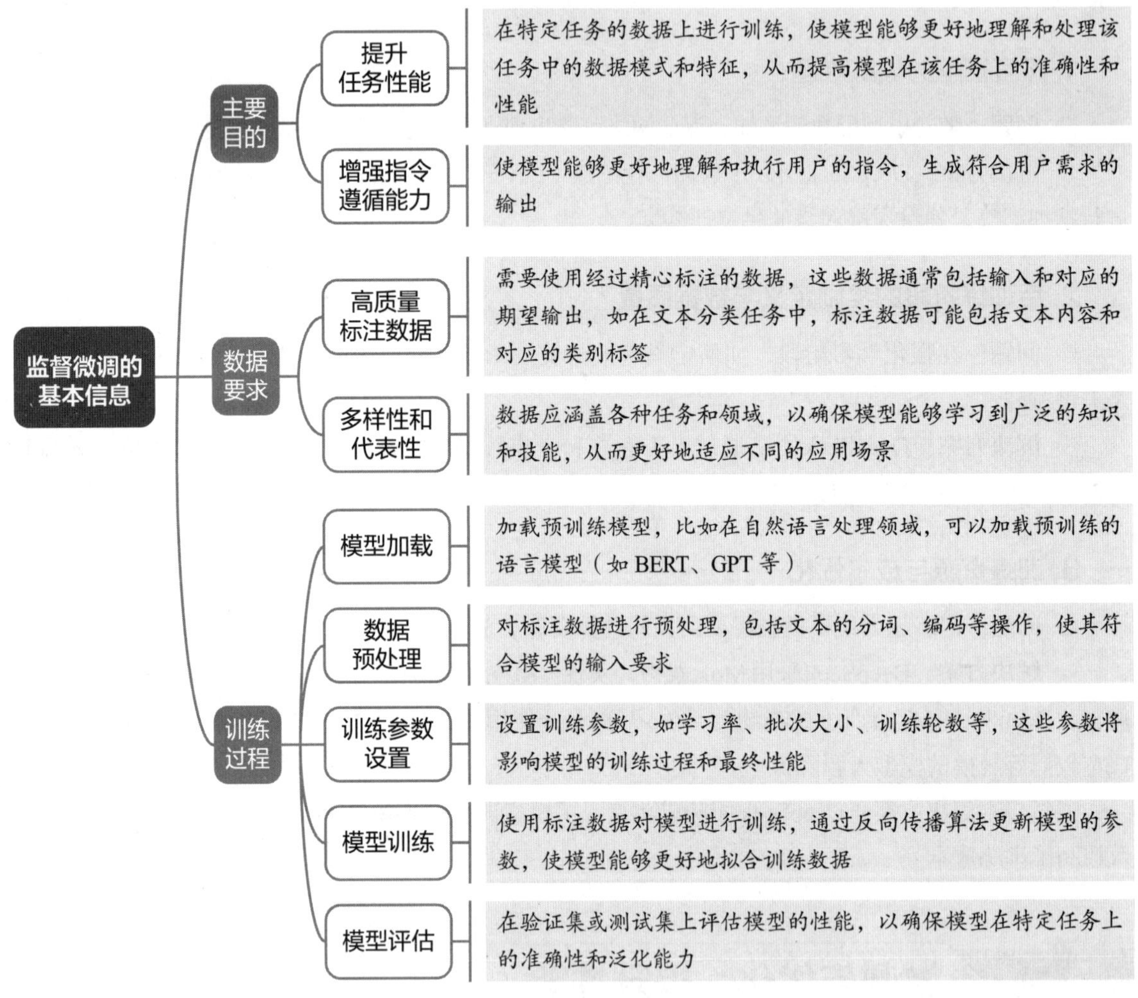

图7-4

2. DeepSeek中的监督微调方法

在训练DeepSeek的过程中，监督微调方法被广泛应用。具体而言，DeepSeek团队首先在预训练模型上进行监督微调，使模型能够更好地理解和执行指令，提高回答问题的准确性。这一阶段的训练数据通常包括精心挑选的示例数据，涵盖各种任务和领域。通过运用监督微调，模型的基础能力得到强化，为后续的强化学习阶段奠定了坚实基础。

（1）多阶段训练方法

◎ **DeepSeek-R1：**采用了多阶段训练方法，先在一小组精心挑选的示例数据上进行监督微调，然后进入强化学习阶段。这种训练策略有效地提升了模型的推理能力和在特定任务上的表现。

◎ **DeepSeek-R1-Zero：**DeepSeek 团队尝试跳过监督微调阶段，直接从预训练模型通过强化学习生成可用模型。这种方法降低了对高质量标注数据的依赖，简化了训练流程，同时节约了监督微调阶段的成本。

（2）LoRA 技术

为了降低训练成本，DeepSeek 还采用了 LoRA 技术进行监督微调。通过 LoRA 优化，DeepSeek-V3/R1 671B 个参数模型的监督微调硬件要求大幅降低，最低可在 24 个 H100/H800 GPU 上完成训练。这使得高性能模型的训练变得更加经济高效。

综上所述，DeepSeek 在模型训练中充分利用了监督微调方法，通过高质量的标注数据和先进的训练技术，提升了模型的指令遵循能力和任务表现。同时，DeepSeek 团队在不同版本的模型训练中探索了多种策略，以平衡训练成本和模型性能。

7.3.2 强化学习在微调中的应用

强化学习是一种机器学习方法，通过智能体与环境的交互来学习最优决策策略。在模型微调中，强化学习的应用主要体现在以下几个方面。

◎ **目标：**提升模型在特定任务上的性能，尤其是需要推理和决策的任务。通过强化学习，模型可以学习到如何生成更符合人类预期的输出，提高回答的准确性和逻辑性。

◎ **过程：**模型在给定输入的情况下生成多个输出，这些输出会根据一定的标准（如准确性、逻辑一致性、清晰度等）进行评估，并获得相应的奖励。然后，模型通过强化学习算法进行训练，以最大化预期奖励，从而优化输出质量。

DeepSeek 在微调阶段充分利用了强化学习技术，特别是在 DeepSeek-R1 的训练中，DeepSeek 团队采用了强化学习策略，以提升模型的推理能力。具体而言，DeepSeek-R1 在预训练模型的基础上，直接应用强化学习进行微调，跳过了传统的监督微调步骤。这一创新方法通过奖励机制引导模型生成更高质量的输出，显著提升了模型的性能。

在强化学习阶段，DeepSeek-R1 采用了 GRPO 算法，优化了策略更新过程，确保训练的稳定性和高效性。GRPO 算法通过组内相对奖励来估计优势函数，摒弃了价值网络，显著减少了计算和存储需求。DeepSeek-R1 中的强化学习步骤如图 7-5 所示。

值得注意的是，DeepSeek 团队的这一方法引发了全球范围的关注和复现热潮。例如，加州大学伯克利分校和香港科技大学等研究团队成功复现了仅通过强化学习进行微调的 DeepSeek，验证了这一策略的有效性和经济性。

总之，通过在微调过程中引入强化学习，DeepSeek 实现了在特定任务上的性能提升，同时降低了对大规模标注数据的依赖，为大语言模型的训练提供了新的思路。

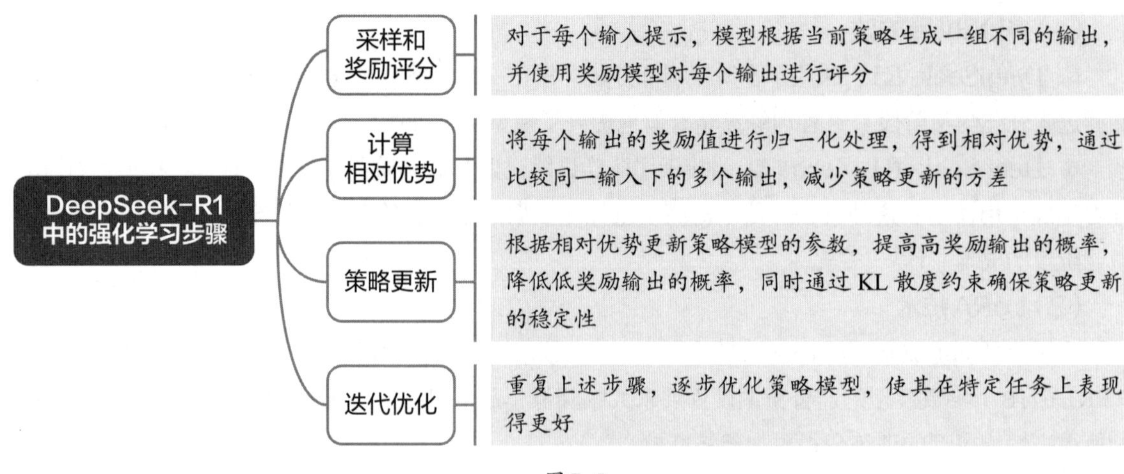

图 7-5

7.3.3 性能评估与迭代优化

在模型的开发过程中，性能评估与迭代优化是确保模型有效性和实用性的关键步骤。

1. 性能评估

模型的性能评估通常涉及多个指标，包括准确率、召回率、F1分数、困惑度等。准确率和召回率用于衡量模型在分类任务中的表现；F1分数则是准确率和召回率的调和平均数；困惑度主要用于评估语言模型的性能，数值越低表示模型对文本的预测越准确。此外，对于一些特定任务，还可能需要使用其他特定的指标，如BLEU分数用于评估机器翻译模型的性能。

2. 迭代优化

模型的迭代优化是一个持续的过程，旨在不断提高模型的性能和泛化能力。这通常包括以下几个方面。

◎ **数据增强：** 通过数据增强技术，如图像随机旋转、翻转、缩放等，扩充训练数据集，增加数据的多样性，从而提高模型的泛化能力。

◎ **超参数调优：** 调整模型的超参数，如学习率、批次大小、正则化参数等，以找到最佳的模型配置，提高模型的性能。

◎ **模型结构调整：** 根据模型在训练和验证过程中的表现，对模型的结构进行调整，如增加或减少层数、改变神经元数量等，以提高模型的表达能力和性能。

◎ **持续训练：** 使用新的数据或更长时间的训练来进一步优化模型，使其能够更好地适应不断变化的数据分布和任务需求。

3. DeepSeek 中的性能评估与迭代优化

DeepSeek的性能评估主要通过与其他模型的对比测试来进行。例如，在MATH-500任务中，DeepSeek-R1模型达到了97.3%的pass@1分数，超越了GPT-4和Claude-3-100k等模型。在Codeforces任务上，DeepSeek-R1模型超越了96.3%的人类选手，展现了其在编程任务上的强大能力。

此外，DeepSeek在推理速度和生成速度上也表现出色，但在首Token延迟和可用性方面仍有待提高。

注意：pass@1 分数是一种常用的评测指标，通常用于评估模型在生成任务（如代码生成、数学问题求解等）中的表现。它表示模型对于每个问题仅给出一个答案（即首选答案）时，正确通过所有测试或满足要求的比例。换句话说，如果模型每个问题只输出一个解答，pass@1 分数就是这些解答中正确解决问题的百分比。

DeepSeek的迭代优化主要体现在以下几个方面。

◎ **强化学习策略：**DeepSeek-R1模型在预训练模型的基础上，直接应用强化学习进行微调，跳过了传统的监督微调步骤。通过奖励机制引导模型生成更高质量的输出，显著提升了模型的性能。此外，DeepSeek还采用了GRPO算法，优化了策略更新过程，确保训练的稳定性和高效性。

◎ **模型迭代加速策略：**DeepSeek通过优化模型开发、训练、验证和部署的各个环节，缩短模型的迭代周期。例如，使用预训练模型作为基础，减少从零开始训练的时间；利用自动化机器学习工具自动选择模型架构和超参数；采用分布式训练和并行计算加速大规模模型的训练等。

◎ **持续学习和版本管理：**DeepSeek通过持续学习和版本管理，快速迭代模型以适应新需求。使用持续集成/持续部署（CI/CD）工具实现自动化迭代，结合在线学习技术动态更新模型，使其能够更好地适应不断变化的数据分布和任务需求。

总之，通过上述性能评估与迭代优化策略，DeepSeek团队成功开发出了高性能的模型。DeepSeek-V3在多个任务上表现出色，体现了DeepSeek团队在大模型开发领域的突出地位。

DeepSeek的训练优化与成本控制：效率与经济性的双重探索

DeepSeek通过多种技术手段实现了训练优化与成本控制。在模型架构上，采用稀疏激活机制的MoE架构，仅激活部分参数，降低计算需求。在模型的训练过程中，实施负载均衡，以及通信、内存和计算等多方面的优化，提高训练效率。此外，DeepSeek最大限度地避免硬件资源的浪费，确保每项计算任务都能在最适合的设备上执行。这些措施使得DeepSeek-V3的训练成本控制在557.6万美元左右（这一数据来源于DeepSeek官方的技术报告），显著降低了使用成本。

8.1 数据规模、训练策略与低成本秘诀

DeepSeek在预训练阶段处理了上万亿级别的多样化高质量数据，为模型构建了坚实的知识基础。其训练策略融合了稀疏激活机制的MoE架构、强化学习和监督微调等多种先进技术，实现了高效的分布式训练和策略优化。

8.1.1 数据规模对性能的影响

随着模型参数规模的增加，数据规模对模型性能的影响也越发重要。研究表明，模型的大小和训练数据量应当成比例地增长，以达到计算效率的最优。例如，DeepMind在Chinchilla模型的实验中发现，适量增加训练数据可以显著提升模型的表现，即使模型参数数量相对较小。Chinchilla使用了1.4万亿个Token进行训练，在许多任务中优于更大参数量的模型，如Gopher、GPT-3和Megatron-Turing NLG。通过对比不同模型在相同计算资源下的表现，研究还揭示了存在一个最佳的数据规模与模型大小的匹配比例，超出该比例并不会进一步提升性能。

DeepSeek的性能在很大程度上得益于其大规模的训练数据，具体说明如下。

◎ **数据规模与模型性能的关系：**大规模的训练数据为模型提供了丰富的语言知识和模式，使模型能够更好地理解和生成自然语言。例如，DeepSeek-V3通过14.8万亿个Token的预训练，显著提升了其在多项基准测试中的表现。这种大规模的训练数据使模型在处理复杂的语言任务时具有更强的能力。

◎ **具体任务中的表现：**在数学推理任务中，DeepSeek-R1通过大规模数据的训练，显著提升了推理能力。例如，在AIME 2024基准测试中，DeepSeek-R1的平均pass@1分数达到了71.0%，这表明大规模的训练数据对于提升模型在数学推理任务中的性能具有重要作用。此外，在代码生成任务中，DeepSeek-R1生成的代码可运行率达到85%，正确率达到70%，这也得益于大规模数据的训练。

◎ **数据多样性和质量：**DeepSeek的训练数据不仅规模庞大，而且具有高度的多样性和质量。例如，与前代模型相比，DeepSeek-V3在预训练阶段采用了更为庞大的语料库，在数据构建方面有了显著改进，尤其是在数学和编程相关数据的占比上，显著提升了模型在相关基准测试中的表现。这种高质量且多样化的数据训练使模型能够更好地适应不同的任务和场景。

8.1.2 高效训练策略解析

DeepSeek在训练过程中采用了多种高效策略，这些策略不仅提升了训练效率，还显著提高了模型的性能。

1. 多令牌预测

多令牌预测（MTP）技术是DeepSeek的核心优化策略之一，具体说明如下。

◎ **MTP技术在训练中的优化策略：** MTP技术通过同时预测多个Token，显著提升了训练阶段的数据利用率和模型收敛速度。与传统的单令牌预测（STP）技术相比，MTP技术能够在相同数据量的情况下，学习到更丰富的语言模式和语义信息，从而加速模型的训练过程。

◎ **数据利用率的提升：** MTP技术通过一次预测多个Token，使得模型能够更高效地利用训练数据。在相同的数据量下，MTP技术能够覆盖更多的上下文信息，从而减少训练所需的迭代次数，提高训练效率。

◎ **参数共享与优化：** MTP技术通过共享嵌入层和输出头，减少了模型参数的冗余，同时确保了不同预测任务之间参数的一致性。这种共享机制不仅降低了计算复杂度，还使得模型能够更高效地更新参数，加速收敛。

2. 并行策略

在DeepSeek-V3的训练中，大量使用了专家并行（EP），不再使用张量并行（TP）。

在MoE大模型训练中，需要将训练数据按照数据类型或特征分配给最合适的专家模型进行处理，此时常用到以下两种数据路由方案。

◎ **All to All通信方案：** 优势是显存开销小，劣势是通信效率较低。

◎ **基于Magetron实现的全规约（All Reduce）和规约发散（Reduce Scatter）通信方案：** 优势是通信效率较高，劣势是显存开销比较大。

在DeepSeek-V3的实际训练中，选择了All to All（即允许每个进程向所有其他进程发送数据，同时从所有其他进程接收数据）的通信方案，并采用了众多通信优化手段，如限制路由范围和网络拓扑优化等，以解决All to All在通信效率方面存在的问题。

3. 知识蒸馏

知识蒸馏是一种模型压缩技术，通过训练一个较小的学生模型来模仿一个较大的教师模型，从而在保持较高性能的同时减少模型的复杂度和计算量。

◎ **实现方案：** 在DeepSeek中，知识蒸馏技术的实现包括温度参数的设置、训练数据的选择和预处理等。在蒸馏初期，通常会设置较高的温度参数，如T=20，使教师模型输出的概率分布更加平滑，学生模型能够学习到类别之间的复杂关联和细微差别。随着训练的进行，逐渐降低温度参数，如将T调整为1，低温使学生模型的输出逐渐接近硬标签，更加关注最可能的类别，提高模型的准确性。训练数据的选择和预处理也不容忽视。DeepSeek利用教师模型生成或优化数据，通过数据增强、伪标签生成和优化数据分布等方法，提高数据的质量和多样性。在预处理阶段，对数据进行归一化、标准化等操作，以确保数据的一致性和稳定性，有利于模型的训练和收敛。

4. 弱到强方法

弱到强方法是一种训练策略，通过从较弱的监督信号逐渐过渡到较强的监督信号，使模型能够在不同的监督条件下不断调整和优化自身的参数。

◎ **实现方案：** 在训练初期，DeepSeek采用较弱的监督信号进行训练，主要关注学习基础特征和模式。随着训练的深入，DeepSeek团队逐渐增加监督信号的强度，使模型能够在不同的监督条件下不断调整和优化自身的参数。例如，在处理长文本生成任务时，模型会自动降低学习率，以确保生成内容的连贯性和一致性；而在处理短文本分类任务时，则会适当提高学习率，以加快推理速度并提高准确性。此外，DeepSeek还引入了自适应学习率调整机制，根据当前的监督信号强度和数据特点，动态调整学习率，以达到最佳的训练效果。

5. 数据策略

数据策略是指在模型训练过程中，通过优化数据的选择、预处理和增强等方法，提高数据的质量和多样性，从而提升模型的训练效果。

◎ **实现方案：** DeepSeek利用创新的数据蒸馏技术，有针对性地筛除低质量数据，训练效率相比随机采样提升了3.2倍，有效保证了模型的训练质量。

总之，通过上述策略，DeepSeek在训练效率和成本控制方面取得了显著成效。

8.1.3 低成本计算资源利用方法

DeepSeek在训练过程中采用了多种高效策略来降低计算资源的需求和成本，以下是其低成本计算资源利用方法的详细解析。

1. 硬件加速的高效利用

◎ **深度整合与优化：** DeepSeek对硬件资源进行了深度整合和优化，能够充分发挥GPU和TPU等硬件加速器的性能。通过创新的硬件抽象层，实现了多种硬件平台的无缝对接，允许用户根据预算灵活选择硬件配置，无须担心性能瓶颈。

◎ **动态任务分配：** 在训练过程中，DeepSeek能够动态分配任务到各个硬件单元，最大限度地避免硬件资源浪费，确保每项计算任务都能在最适合的设备上执行。这不仅降低了硬件投入成本，还通过提升硬件使用率缩短了训练周期，进一步减少了总体成本。

2. 分布式训练的优化

DeepSeek优化了分布式训练框架，显著提升了训练过程中的通信效率，降低了节点间的协同成本。通过智能调度算法，实时监控每个节点的计算负载和通信需求，并动态调整任务分配，充分利用每个计算节点的资源，有效减少网络带宽消耗，提升整体训练效率，降低通信成本。

3. 混合精度训练

DeepSeek支持混合精度训练，根据模型需求选择较低精度的计算方式（如FP16代替FP32），显著减少内存消耗，提升计算速度。尽管采用低精度计算，DeepSeek仍通过智能调节和模型精度修正技术确保训练结果的准确性，使用户在资源有限的情况下也能训练出高性能的大型模型。

4. 模型架构优化

DeepSeek采用MoE架构，将模型分解为多个专家模型和一个门控网络，每个专家模型只需处理一部分数据分布，用相对较少的参数达到与大型单一模型相似的性能。在NLP任务中，使用MoE架构可显著减少模型参数数量，降低训练和推理时的内存占用和计算量，从而减少计算资源的需求和成本。

5. 训练流程优化

DeepSeek团队尝试完全跳过监督微调步骤，推出了DeepSeek-R1-Zero版本，仅依赖强化学习技术进行训练。虽然初期计算开销较高，但通过添加少量冷启动数据，可以显著提升训练稳定性和模型推理能力，从而降低训练成本。

MTP技术使模型在训练过程中能够学习到更多的信息，提高了数据的利用效率，从而在相同计算资源下实现更好的训练效果。

通过以上多种高效策略，DeepSeek能够在有限的计算资源下实现高性能的训练，显著降低了训练成本，为大规模深度学习模型的训练提供了低成本的解决方案。

8.2 链式思考与可解释推理：DeepSeek 的独到之处

链式思考是一种提升大语言模型推理能力的技术，通过将复杂问题分解为一系列逻辑步骤，使模型逐步推导出答案，从而提高回答的准确性和可解释性。DeepSeek在推理过程中采用链式思考策略，鼓励模型生成中间推理步骤，而非直接给出答案。这种方法使得DeepSeek的推理过程更加透明，用户可以清晰地理解模型如何得出结论，增强了对模型输出的信任度。

8.2.1 链式思考原理与实现

链式思考是一种改进的提示工程技术，旨在提升大模型在复杂推理任务上的表现。其核心思想是将问题分解为多个逻辑步骤，让模型在生成答案时能够清晰地展示推理过程，而不是直接给出最终答案。

1. 原理

◎ **逐步推理：**链式思考通过要求模型在输出最终答案之前，显式输出中间逐步的推理步骤。这种方法让模型逐步将一个复杂问题分解为多个子问题，并依次进行求解，从而显著提升模型的性能。

◎ **提高推理能力：**通过逐步推理，模型能够更好地处理复杂任务，提高解决问题的准确性。例如，在数学推理任务中，模型可以通过链式思考逐步推导出最终答案，而不是直接给出答案。

◎ **提高生成质量：**生成的答案更加连贯且具有逻辑性，方便用户了解模型的思考过程，提高了大模型推理的可解释性。

2. 实现方法

◎ **提示工程：** 在提示中明确要求模型逐步推理，或者通过提供示例来展示如何分解问题。例如，可以使用以下提示："请逐步推理，解决这个问题：……"

◎ **示例提供：** 提供包含问题、推理过程与答案的示例，帮助模型更好地理解如何进行链式思考。示例可以是少样本的，即提供少量的示例来引导模型。

◎ **强化学习：** 通过强化学习，驱动模型生成更长、更复杂的思维链。这种方法可以引导模型在训练过程中不断优化推理能力。

3. 优势

◎ **提高推理能力：** 链式思考显著提升了模型在复杂推理任务上的性能，使模型能够更好地处理复杂问题。

◎ **提高可解释性：** 通过显式输出中间推理步骤，链式思考提高了模型推理的可解释性，方便用户理解和验证。

◎ **灵活应用：** 链式思考可以应用于多种任务和领域，具有广泛的适用性。

4. DeepSeek 中链式思考的应用

通过链式思考，DeepSeek能够更好地处理复杂推理任务，提升推理能力和可解释性。例如，在解决数学证明题时，DeepSeek会将推理任务视为一系列决策过程，每一步推理都基于之前的结果和当前的状态，选择最优的推理路径。通过强化学习，模型会根据每一步的贡献获得奖励信号，从而不断调整推理策略，学会如何高效地完成复杂的证明任务。

此外，DeepSeek还通过链式思考技术，将复杂的逻辑推理任务分解为一系列有序的中间步骤，就像人类思考问题时会逐步推导一样。例如，在回答"如何优化城市交通拥堵状况"这样复杂的问题时，DeepSeek会先思考交通拥堵的原因，如车流量大、道路规划不合理、交通信号灯设置不科学等；接着针对每个原因提出解决方案，如限制车辆出行、优化道路布局、调整信号灯时长等；最后整合这些方案，形成完整的优化策略。

总之，通过链式思考，DeepSeek不仅提升了推理能力，还提高了可解释性，使模型的决策过程更加透明和可信。这在实际应用中，如医疗诊断、金融风险评估等领域，具有重要的意义，能够帮助用户更好地理解和信任模型的决策。

8.2.2　可解释推理机制的技术亮点

可解释推理机制旨在提升人工智能模型的决策透明度和可理解性，使模型的推理过程更加清晰和可信。图 8-1 展示了可解释推理机制的技术亮点。

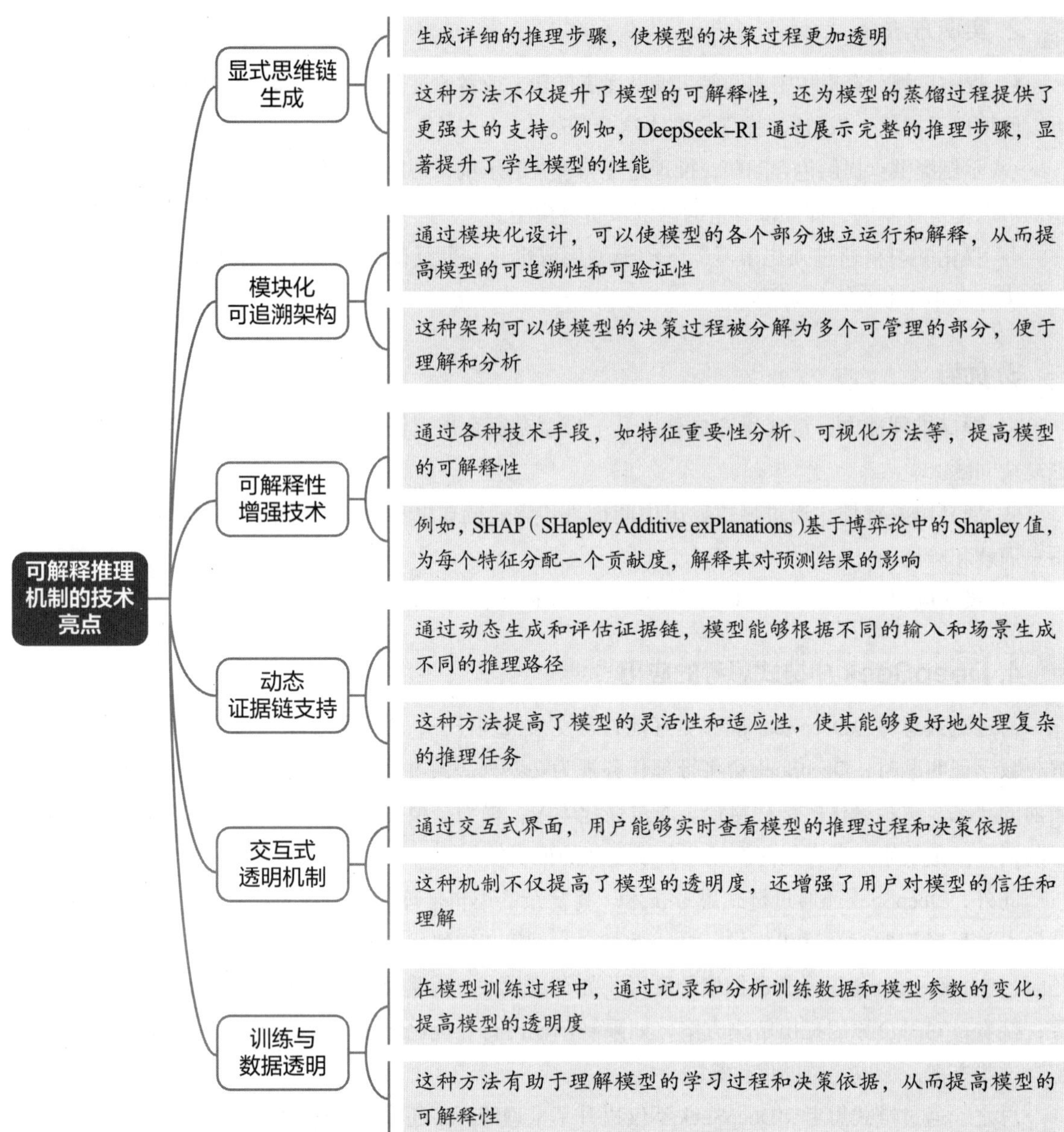

图 8-1

总之，可解释推理机制通过多种技术手段，显著提升了人工智能模型的决策透明度和可理解性。这些技术不仅提高了模型的性能和可靠性，还增强了用户对模型的信任和理解，为人工智能的广泛应用提供了有力支持。

8.3 开源策略：如何用开放共享降低壁垒

DeepSeek团队采取了积极的开源策略，旨在推动AI技术的普及和发展。2025年2月，DeepSeek团队宣布将逐步开源5个代码库，全面拥抱开源理念，促进全球AI开发者社区的协同合作，并激发创新活力。

8.3.1 DeepSeek 开源项目简介

目前，DeepSeek在GitHub中的开源项目如下。

（1）**DeepSeek-VL2**：基于MoE架构的多模态大模型，支持高级视觉—语言理解。

（2）**awesome-deepseek-integration**：DeepSeek的应用集成示例库，提供了API调用、微调、部署的代码示例，包含常见框架（如LangChain、Hugging Face）的整合案例。

（3）**DeepSeek-V3**：第三代通用大语言模型，平衡性能与推理效率。

（4）**DeepSeek-R1**：强化学习驱动的AI智能体框架，支持多工具调用与环境交互。

（5）**Janus**：统一多模态理解与生成的基座模型，支持任意模态输入到任意模态输出。

（6）**DeepSeek-V2**：高效经济的MoE架构，在通用NLP任务中接近GPT-4的水平。

（7）**DeepSeek-Coder-V2**：代码智能模型，支持300多种编程语言与复杂代码推理。

（8）**ESFT（Expert Specialized Fine-Tuning）**：专家专用微调框架，针对垂直领域的小样本高效微调。

（9）**DreamCraft3D**：基于扩散模型的3D内容生成工具，可以从单张图像生成高质量3D网格。

（10）**DeepSeek-Prover-V1.5**：数学定理自动证明模型，支持形式化验证与自然语言推理。

（11）**DeepSeek-Coder**：初代代码生成模型，支持主流编程语言。

（12）**DeepSeek-VL**：第一代视觉—语言多模态模型，支持图像描述、视觉定位、跨模态检索。

（13）**DeepSeek-Math**：数学推理专用语言模型，覆盖了从小学数学到高等数学的解题能力。

（14）**awesome-deepseek-coder**：DeepSeek-Coder生态资源合集，集成了第三方插件、教程、微调指南等。

（15）**DeepSeek LLM**：初代通用大语言模型（7B/13B/67B），中英双语优化，支持知识密集型任务。

（16）**DeepSeekMoE**：高效MoE架构，提升了模型的性能和效率。

（17）**3FS（Fire-Flyer File System）**：一款高性能的分布式文件系统，专为AI训练和推理工作负载设计。它能够充分利用现代固态硬盘（SSD）和远程直接内存访问（RDMA）网络的全部带宽，加速数据访问操作，从而显著提升模型的训练和推理效率。

（18）**DualPipe**：一种双向流水线并行算法，用于在DeepSeek-V3/R1训练中实现计算与通信的重叠。通过允许不同部分并行工作，消除了传统流水线并行中的低效流水线气泡，从而最大限度地减少了GPU的空闲时间，提高了训练效率。

（19）**DeepGEMM**：一个高效的FP8 GEMM内核，采用细粒度缩放技术，旨在优化矩阵计算的效率。通过低精度计算提升速度，同时利用NVIDIA的CUDA技术修正误差，确保计算的准确性。

（20）**DeepEP**：一个面向MoE架构的高性能专家并行通信库，专为分布式训练和推理场景设计。它能够智能地分配专家负载，确保不同GPU之间的负载均衡，从而提高GPU利用率并减少通信开销。

（21）**open-infra-index**：一个包含生产级AI基础设施工具的项目，旨在支持高效的通用人工智能（Artificial General Intelligence，AGI）开发和社区驱动的创新。它提供了多种工具和框架，可以帮助开发者更好地利用DeepSeek相关技术。

（22）profile-data： 该数据集包含了DeepSeek在训练和推理框架中的性能分析数据，可以帮助社区更好地理解通信与计算重叠策略及底层实现细节。

（23）smallpond： 一个基于DuckDB和3FS构建的轻量级数据处理框架，适用于高效的数据预处理和分析。

（24）Flash MLA： 针对Hopper GPU的高效MLA解码内核，用于优化显卡的计算效率。它能够动态分配算力，避免资源浪费，从而让模型的处理速度接近硬件极限。

（25）EPLB（Expert Parallel Load Balancer）： 一个专家并行负载均衡器，用于解决MoE架构中专家负载不均衡的问题。它通过智能分配专家，确保不同GPU之间的负载均衡，从而提高整体效率。

8.3.2 开源策略的优势与挑战

DeepSeek的开源策略不仅吸引了全球开发者的积极参与，还引发了广泛关注。Linux基金会、金融科技开源基金会、技术监督委员会的安德鲁·艾特肯（Andrew Aitken）认为，DeepSeek的开源策略是游戏规则的改变者，全球AI公司都可以向其学习。

1. 优势

◎ **灵活性与创新性：** DeepSeek的开源策略允许开发者根据具体需求对模型进行定制和优化，这种灵活性不仅满足了不同应用场景的特定需求，还促进了社区的创新和协作。开发者可以在DeepSeek的基础上开发专用模型，如DeepSeek-Coder（用于代码生成和补全）或DeepSeek Translator（用于多语言翻译），从而满足特定领域的复杂需求。

◎ **高性价比与低门槛：** 与训练费用高达数亿美元的闭源模型（如OpenAI的GPT-4）相比，DeepSeek-V3仅用约557.6万美元就实现了相当的效果，显著降低了使用成本。这种高性价比使得DeepSeek成为中小企业和独立开发者理想的AI工具，降低了AI技术的使用门槛。

◎ **强大的社区支持与生态：** DeepSeek的开源策略吸引了全球范围的开发者和研究者参与，形成了一个活跃的社区。开发者可以在社区中分享经验、解决问题，并通过开源项目贡献自己的力量。这种社区支持不仅为开发者提供了丰富的学习资源，还加速了技术的迭代和创新。

◎ **多模态支持与未来潜力：** DeepSeek展示了强大的多模态扩展潜力，通过与其他模型（如Stable Diffusion、Whisper）的集成，实现了图像生成、语音识别和跨模态检索等复杂任务。这种多模态能力不仅丰富了应用场景，还为未来的技术发展提供了广阔的空间。

◎ **专注中文与文化适应性：** DeepSeek在中文文本生成、翻译和问答方面表现优异，这种文化适应性使得DeepSeek在中国市场能够更好地满足用户的需求。

◎ **快速迭代与创新：** DeepSeek的开发团队不断推出新版本和新功能，同时积极与社区合作，推动技术的持续进步。这种快速发展的特性使得DeepSeek能够及时适应市场和技术的变化，为用户提供最新的功能和优化。

2. 挑战

◎ **数据安全与隐私：**开源模式下，模型的训练和部署需要处理大量数据，数据的安全性和隐私保护成为重要挑战。企业需要确保数据的合法合规使用，防止数据泄露和滥用。

◎ **模型性能优化：**虽然DeepSeek在性能上已经取得了显著成果，但在某些特定任务和场景下，模型的性能仍需进一步优化。开发者需要不断调整和优化模型参数，以满足不同应用场景的需求。

◎ **技术脱钩风险：**在全球化背景下，开源模式可能会面临技术脱钩的风险。不同国家和地区的AI技术发展水平和政策环境不同，可能导致技术交流和合作的障碍。

◎ **数据伦理问题：**随着AI技术的广泛应用，数据伦理问题日益突出。DeepSeek的开源模式需要在数据收集、使用和共享过程中，遵循伦理和道德规范，防止数据滥用。

总之，DeepSeek的开源模式具有灵活性与创新性、高性价比与低门槛、强大的社区支持与生态等优势，能够满足不同应用场景的特定需求，降低AI技术的使用门槛，并加速技术的迭代和创新。然而，它也面临数据安全与隐私、模型性能优化、技术脱钩风险和数据伦理问题等挑战，需要在数据处理、模型优化和国际合作等方面不断努力，以确保模型的可持续发展和广泛应用。

8.3.3 社区协作与生态建设

DeepSeek在社区协作与生态建设方面开展了多项工作，并取得了显著的成果。

◎ **开源代码库：**DeepSeek团队宣布在已经开源项目的基础上，将继续开源多个代码库，涵盖自然语言处理、图像识别、语音合成等关键功能模块。这些模块已在真实环境中测试，确认其稳定性与可用性，为生产环境部署提供保障。例如，DeepSeek-V3完成开发支持并上线昇思开源社区，提供开箱即用的预训练模型。

◎ **社区支持：**DeepSeek强调“去中心化”理念，认为AI领域没有不可逾越的壁垒，每个人都可以贡献力量。其开源策略吸引了全球范围的开发者和研究者参与，形成了活跃的社区。开发者可以在GitHub等平台上分享经验、解决问题，并通过开源项目贡献自己的力量。

◎ **生态建设：**DeepSeek团队与多家机构合作，共同推动AI技术的发展。例如，与中国信息通信研究院和云工场科技控股有限公司合作，在鲸智社区上线算力市场功能，支持DeepSeek-R1推理服务，为用户提供高性价比的智算供给服务。

◎ **技术普惠：**DeepSeek的开源模式降低了AI技术的使用门槛，使得更多企业和开发者能够自由定制和优化模型，推动了AI技术的快速普及和应用。其高性价比策略也使得更多企业和开发者能够负担AI解决方案。

◎ **行业应用：**DeepSeek通过定制化AI解决方案，进入金融、医疗、教育等行业，为B端企业提供智能客服、投资分析、医疗影像处理等AI赋能服务，推动了AI技术在各行各业的应用。

◎ **持续创新：**DeepSeek采用多种先进技术，如MoE架构、多头潜在注意力机制、FP8混合精度训练等，使其模型在计算效率和推理能力等方面保持领先。同时，DeepSeek团队不断推出新版本和新功能，与社区合作推动技术的持续进步。

8.3.4 开放共享对行业的推动作用

DeepSeek的开放共享模式在多个方面对行业产生了积极的推动作用，具体说明如下。

◎ **开源策略与全球开发者社区：** DeepSeek团队采用开源策略，吸引了全球范围的开发者和研究者的积极参与。这种开放的模式不仅激发了创新热情，还形成了一个活跃的开发者社区，推动了AI技术的快速迭代和应用。

◎ **行业合作与应用拓展：** DeepSeek团队与多家行业领先企业合作，推动AI技术在不同领域的应用。例如，与中国石化合作，利用DeepSeek大模型解析行业标准和技术规范，提升了行业数据集构建和模型训练的效率。此外，与阿里云、腾讯云等合作，进一步拓展了DeepSeek在云计算和人工智能领域的应用场景。

◎ **学术与研究社区的参与：** DeepSeek的开源策略吸引了全球学术界的广泛关注。例如，加州大学伯克利分校和香港科技大学的研究团队复现并改进了DeepSeek的模型架构，展示了DeepSeek在数学推理和代码生成任务中的潜力。

◎ **社区治理与基层服务：** DeepSeek技术被引入社区治理，如天津市静海区网格化管理中心利用DeepSeek升级"静海E治"AI大模型，提升了社区管理的效率和服务水平。这种技术与人文结合的模式，不仅提高了社区管理的智能化水平，也重新定义了社区工作者的角色。

◎ **推动行业生态的多元化发展：** DeepSeek的开源生态挑战了传统闭源模型的垄断地位，降低了企业对昂贵闭源AI技术的依赖。DeepSeek低成本和高性能的特性使得中小企业能够快速接入AI技术，提升了行业的整体竞争力。

总之，DeepSeek的开源模式通过降低技术门槛，吸引更多开发者和企业参与AI技术的研究和应用，激发了行业活力和创新潜能，推动了AI技术的快速普及与应用。同时，其开放共享的策略促进了跨区域协作和知识传播，为应对全球性挑战提供了新思路，提升了中国在全球AI领域的技术话语权。此外，DeepSeek的开源生态还通过设立奖励基金、培训与实习等方式培养人才，增强了社区凝聚力，保障了生态的可持续发展。

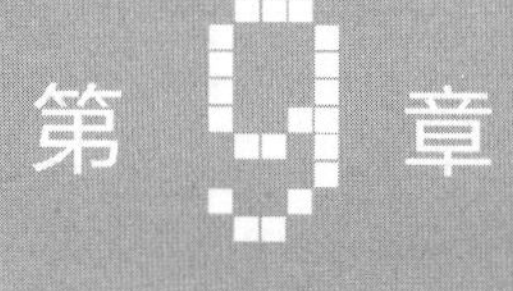

DeepSeek-R1：推理模型的革新之旅

DeepSeek-R1是由DeepSeek团队研发的推理模型，它基于强化学习进行训练，专注于提升推理能力，在数学、代码和自然语言推理等复杂任务上表现出色。DeepSeek-R1采用多阶段训练，并基于高质量数据冷启动优化，推理性能达到与OpenAI-o1-1217相当的水平。此外，DeepSeek-R1还具备低成本、高效率、多语言支持等优势，可广泛应用于教育辅导、金融分析、企业智能化升级等领域。

9.1 DeepSeek-R1全景探秘

2025年1月，DeepSeek团队发布了DeepSeek-R1这款高性能、低成本的推理模型。DeepSeek-R1通过大规模强化学习技术显著提升了推理能力，性能媲美顶尖闭源产品，同时训练和推理成本大幅降低。

9.1.1 DeepSeek-R1的诞生背景

DeepSeek-R1的技术驱动和市场需求如图9-1所示。

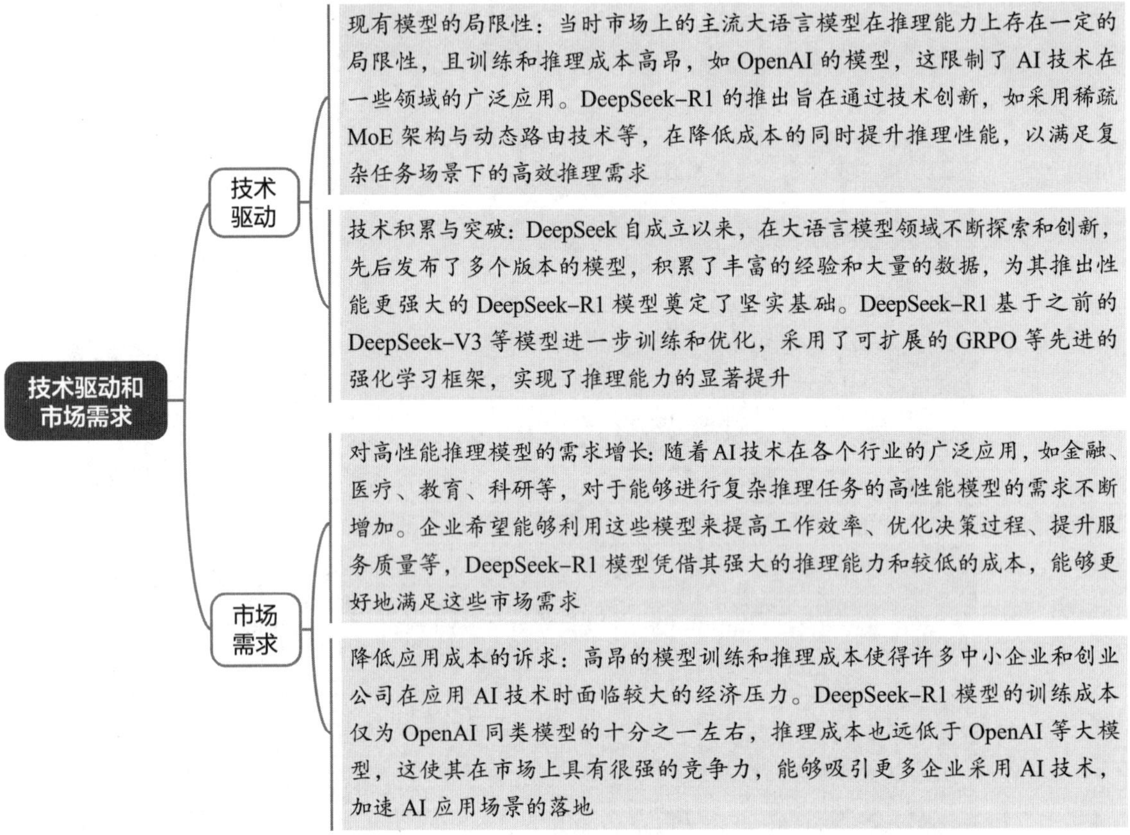

技术驱动和市场需求
技术驱动
现有模型的局限性：当时市场上的主流大语言模型在推理能力上存在一定的局限性，且训练和推理成本高昂，如OpenAI的模型，这限制了AI技术在一些领域的广泛应用。DeepSeek-R1的推出旨在通过技术创新，如采用稀疏MoE架构与动态路由技术等，在降低成本的同时提升推理性能，以满足复杂任务场景下的高效推理需求
技术积累与突破：DeepSeek自成立以来，在大语言模型领域不断探索和创新，先后发布了多个版本的模型，积累了丰富的经验和大量的数据，为其推出性能更强大的DeepSeek-R1模型奠定了坚实基础。DeepSeek-R1基于之前的DeepSeek-V3等模型进一步训练和优化，采用了可扩展的GRPO等先进的强化学习框架，实现了推理能力的显著提升
市场需求
对高性能推理模型的需求增长：随着AI技术在各个行业的广泛应用，如金融、医疗、教育、科研等，对于能够进行复杂推理任务的高性能模型的需求不断增加。企业希望能够利用这些模型来提高工作效率、优化决策过程、提升服务质量等，DeepSeek-R1模型凭借其强大的推理能力和较低的成本，能够更好地满足这些市场需求
降低应用成本的诉求：高昂的模型训练和推理成本使得许多中小企业和创业公司在应用AI技术时面临较大的经济压力。DeepSeek-R1模型的训练成本仅为OpenAI同类模型的十分之一左右，推理成本也远低于OpenAI等大模型，这使其在市场上具有很强的竞争力，能够吸引更多企业采用AI技术，加速AI应用场景的落地

图9-1

9.1.2 架构揭秘

1. DeepSeek-R1的组成

在DeepSeek-R1项目中涉及了DeepSeek-R1-Zero和DeepSeek-R1两个模型，具体说明如下。

（1）DeepSeek-R1-Zero

该模型是通过大规模强化学习训练的推理型大语言模型，没有进行监督微调作为初步步骤。它在多种复杂任务中表现出色，比如在AIME 2024基准测试中，pass@1分数从15.6%提升到71.0%。然而，DeepSeek-R1-Zero也存在一些问题，比如输出可读性较差、语言混杂（如在同一回答中混用中英文）等。

（2）DeepSeek-R1

DeepSeek-R1是在DeepSeek-R1-Zero的基础上进一步优化的模型，在强化学习之前加入了冷启动数据和多阶段训练流程。具体来说，DeepSeek-R1的训练包括两个阶段。

◎ 第一阶段使用冷启动数据进行监督微调，然后进行强化学习。

◎ 第二阶段在强化学习接近收敛时，通过拒绝采样生成新的SFT数据，进一步提升模型的推理能力。

DeepSeek-R1在数学、代码和自然语言推理等任务上的表现与OpenAI-o1-1217相当，并且解决了DeepSeek-R1-Zero可读性较差和语言混杂等问题。

2. DeepSeek-R1 的训练方案初探

在训练DeepSeek-R1时，采用了创新的多阶段训练流程，具体的训练方法如下。

（1）基础模型阶段

DeepSeek-R1的基础模型阶段与大多数大语言模型相似，通过海量网页数据训练模型，使其学会预测下一个词。这一阶段的训练参考了DeepSeek-V3的方法，得到了一个能够进行语言建模的基础模型。

（2）监督微调阶段

◎ **长链推理监督微调数据：**DeepSeek-R1使用了大量链式思考的推理数据进行监督微调，总数量高达60万条。这些数据极其稀缺且获取成本高昂，但对提升模型的推理能力至关重要。

◎ **高质量推理语言模型：**通过这些高质量的推理数据，训练出了一个临时的高质量推理语言模型，虽然在非推理任务上表现较差，但在推理任务上表现出色。

（3）强化学习阶段

◎ **面向推理的大规模强化学习：**在这一阶段，强化学习被用于训练一个中间的推理模型，即DeepSeek-R1-Zero。该模型直接从预训练的基础模型出发，通过强化学习进行训练，跳过了传统的监督微调步骤。

◎ **自动验证与反馈机制：**强化学习训练中，推理类问题可以通过自动验证或标注的方式提供反馈信号。例如，对于代码生成任务，可以通过代码静态检查工具、运行测试、单元测试等方式验证模型输出的正确性，从而不断优化模型的推理能力。

◎ **改进的GRPO方法：**研究人员发现，传统的GRPO算法在训练中可能会导致错误响应逐渐变长。为此，DeepSeek-R1引入了改进的Dr.GRPO方法，该方法可以在保持推理性能的同时提高Token效率。

(4)最终模型训练阶段

◎ **混合数据微调：** 在强化学习接近收敛时，通过拒绝采样生成新的高质量SFT数据，并与现有SFT数据混合，创建新的SFT数据集。使用这些数据对基础模型进行微调，进一步提升模型的推理能力。

◎ **全场景强化学习：** 在最终模型训练阶段，DeepSeek-R1使用全场景强化学习，结合多种奖励信号（如推理任务的规则奖励和通用任务的神经奖励模型），优化模型在推理任务和非推理任务上的整体性能。

通过这种多阶段训练方案，DeepSeek-R1在推理任务上表现出色，提升了模型的实用性。

9.2 DeepSeek-R1 开源信息概览

DeepSeek-R1开源项目于2025年1月发布，采用MIT许可证，允许用户自由使用、修改及商用，无须额外授权。该项目开源了模型权重及训练方法，基于671B参数的MoE架构，通过强化学习技术提升推理能力，推动AI技术的普及与创新。

9.2.1 基础开源信息介绍

目前，在DeepSeek的GitHub仓库中，DeepSeek-R1的开源信息如下。

1. 开源内容

(1)模型权重与架构

完整开放了DeepSeek-R1-Zero及其6个蒸馏版本，允许用户自由使用、修改及商用；同步开源基于Llama和Qwen架构的优化版本，便于开发者直接调用或进行二次开发。

(2)技术文档与工具链

不仅公开了技术报告，对训练框架、蒸馏流程及强化学习算法的设计思路予以详细说明，还提供了蒸馏工具链，方便用户借助DeepSeek-R1实现知识蒸馏。

(3)部分数据集与API支持

开源了80万条高质量训练数据，不过目前仅限数学推理等部分场景，尚未覆盖全部原始训练数据；同时API接口支持思维链输出，开发者只需设置model='deepseek-reasoner'即可调用模型，而且其定价显著低于同类产品。

2. 未开源内容

(1)核心训练代码与流程

强化学习训练框架、奖励模型设计、冷启动策略等关键代码尚未公开，仅在技术报告中阐述方法论，若要复现需依赖社区逆向工程；同时，训练数据的构建方法，像合成数据的生成逻辑也未对外披露，开发者只能通过推测来生成替代数据集，如OpenR1-Math-220k。

（2）完整训练数据集

官方生成的60万条推理数据未开放访问权限，目前仅靠开源社区通过合成数据来填补部分空白；同时，原始数据来源（如数学竞赛题目、代码生成任务等）未完全公开，这在一定程度上影响了模型的透明复现。

（3）基础设施与优化细节

分布式训练集群配置、显存优化技巧等工程细节尚未详细公开，仅在技术报告中提及部分优化策略；同时，安全对齐机制（如幻觉抑制、内容过滤）的代码实现也未对外公开。

总之，DeepSeek-R1的开源策略在推动技术共享的同时，仍保留核心技术的控制权。其开源内容（如模型权重、技术文档等）为开发者提供了强大的工具，但未开源部分（如核心训练代码、完整训练数据集等）限制了社区的深度参与。这一模式反映了AI领域开源与商业化的平衡难题，也引发了关于"开源真实性"的持续讨论。对于开发者而言，需结合官方资源与社区补充（如DeepSeek-R1的开源代码）来实现更灵活的二次开发。

9.2.2 社区评估报告：项目成熟度与应用前景

DeepSeek团队对开源项进行了评估，评估结果充分证明了通过大规模强化学习和蒸馏策略提升模型推理能力的有效性，且模型规模对性能具有重要影响。较大模型不仅能捕捉更多推理模式，而且在多个复杂任务中均能取得显著提升。

◎ **强化学习与蒸馏效果明显：** DeepSeek-R1-Distill系列模型在多个推理任务中表现优异，特别是在数学推理（AIME 2024和MATH-500）上，较大容量模型表现已经超过了部分商业模型。

◎ **商业模型与开源模型对比：** GPT-4o-0513和Claude-3.5-Sonnet在某些指标上存在不足，而经过蒸馏的开源模型（尤其是较大模型）则展示了更强的推理与任务适应能力。

◎ **应用场景多样：** 虽然在编程竞赛任务上OpenAI o1-mini评分最高，但DeepSeek-R1-Distill系列模型在数学、问答、代码生成等任务上均表现出较高的综合能力，这表明其在多场景推理任务中具有良好的实用性。

总之，评估结果充分证明了通过大规模强化学习和蒸馏策略提升模型推理能力的有效性，且模型规模对性能具有重要影响。较大模型不仅能捕捉更多推理模式，而且在多个复杂任务中均能取得显著提升。

9.3 DeepSeek-R1-Zero 自进化训练体系揭秘

DeepSeek-R1-Zero的自进化训练体系开创性地完全依赖强化学习，无须监督微调。DeepSeek-R1-Zero通过简单模板引导模型先产生推理过程再给出答案，避免偏见。强化学习过程中，模型展现出反思、自我验证等能力，能自然地生成更长推理链，甚至出现顿悟时刻，显著提升推理能力。

9.3.1 智能强化学习核心算法详解

在具体实现上，为了降低强化学习训练的计算开销并提高效率，DeepSeek团队引入了GRPO算法。GRPO算法与传统强化学习方法相比，有如下两个关键特点。

1. 不使用独立的评论家模型

DeepSeek-R1-Zero无须依赖监督微调作为初步步骤，它直接从基础模型DeepSeek-V3-Base开始，采用GRPO算法进行训练。在训练过程中，模型自然地展现出强大的推理能力，如自我验证、反思及生成长推理链等行为。此外，在DeepSeek-R1-Zero的训练中没有使用独立的评论家模型，而是通过一组样本计算基准分数来优化模型，减少了计算开销。这种方法既节省了计算资源，又避免了构建和训练额外评论家模型的复杂性。

2. 设计采样函数与目标函数

DeepSeek-R1-Zero的训练体系采用了独特的强化学习方法，其设计的采样函数与目标函数如下。

（1）采样函数

DeepSeek-R1-Zero的采样函数设计用于引导模型生成高质量的推理过程和答案。训练过程中，模型首先生成推理过程，然后输出最终答案，这种结构避免了内容特定的偏见，确保能够观察到模型在强化学习过程中的自然发展。此外，采样函数通过拒绝采样生成高质量数据，这些数据用于后续的监督微调，进一步优化模型性能。

（2）目标函数

DeepSeek-R1-Zero的目标函数主要基于规则驱动的奖励机制，整体设计围绕提升推理准确性与过程规范性展开，具体说明如下。

◎ **准确性奖励（算法优化核心）：** 当模型输出答案与正确解匹配时触发高奖励（如+10分），直接优化推理准确性。该机制在数学推理、代码生成等任务中，以最终答案为核心评判标准，驱动模型精准求解。

◎ **过程规范性奖励（输出结构约束）：** 强制模型在<|FunctionCallBegin|>标签内输出推理过程，在<|FunctionCallEnd|>标签内输出答案，当符合格式要求时给予固定奖励（如+5分），确保推理链的结构化与可解释性，该设计与GRPO算法的策略更新逻辑直接耦合（如通过格式合规性影响优势函数计算）。

在DeepSeek-R1-Zero的训练过程中，针对每个问题（记为i），GRPO算法从旧策略（$\pi\theta_{old}$）中采样出一组候选输出$\{a_i^1,a_i^2,\cdots,a_i^A\}$。随后，通过最大化以下目标函数来优化当前策略$\pi\theta$。具体来说，在DeepSeek-R1-Zero的GRPO算法中，针对每个候选输出a_i采用以下策略进行优化。

◎ **剪切策略控制更新幅度：** 通过计算候选输出在旧策略$\pi\theta_{old}$下的概率与在当前策略$\pi\theta$下的概率之比，采用剪切策略来限制更新幅度，确保新策略不会与旧策略偏离过大。

◎ **引入优势函数促进探索：** 目标函数中引入了优势函数A_i，用于衡量每个候选输出a_i相对于组内平均表现的优劣。优势函数是通过当前组内输出的均值（mean）和标准差（std）对每个候选输出进行标准化评分得到的，从而鼓励模型探索更优解。

◎ **KL散度约束策略更新：**在目标函数中加入了KL散度项，用于约束新旧策略之间的差异，防止策略更新过程中发生过大的变化。超参数ε和β分别用于控制剪切范围和KL惩罚的力度。

优势函数A_i的计算方式为

$$A_i=\frac{a_i-\text{mean}\left(\left\{a_i^1,a_i^2,\cdots,a_i^A\right\}\right)}{\text{std}\left(\left\{a_i^1,a_i^2,\cdots,a_i^A\right\}\right)}$$

这意味着，在DeepSeek-R1-Zero的训练中，每个候选输出的相对优势不仅由其自身的性能决定，还受到该组输出整体分布的影响。具体来说，如果某个候选输出的值高于组内平均值，且该组输出的标准差较大，表明其在组内具有更高的独特性和优越性，因此其优势值会显著提升。这种优势值的增加意味着在策略更新过程中，该候选输出将被赋予更高的权重，从而推动模型向更优的方向进化。

9.3.2 精准奖励机制设计与优化策略

在强化学习训练过程中，奖励信号扮演着至关重要的角色，它不仅为模型提供了方向性的反馈，而且直接决定了模型优化的目标和路径。为了训练DeepSeek-R1-Zero，我们设计了一套基于规则的奖励系统，这套系统主要分为两大类奖励机制，以确保模型在推理任务中既能正确回答问题，又能遵循特定的格式输出，从而便于后续的评估与验证。

1. 准确性奖励：面向任务结果的量化反馈

准确性奖励机制根据任务特性定制验证逻辑，比如在数学推理等确定性任务中，通过规则匹配验证答案正确性（如解析几何题的坐标计算）；在编程任务（如LeetCode）中，借助编译器测试用例生成反馈，将代码执行结果作为奖励依据。

注意：这与前面9.3.1节中介绍的算法层面的准确性奖励不同，此处更强调奖励规则与任务场景的映射关系，如针对不同题型设计差异化的答案验证规则。

2. 格式奖励：面向工程落地的规范化约束

从工程实践角度，格式奖励的核心价值如下。

◎ **提升人机交互效率：**统一的<RichMediaReference>/<|FunctionCallEnd|>标签结构使推理过程可直接被人类审查，减少逻辑漏洞排查成本。

◎ **兼容自动化评估：**结构化输出便于集成到流水线中，如通过脚本自动解析推理步骤进行中间结果验证。

在DeepSeek-R1-Zero的开发过程中，特意没有引入基于神经网络的结果或过程奖励模型，主要原因如图9-2所示。

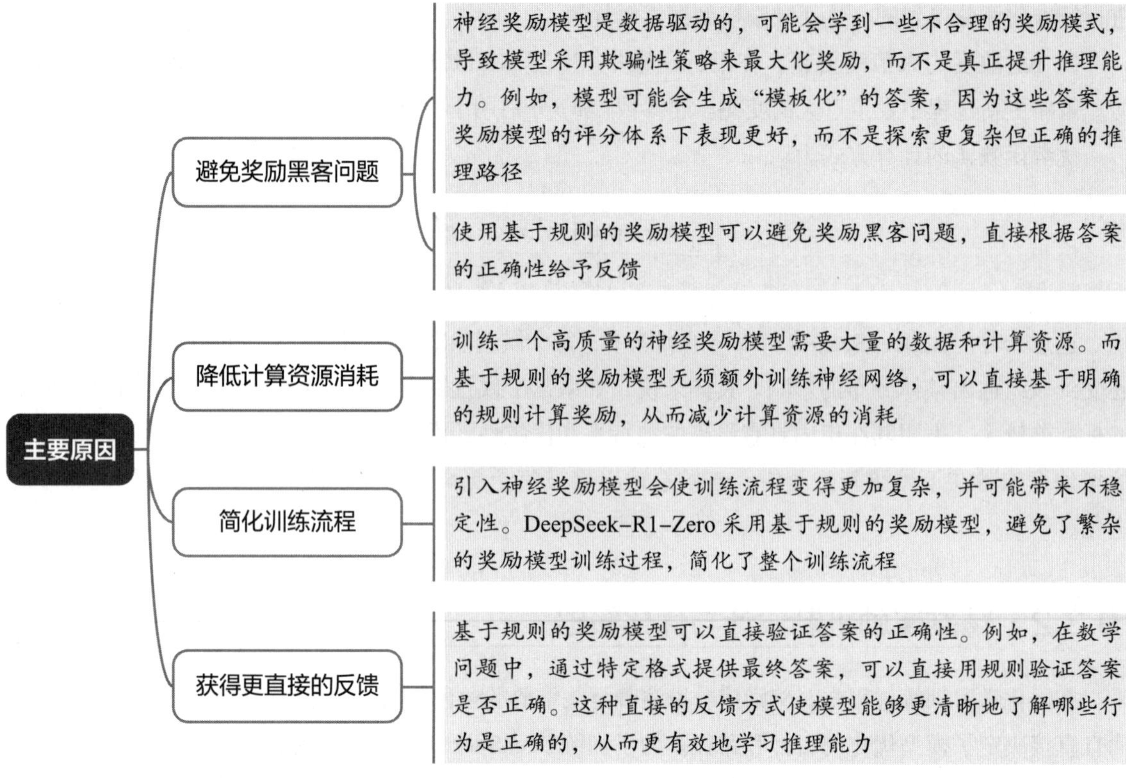

图 9-2

总之，通过准确性奖励和格式奖励的共同作用，DeepSeek-R1-Zero能够在强化学习过程中不断优化其输出，提升推理任务的准确性和输出的规范性。

9.3.3 自监督训练模板布局

为了训练DeepSeek-R1-Zero，DeepSeek团队精心设计了一种简单而明确的训练模板，要求在训练模板中规定严格的结构格式。DeepSeek-R1-Zero的自监督训练模板设计具有以下特点。

1. 模板结构

模板要求DeepSeek-R1-Zero首先生成推理过程，然后是最终答案。这种结构化输出方式有助于模型在强化学习过程中逐步构建推理链，并最终得出准确的结果。要求的模板的具体格式如下：

```
用户输入提示信息，
模型输出时必须先生成包含完整推理过程的部分（用<think>和</think>标签封装），再生成包含最终答案的部分（用<answer>和</answer>标签封装）。
```

2. 训练方法

DeepSeek-R1-Zero的训练采用直接强化学习，而不依赖任何监督微调作为初步步骤。在训练过程中，模型的平均响应长度会随着训练的推进而增加，这表明模型自然地学会了利用更长的测试时间来解决复杂的推理任务。

3. 自我进化与顿悟时刻

在训练过程中，DeepSeek-R1-Zero 展示了显著的自我进化能力。模型在训练集上的平均响应长度持续增加，同时自然地发展出复杂行为，如反思（重新审视和评估之前的步骤）和探索解决问题的替代方法。这些行为并非明确编程，而是模型与强化学习环境互动的结果。此外，在训练的中间阶段，模型还会出现顿悟时刻，这一现象表明模型在推理能力上取得了显著的突破。

通过这种模板设计和训练方法，DeepSeek-R1-Zero 能够在强化学习过程中逐步提升推理能力，并在多项基准测试中表现出色。

9.3.4 性能评测

在以前的研究中，模型性能的提升通常依赖于大量的监督数据，这些数据的收集既耗时又费力。然而，在对 DeepSeek 的研究中表明，即使在没有监督微调作为初始步骤的情况下，通过大规模的强化学习，模型的推理能力也能显著提高。此外，加入少量的初始数据，可以进一步提升模型的性能。为此，DeepSeek 团队设计了 DeepSeek-R1-Zero，旨在通过不同的训练策略提升模型的推理能力。

在多项推理基准测试中，DeepSeek-R1-Zero 表现出显著的性能提升。即使在没有监督数据的情况下，通过大规模的强化学习，模型也能在复杂推理任务中取得令人瞩目的成绩。

DeepSeek-R1-Zero 在多样化推理任务中表现出色，包括数学推理、逻辑推理和代码生成等。此外，它还能够通过自我探索和奖励机制，逐步掌握有效的推理策略，从而在不同类型的推理任务中实现高效且稳定的性能。

DeepSeek-R1-Zero 的性能提升不仅体现在推理能力上，还体现在计算资源有限的环境中的适用性上。通过强化学习训练的模型能够在资源受限的情况下提供强大的推理能力，这为实际应用场景中的高效推理提供了新的可能性。

9.3.5 持续进化之路

DeepSeek-R1-Zero 的自我进化过程是一个典型的通过强化学习实现模型能力提升的案例，其主要特点如下。

1. 训练方法与模板设计

DeepSeek-R1-Zero 的训练跳过了监督微调阶段，其训练模板要求模型首先生成推理过程，然后给出最终答案，这种结构旨在避免任何内容特定的偏见，确保能够准确观察模型在强化学习过程中的自然发展。

2. 性能提升与推理能力的自然发展

◎ **性能显著提升：**在 AIME 2024 基准测试中，DeepSeek-R1-Zero 的 pass@1 分数从 15.6% 提升到 71.0%，通过多数投票进一步提升到 86.7%，这不仅是数值上的提升，还反映出模型在内部策略上的根本性改进。

◎ **推理能力的自然发展：**模型的平均响应长度在训练过程中持续增加，表明它自然地学会了利用更长的测试时间来解决复杂的推理任务。

3. 复杂行为的自发出现

◎ **反思行为：**模型会自发地重新审视和评估之前的推理步骤，这种反思行为并非预先编程，而是通过与强化学习环境的互动自然产生的。

◎ **探索替代方法：**模型会尝试不同的解题策略，以找到最优解。这种行为显著增强了其推理能力，使其能够更高效、更准确地处理复杂任务。

训练过程中，模型的“思考时间”呈现出明显的上升趋势，如图9-3所示。这一指标反映了模型在生成答案之前所投入的推理步骤和计算资源。最初，模型仅需生成少量推理标记（如几百个）即可完成较为简单的任务。然而，随着训练的不断推进，模型逐渐学会了在面对复杂问题时主动增加推理计算的深度和广度。例如，在处理更具挑战性的问题时，模型可能会生成数千个推理标记，以便更全面、细致地分析问题的各个方面。这种推理能力的扩展不仅体现了模型在处理复杂任务时的灵活性和适应性，也表明其内部策略在持续优化和迭代，从而不断提升其解决问题的能力。

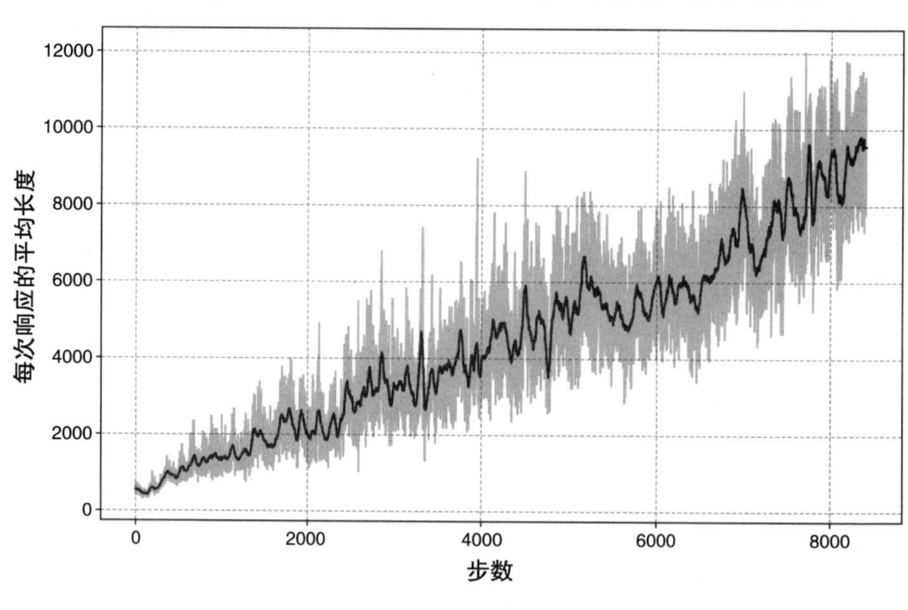

图 9-3

在训练过程中，有一个尤为值得关注的现象：模型在面对难题时，会主动调整并重新审视其初始的解题策略，进而为其分配更多的思考时间。这种行为被视为模型在经历“顿悟时刻”时的表现，这是一个策略升级的关键节点，模型在这一瞬间实现了突破。具体而言，模型不再满足于早期采用的较为简单或直接的方法，而是基于过往的反馈和奖励信号，探索并发现更高效、更精准的推理路径。这种策略的转变使模型能够更深入地分析问题，从而显著提升最终答案的准确性和合理性，展现出其在复杂任务处理中的高度适应性和优化能力。

总之，DeepSeek-R1-Zero的自我进化过程为我们带来了诸多重要的启示，这些发现不仅展示了模型自身的强大能力，也为未来AI的研究和应用提供了宝贵的参考。

首先，DeepSeek-R1-Zero展现出了卓越的自我优化能力。在纯强化学习环境中，模型能够自主调整和优化其推理过程，而无须依赖额外的监督数据。这一过程充分证明了强化学习在激发模型内在潜力方面的强大力量，模型通过与环境的交互，能够不断学习并改进自身的策略，从而实现性能的提升。

其次，模型的适应性和灵活性令人印象深刻。随着训练的深入，DeepSeek-R1-Zero并不局限于简单的推理步骤，而是通过增加推理计算的深度和广度，主动延长思考时间，以更全面地探索问题解决策略。这种能力使模型能够更有效地应对复杂多变的推理任务，展现出强大的适应性。无论面对何种类型的难题，模型都能够灵活调整策略，找到最适合的解决方案。

最后，DeepSeek-R1-Zero在训练过程中自然涌现出的“顿悟时刻”尤为引人注目。这种时刻标志着模型在性能上的显著跃升，同时也体现了强化学习方法能够催生出意想不到的高级行为模式。这种复杂行为的涌现并非人为预设，而是模型在与环境互动中自发产生的。这不仅为未来智能系统的自主进化提供了新的思路，也为AI的发展指明了新的方向，表明通过强化学习，模型可以自主发现并采用更高效、更优化的策略来解决问题。

注意：尽管 DeepSeek-R1-Zero 在推理能力上取得了显著进步，但也存在一些问题，如可读性差、语言混杂及推理链不稳定等。这些问题为后续的改进提供了方向。

9.4 全场景强化学习：分析完整的训练策略

DeepSeek-R1采用全场景强化学习训练方案，通过纯强化学习驱动模型自主优化，无须依赖监督微调。训练过程中，模型在多样化任务场景中不断探索，根据奖励信号调整策略，逐步提升推理能力和适应性。随着训练深入，模型展现出显著的自我进化能力，包括推理步骤的扩展和复杂行为的涌现，如“顿悟时刻”。这种全场景强化学习方案为模型的高效训练和性能提升提供了强大支持，展现了强化学习在激发模型潜力方面的巨大优势。

9.4.1 冷启动突击

DeepSeek-R1的冷启动阶段是其全场景强化学习流程的关键起点，旨在通过高质量监督微调为后续强化学习提供稳定的初始模型。

1. 冷启动阶段的核心目标

（1）基础推理能力初始化： 通过少量高质量思维链数据，可以使模型建立初步逻辑推理能力，避免直接进行强化学习训练时因策略随机探索导致的模式崩溃问题。例如，在数学题解答中，模型需学会分步推导而非直接输出答案。

（2）语言表达规范化： 优化输出的语法和格式一致性，减少强化学习训练初期因奖励机制不完善导致的语言混合、格式错误等问题。例如，强制要求推理步骤置于<think>标签内，最终答案置于<answer>标签中。

（3）策略稳定性保障： 提供可靠的初始策略分布，降低强化学习训练中的探索风险。实验显示，未经过冷启动的DeepSeek-R1-Zero模型在训练初期准确率仅为15.6%，而冷启动后的DeepSeek-R1初始准确率提升至40%以上。

2. 冷启动数据构建方法

（1）数据来源与筛选

◎ **人工标注的高质量思维链样本：** 数千个，涵盖数学、编程等推理任务，每条包含详细分步解答及格式标注。

◎ **DeepSeek-R1-Zero生成样本：** 通过拒绝采样筛选出符合格式且逻辑连贯的答案，再经人工校验后加入训练集。

◎ **提示工程增强数据：** 利用“逐步思考”“验证步骤”等提示词引导基础模型生成符合要求的思维链数据。

（2）数据多样性设计

◎ **任务类型混合：** 包含推理任务（如数学题）与非推理任务（如开放式问答），提升模型泛化能力。

◎ **多语言平衡：** 以中英文为主，避免冷启动阶段因语言混合导致后续强化学习训练偏离方向。

3. 技术实现细节

（1）模型初始化与训练策略

◎ **基模型选择：** 基于DeepSeek-V3-Base，其预训练参数为冷启动提供通用语言理解能力。

◎ **多任务微调：** 通过整合指令微调与思维链训练范式，构建多目标优化体系，同时提升模型在解题准确性与推理步骤规范性上的表现。

◎ **课程学习：** 逐步增加数据复杂度，如从单步推理过渡到多步长链推理。

（2）模板与格式控制

◎ **结构化输出模板：** 强制要求模型按“推理过程→答案”的格式生成，如下所示。

```
<think> 步骤 1: ... 步骤 2: ...</think>
<answer> 最终答案 </answer>
```

这种设计方式便于后续强化学习阶段奖励模型的自动评估。

◎ **格式奖励预训练：** 在监督微调阶段引入轻量级格式校验损失函数，提前适应后续强化学习的格式奖励机制。

4. 与 DeepSeek-R1-Zero 的对比

与DeepSeek-R1-Zero相比，冷启动具备以下显著优势。

◎ **可读性方面：** DeepSeek-R1-Zero生成的内容往往存在阅读障碍，如语言混杂或缺乏清晰的答案格式。为了解决这一问题，在创建冷启动数据时引入了一种更易读的模式。具体而言，要求每个响应的末尾都包含一个总结，并且过滤那些对读者不友好的内容。我们定义了输出格式为“|特殊标记|<推理过程>|特殊标记|<总结>”，其中“<推理过程>”是针对查询的连续推理，而“<总结>”

则用于清晰地呈现推理结果。

◎ **性能提升潜力方面：**通过精心设计并融入带有人工先验知识的冷启动数据模式，可以观察到模型性能相比 DeepSeek-R1-Zero 有了显著的提升。这表明，结合冷启动数据的迭代训练是一种有效提升推理模型性能的方法。

总之，DeepSeek-R1 的冷启动阶段通过精心设计的数据构建、多任务微调和结构化模板，为后续强化学习奠定了坚实基础。其核心价值在于平衡了人工先验知识与模型自主探索，既避免了纯强化学习的随机性风险，又为全场景泛化能力提供了起点。然而，该阶段对数据质量的高度依赖及构建成本仍是未来优化的重点方向。

9.4.2 推理导向训练范式

DeepSeek-R1 的推理导向强化学习是其训练方案中的关键阶段，旨在显著提升模型在推理任务上的表现。DeepSeek-R1 的推理导向强化学习的基本信息如图 9-4 所示。

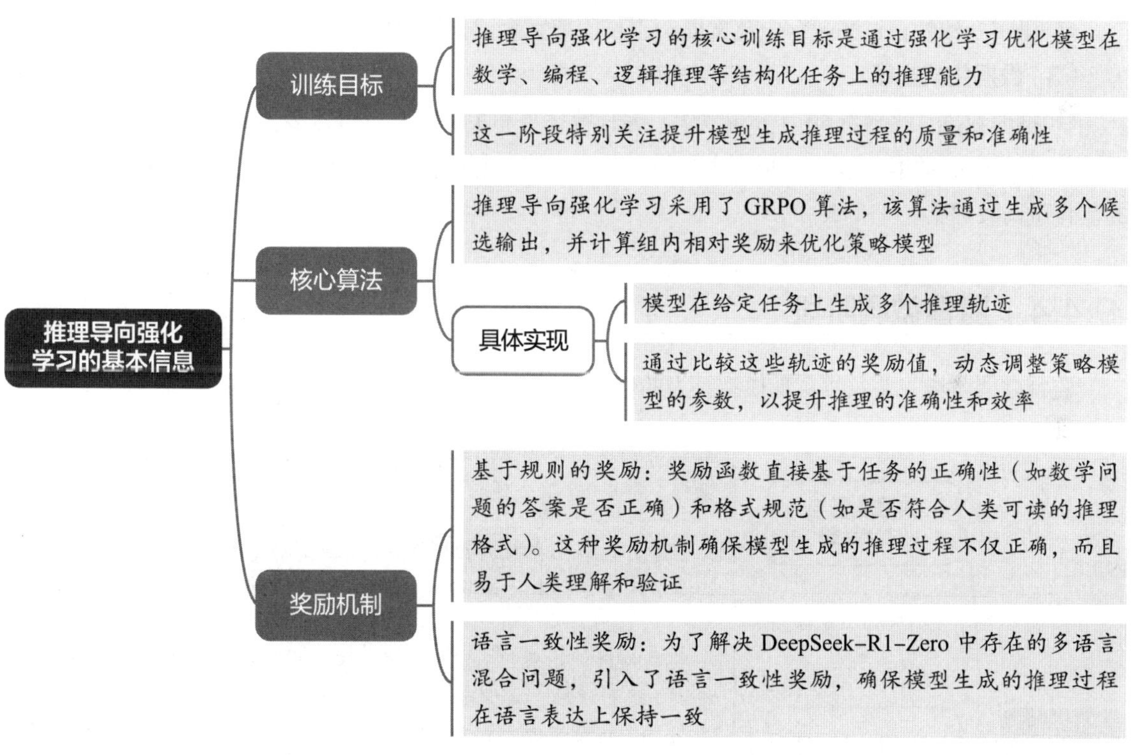

图 9-4

总之，通过推理导向强化学习，DeepSeek-R1 在推理任务上实现了显著的性能提升，同时保持了推理过程的可读性和一致性。

9.4.3 拒绝采样机制

DeepSeek-R1 的全场景强化学习方案中，拒绝采样与监督微调是衔接强化学习与模型泛化能力提升的关键阶段。这两个环节通过筛选高质量数据并优化模型行为，显著提升了模型在推理任务和通用任务中的综合表现。在下面的内容中，先介绍在拒绝采样阶段实现数据质量筛选与增强的知识。

（1）核心目标

◎ **高质量数据生成：** 从强化学习阶段生成的多样化输出中筛选出符合格式规范、逻辑连贯且结果准确的样本，为后续SFT提供高质量训练数据。

◎ **奖励模型协同：** 结合基于规则的奖励（如答案正确性）和生成式奖励（如语言流畅性），动态评估样本质量。

（2）技术实现

通过蒙特卡洛采样方法，采用拒绝采样算法，以当前策略模型（强化训练后的检查点）作为提议分布，通过接受概率公式筛选样本。例如，对每个提示生成多个响应，仅保留奖励评分高于阈值（如Top 20%）的样本。在技术实现阶段牵扯到多维度过滤规则，如下所示。

◎ **格式规范：** 强制要求推理过程包裹在<think>标签内，答案置于<answer>标签中，避免语言混合或格式混乱。

◎ **逻辑验证：** 对数学、编程任务调用外部验证工具（如Python解释器）检查答案的正确性。

◎ **语言一致性：** 过滤包含中英文混杂、长段落冗余或代码块的输出。

（3）数据生成规模

◎ **推理数据：** 生成约60万个与数学、编程等任务相关的样本，覆盖多步链式推理场景。

◎ **通用任务数据：** 整合约20万个写作、角色扮演、翻译等任务的样本，部分复用DeepSeek-V3的监督微调数据集。

9.4.4 监督微调阶段

监督微调阶段主要负责实现模型行为的优化功能，如图9-5所示。

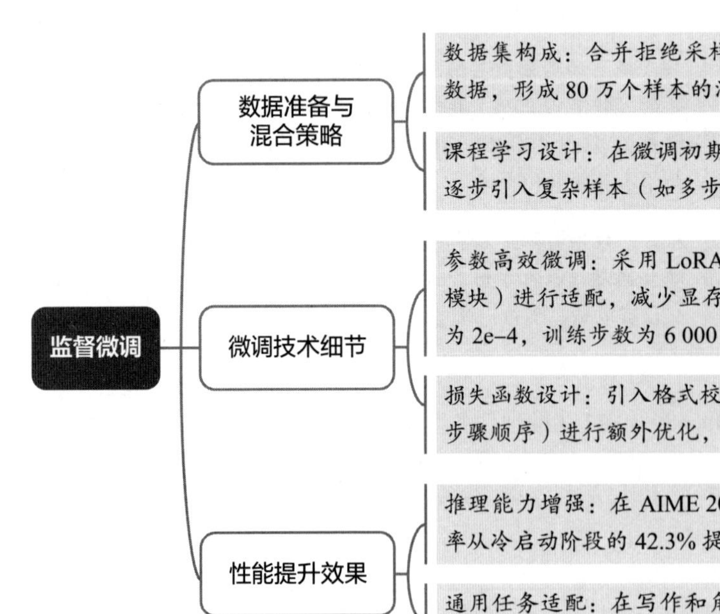

图9-5

DeepSeek-R1的拒绝采样与监督微调阶段，通过数据质量筛选与参数高效优化，实现了从强化学习探索到模型行为稳定的关键过渡。这一设计通过闭环迭代机制持续提升模型性能，为低成本、高泛化的大模型训练提供了新标准。

9.4.5 全场景策略部署

在第二阶段的强化学习中，目标是提升模型的推理能力，同时确保其输出内容符合人类偏好，既实用又安全。为此，DeepSeek团队设计了一种整合多种奖励信号并采用多样化提示分布的全场景强化学习策略，以适应不同任务和场景。

1. 训练数据

将训练数据主要分为两类：推理数据和通用数据。

对于推理数据，继续采用基于规则的奖励机制，适用于数学、编程和逻辑推理等任务。这种机制严格评估模型生成的推理过程，确保模型在解决复杂问题时展现出清晰、有条理的思考路径。

对于通用数据，引入奖励模型，以捕捉复杂且细微的人类偏好。基于DeepSeek-V3流程，采用类似的偏好对和训练提示分布，可以帮助模型在专业推理任务和通用任务（如写作、对话、角色扮演等）中提供符合用户期望的回答。

2. 双通道数据架构

（1）专业推理强化通道

延续DeepSeek-R1-Zero的结构化评估体系，在数学推导、代码生成等复杂场景中建立标准化解题范式。例如，针对算法类任务设置分步验证机制，要求模型输出包含变量定义、逻辑推导、边界条件检测的完整过程。

引入动态评估模块，通过嵌入式代码解释器实时验证数学题解答的正确性，显著提升抽象问题与具象结果的关联性。

（2）泛化能力扩展通道

基于DeepSeek-V3的多模态偏好对齐技术，构建涵盖创意写作、虚拟角色交互等开放域任务的训练体系。例如，在对话场景中设置情感共鸣度、信息准确度等多维度评价指标。

采用对比学习机制，通过百万级偏好对数据（含用户选择行为日志）训练深度奖励模型，精准捕捉人类主观判断中的隐性规律。

3. 复合反馈机制设计

建立分层评估系统，以平衡性能与安全，如图9-6所示。

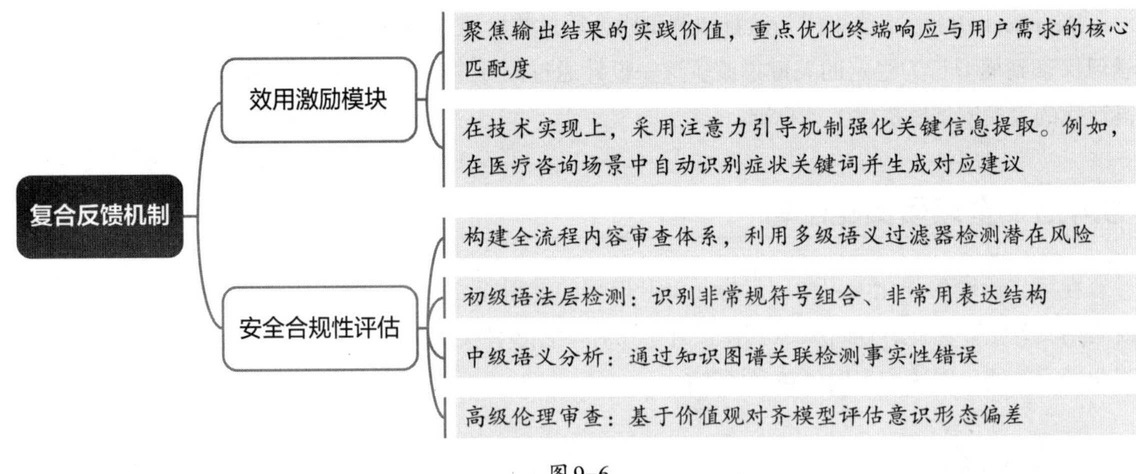

图 9-6

总之，DeepSeek的全场景强化学习方案创新性地将结构化验证与开放域对齐相结合，既保留了专业领域的严谨性，又实现了通用场景的适应性，为大规模语言模型的工业化部署提供了新的技术范式。

9.5 蒸馏处理

为了使更高效的小型模型具备像DeepSeek-R1这样的强大推理能力，DeepSeek团队探索了一种基于知识蒸馏的方法。具体来说，就是直接使用DeepSeek-R1生成的约80万个高质量训练样本对一系列开源模型进行微调。这些开源模型包括Qwen和Llama等。通过这种简单的蒸馏方法，小型模型的推理能力可以得到显著提升。

9.5.1 技术原理与实施步骤

DeepSeek-R1蒸馏的技术原理主要基于知识蒸馏技术，旨在将大型复杂模型（教师模型）的知识迁移到小型高效模型（学生模型）中，从而提升小型模型的推理能力，同时显著降低计算资源和存储需求。

1. 技术原理

（1）教师模型生成数据

DeepSeek-R1作为教师模型，通过其强大的推理能力生成高质量的训练数据。这些数据包括推理过程和最终结果，用于指导小型学生模型的训练。教师模型生成的输出不仅包括最终答案，还可能包含中间层的特征和推理路径，这些信息作为软标签用于指导学生模型的学习。

（2）学生模型训练

选择多个开源模型作为学生模型，如Qwen2.5-Math-1.5B、Qwen2.5-Math-7B、Qwen2.5-14B、Qwen2.5-32B、Llama-3.1-8B和Llama-3.3-70B-Instruct。仅使用监督微调进行蒸馏，而未引入强化学习阶段。这一策略旨在展示知识蒸馏技术本身的有效性。

（3）输出层模仿与中间层特征匹配

◎ **输出层模仿：** 通过最小化教师模型和学生模型输出层之间的差异，使学生模型能够学习到教师模型的决策边界。

◎ **中间层特征匹配：** 利用教师模型的中间层特征作为监督信号，指导学生模型的训练，提升其表示能力。

（4）软标签学习

使用教师模型生成的软标签代替硬标签，使学生模型能够学习到更多信息，从而更好地模仿教师模型的行为。

2. 实施步骤

01 数据准备：收集并预处理用于知识蒸馏的训练数据，确保数据的多样性和代表性。

02 教师模型训练：在目标数据集上训练 DeepSeek-R1，确保其具备强大的推理能力。

03 学生模型初始化：初始化学生模型，选择合适的架构和超参数。

04 知识蒸馏训练：通过联合优化输出层模仿和中间层特征匹配，训练学生模型。

05 模型评估：在验证集和测试集上评估学生模型的性能，确保其推理能力接近教师模型。

总之，通过知识蒸馏技术，DeepSeek-R1 成功地将推理能力迁移到了多个小型模型中，为资源受限的场景提供了高效的推理解决方案。

9.5.2 精炼小模型实践

为了减小模型规模、降低企业的成本、便于模型部署，DeepSeek 团队从 DeepSeek-R1 出发，借助阿里巴巴 Qwen 模型、Meta Llama 模型，经直接微调 800K 个推理样本，得到了 1.5B、7B、8B、14B、32B、70B 这 6 个密集模型。这些蒸馏后的模型在多项推理基准测试中表现出色，部分甚至超过现有的其他开源大模型。

接下来，深入分析 DeepSeek 团队的评估成果，多维度对比不同模型性能，涵盖数学与逻辑推理、问答推理、代码推理等角度。

（1）数学与逻辑推理方面（参考 AIME 2024 和 MATH-500 的 pass@1 指标）

AIME 2024 中，GPT-4o-0513（9.2%）和 Claude-3.5-Sonnet（16.0%）成绩不佳，面对高难度数学题挑战大。而 OpenAI o1-mini、DeepSeek-R1-Distill 系列模型及 QwQ-32B-Preview 更胜一筹，特别是 DeepSeek-R1-Distill-Qwen，从 1.5B 到 32B，AIME pass@1 分数由 28.9% 飙升至 72.6%，MATH-500 pass@1 分数也接近 94.3%。这表明在强化学习与蒸馏技术的助力下，大模型能精准捕捉推理模式，数学与逻辑推理能力显著提升。

（2）问答推理领域（聚焦 GPQA Diamond pass@1 指标）

Claude-3.5-Sonnet 的 pass@1 分数为 65.0%，略胜 GPT-4o-0513 的 49.9%，问答推理有一定优势。DeepSeek-R1-Distill 系列模型中，模型规模越大，pass@1 分数越高，从 Qwen-1.5B 的 33.8% 到 Qwen-32B 的 62.1%，Llama-70B 更是达到 65.2%，这说明大容量模型处理事实问答、复杂推理问题时能力更强。

（3）代码推理与工程任务（依据LiveCodeBench pass@1和Codeforces rating指标）

LiveCodeBench pass@1指标显示，OpenAI o1-mini为53.8%，DeepSeek-R1-Distill系列中的Qwen-32B和Llama-70B分别为57.2%和59.3%，由此显示出这些模型在代码生成或编程任务上的竞争力较强。Codeforces rating指标中，OpenAI o1-mini以1 820分领先，编程竞赛任务表现出色；DeepSeek-R1-Distill系列模型的评分为954~1 691，随着模型容量的增加，如Qwen-32B达到1 691分，性能也不断提高。

从整体规模与性能关系来看，DeepSeek-R1-Distill系列模型体现出显著规模效应。小模型Qwen-1.5B各项指标较低，随着参数量增至7B、14B、32B，不管是在数学、问答还是编程任务上，性能均有显著提升。基于Qwen、Llama不同基础模型的蒸馏结果，虽各指标优势有别，但整体而言，大模型在推理任务上更有潜力。

9.5.3 基础蒸馏模型

在DeepSeek-R1项目中，DeepSeek团队精心挑选了一系列基础模型，包括Qwen2.5-Math-1.5B、Qwen2.5-Math-7B、Qwen2.5-14B、Qwen2.5-32B、Llama-3.1-8B和Llama-3.3-70B-Instruct。这些基础模型在规模和能力上各有不同，为全面评估蒸馏方法的有效性提供了丰富的样本。

DeepSeek还开发了一系列蒸馏模型（如表9-1所示），这些模型基于DeepSeek-R1的推理能力，通过知识蒸馏技术将推理能力迁移到较小规模的基础模型。这一过程显著提升了小型模型在推理任务中的表现，使其能够更好地处理复杂问题。

表9-1　蒸馏模型

模型名称	基础模型
DeepSeek-R1-Distill-Qwen-1.5B	Qwen2.5-Math-1.5B
DeepSeek-R1-Distill-Qwen-7B	Qwen2.5-Math-7B
DeepSeek-R1-Distill-Llama-8B	Llama-3.1-8B
DeepSeek-R1-Distill-Qwen-14B	Qwen2.5-14B
DeepSeek-R1-Distill-Qwen-32B	Qwen2.5-32B
DeepSeek-R1-Distill-Llama-70B	Llama-3.3-70B-Instruct

上述蒸馏模型在Hugging Face平台公开发布，如DeepSeek-R1-Distill-Llama-70B在Hugging Face平台的信息如图9-7所示。大家可以选择需要的模型部署到本地或云服务器进行测试。

注意：在知识蒸馏过程中，DeepSeek-R1仅应用了监督微调，而未引入强化学习阶段。虽然强化学习能够显著提升模型的性能，但这里的主要目标是凸显知识蒸馏技术本身的高效性。通过利用DeepSeek-R1生成的高质量数据对小型模型进行微调，成功地将DeepSeek-R1的推理能力迁移到了这些模型中。

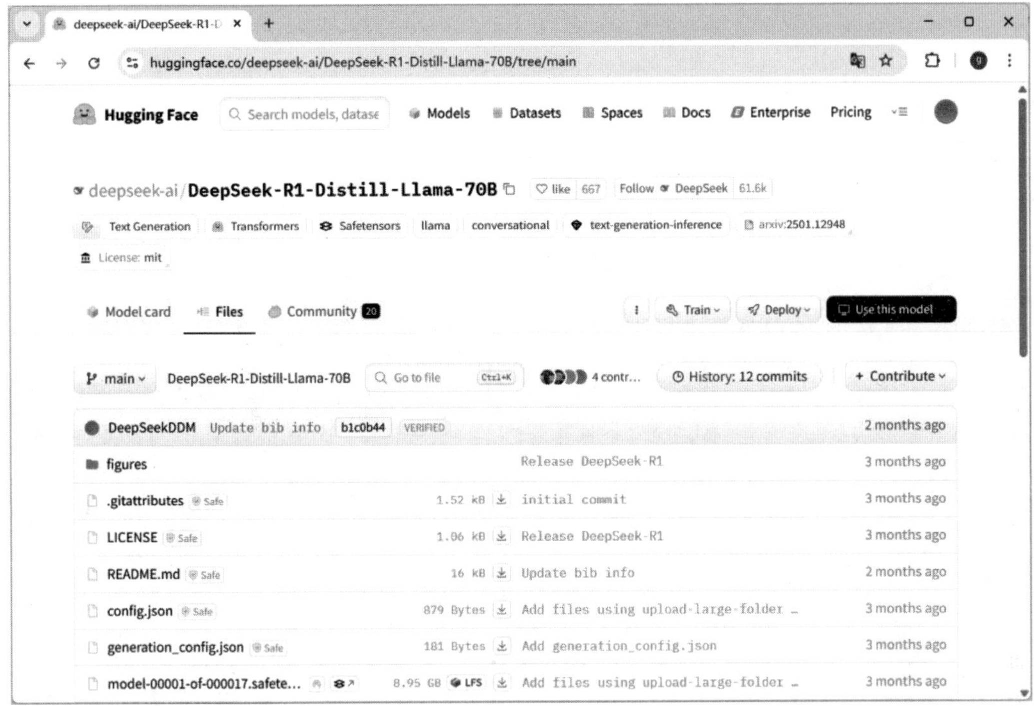
deepseek-ai/DeepSeek-R1-D
huggingface.co/deepseek-ai/DeepSeek-R1-Distill-Llama-70B/tree/main
Hugging Face
Search models, datase
Models
Datasets
Spaces
Docs
Enterprise
Pricing
deepseek-ai/DeepSeek-R1-Distill-Llama-70B
like 667
Follow DeepSeek 61.6k
Text Generation
Transformers
Safetensors
llama
conversational
text-generation-inference
arxiv:2501.12948
License: mit
Model card
Files
Community 20
Train
Deploy
Use this model
main
DeepSeek-R1-Distill-Llama-70B
Go to file
Ctrl+K
4 contr...
History: 12 commits
Contribute
DeepSeekDDM Update bib info b1c0b44 VERIFIED 2 months ago
figures Release DeepSeek-R1 3 months ago
.gitattributes Safe 1.52 kB initial commit 3 months ago
LICENSE Safe 1.06 kB Release DeepSeek-R1 3 months ago
README.md Safe 16 kB Update bib info 2 months ago
config.json Safe 879 Bytes Add files using upload-large-folder ... 3 months ago
generation_config.json Safe 181 Bytes Add generation_config.json 3 months ago
model-00001-of-000017.safete... 8.95 GB LFS Add files using upload-large-folder ... 3 months ago

图 9-7

稀疏矩阵技术：计算效率的新型加速利器

在大模型中，稀疏矩阵是一种重要的优化手段。通过剪枝，稀疏矩阵可以显著减少计算量和存储需求。例如，在推理时，DeepSeek等大模型中超过90%的权重接近0，使用稀疏计算可减少50%，甚至80%的计算量。稀疏矩阵的存储也经过优化，如采用压缩稀疏行（CSR）格式或压缩稀疏列（CSC）格式，这些格式通过仅存储非零元素及其索引，显著节省了存储空间。随着量子计算和深度学习技术的不断发展，稀疏矩阵技术将在更多领域发挥重要作用。

10.1 稀疏矩阵技术概述

稀疏矩阵是指在一个矩阵中，零元素的个数远远多于非零元素的个数，并且非零元素的分布也没有规律。它在计算机科学和许多工程领域有广泛应用，如在大型工程计算、机器学习中的数据表示等场景。采用特殊的存储结构来表示稀疏矩阵可以有效节省存储空间，常见的有三元组顺序表和十字链表等表示方法。稀疏矩阵运算时，也需根据其特殊结构采用相应算法以提高效率。

10.1.1 动态稀疏架构

近年来，动态稀疏架构的突破性进展让其成为行业技术领跑者。例如，在DeepSeek的NSA中，通过动态分层稀疏策略和硬件优化，实现了长文本建模的高效解决方案。NSA利用动态稀疏架构，在预训练和推理阶段显著提升了计算效率，支持超长上下文建模。

动态稀疏架构是一种先进的计算架构设计，它能够根据输入数据的特征和计算需求动态地调整资源分配和计算路径。与传统的静态稀疏架构相比，动态稀疏架构具有更高的灵活性和效率。动态稀疏架构通过实时分析数据的稀疏性模式，动态地选择和优化计算任务，避免了不必要的计算开销，同时能够更好地适应不同场景下的数据变化。这种架构在深度学习、大数据处理和高性能计算等领域具有广泛的应用前景，尤其是在处理大规模稀疏数据时，能够显著提升计算效率和资源利用率，为复杂任务的高效执行提供了有力支持。

动态稀疏架构与稀疏矩阵之间存在着紧密的联系，具体说明如图 10-1 所示。

总之，动态稀疏架构是在稀疏矩阵技术的基础上发展而来的，它结合了稀疏矩阵的高效存储与计算特性，并引入动态调整机制，以更好地满足现代深度学习模型的需求。稀疏矩阵技术的研究早于动态稀疏架构，为后者的出现提供了理论基础和实现方法。

10.1.2 稀疏矩阵的基础知识

稀疏矩阵是数学和计算机科学中的一个重要概念，其特性如图 10-2 所示。

在大模型的训练和推理过程中，稀疏矩阵的应用不仅提高了效率，还降低了硬件资源的需求，使其更适合在资源受限的环境中运行。

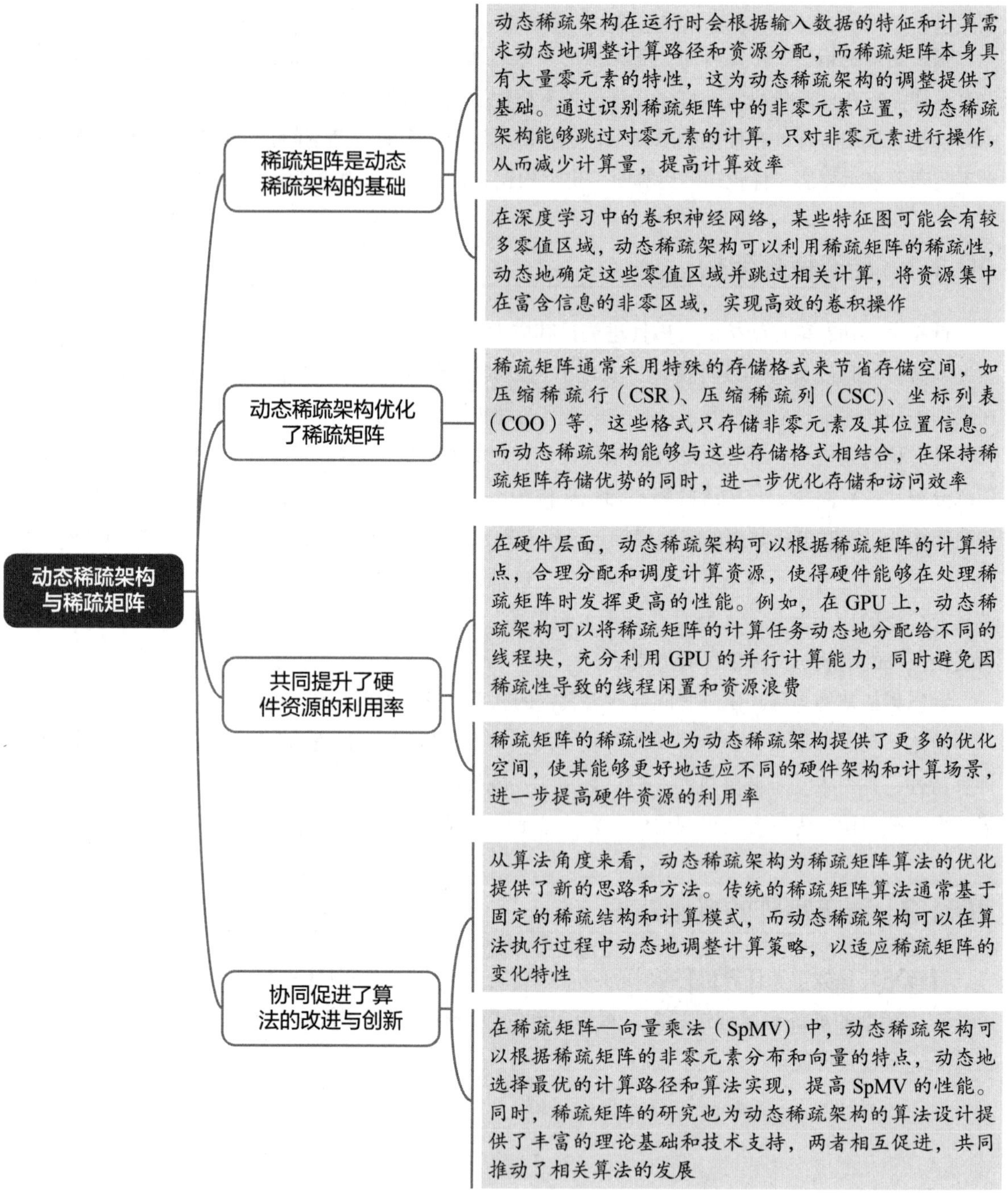

- 动态稀疏架构与稀疏矩阵
  - 稀疏矩阵是动态稀疏架构的基础
    - 动态稀疏架构在运行时会根据输入数据的特征和计算需求动态地调整计算路径和资源分配，而稀疏矩阵本身具有大量零元素的特性，这为动态稀疏架构的调整提供了基础。通过识别稀疏矩阵中的非零元素位置，动态稀疏架构能够跳过对零元素的计算，只对非零元素进行操作，从而减少计算量，提高计算效率
    - 在深度学习中的卷积神经网络，某些特征图可能会有较多零值区域，动态稀疏架构可以利用稀疏矩阵的稀疏性，动态地确定这些零值区域并跳过相关计算，将资源集中在富含信息的非零区域，实现高效的卷积操作
  - 动态稀疏架构优化了稀疏矩阵
    - 稀疏矩阵通常采用特殊的存储格式来节省存储空间，如压缩稀疏行（CSR）、压缩稀疏列（CSC）、坐标列表（COO）等，这些格式只存储非零元素及其位置信息。而动态稀疏架构能够与这些存储格式相结合，在保持稀疏矩阵存储优势的同时，进一步优化存储和访问效率
  - 共同提升了硬件资源的利用率
    - 在硬件层面，动态稀疏架构可以根据稀疏矩阵的计算特点，合理分配和调度计算资源，使得硬件能够在处理稀疏矩阵时发挥更高的性能。例如，在 GPU 上，动态稀疏架构可以将稀疏矩阵的计算任务动态地分配给不同的线程块，充分利用 GPU 的并行计算能力，同时避免因稀疏性导致的线程闲置和资源浪费
    - 稀疏矩阵的稀疏性也为动态稀疏架构提供了更多的优化空间，使其能够更好地适应不同的硬件架构和计算场景，进一步提高硬件资源的利用率
  - 协同促进了算法的改进与创新
    - 从算法角度来看，动态稀疏架构为稀疏矩阵算法的优化提供了新的思路和方法。传统的稀疏矩阵算法通常基于固定的稀疏结构和计算模式，而动态稀疏架构可以在算法执行过程中动态地调整计算策略，以适应稀疏矩阵的变化特性
    - 在稀疏矩阵—向量乘法（SpMV）中，动态稀疏架构可以根据稀疏矩阵的非零元素分布和向量的特点，动态地选择最优的计算路径和算法实现，提高 SpMV 的性能。同时，稀疏矩阵的研究也为动态稀疏架构的算法设计提供了丰富的理论基础和技术支持，两者相互促进，共同推动了相关算法的发展

图 10-1

特性
存储高效性
由于零元素居多，稀疏矩阵可以采用特殊的存储方式（如三元组顺序表、十字链表等），仅存储非零元素及其位置信息，从而显著节省存储空间，适合处理大规模数据
计算效率高
在矩阵运算（如矩阵乘法、加法等）中，稀疏矩阵通常利用非零元素的特性进行优化。例如，只处理非零元素，从而减少计算量并提高计算速度
广泛应用
稀疏矩阵在工程计算、机器学习、图像处理等领域应用广泛，特别是在大型系统建模和优化中，其高效的存储和运算能力是处理复杂问题的关键技术之一

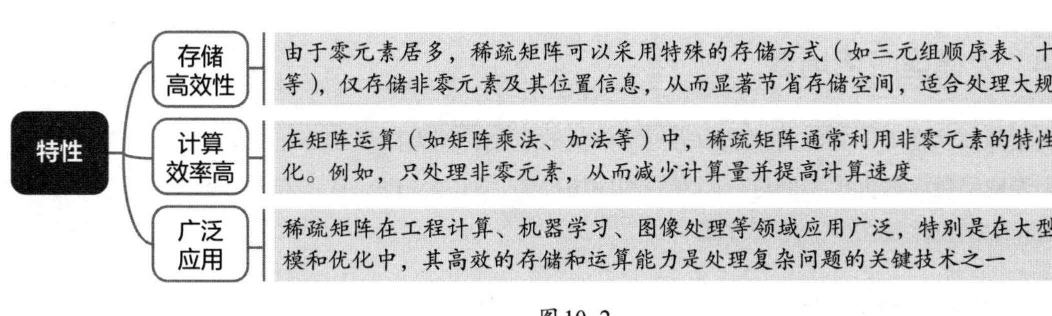

图 10-2

10.1.3 稀疏矩阵的存储格式

在大模型中，稀疏矩阵的主要存储格式如图 10-3 所示，以优化存储空间和计算效率。

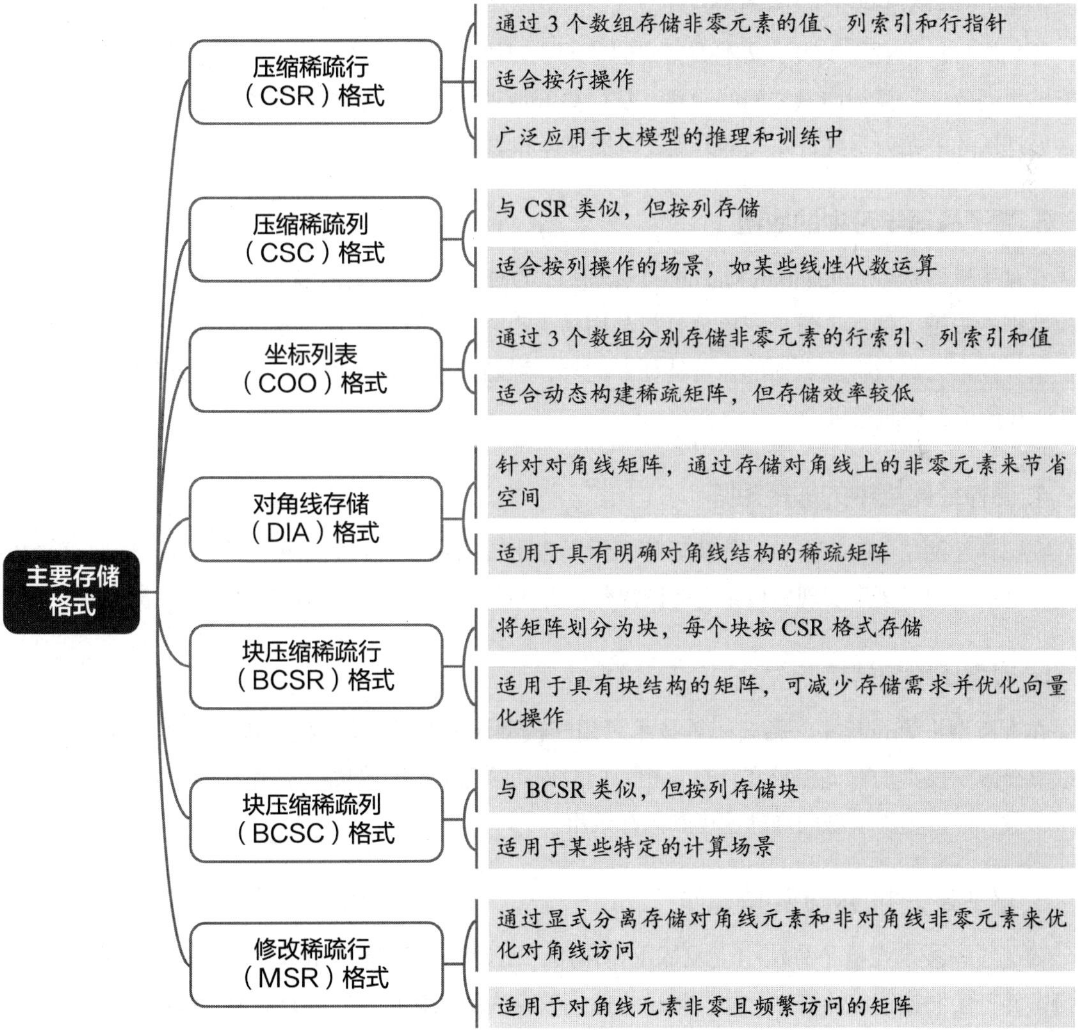

主要存储格式
压缩稀疏行（CSR）格式
通过 3 个数组存储非零元素的值、列索引和行指针
适合按行操作
广泛应用于大模型的推理和训练中
压缩稀疏列（CSC）格式
与 CSR 类似，但按列存储
适合按列操作的场景，如某些线性代数运算
坐标列表（COO）格式
通过 3 个数组分别存储非零元素的行索引、列索引和值
适合动态构建稀疏矩阵，但存储效率较低
对角线存储（DIA）格式
针对对角线矩阵，通过存储对角线上的非零元素来节省空间
适用于具有明确对角线结构的稀疏矩阵
块压缩稀疏行（BCSR）格式
将矩阵划分为块，每个块按 CSR 格式存储
适用于具有块结构的矩阵，可减少存储需求并优化向量化操作
块压缩稀疏列（BCSC）格式
与 BCSR 类似，但按列存储块
适用于某些特定的计算场景
修改稀疏行（MSR）格式
通过显式分离存储对角线元素和非对角线非零元素来优化对角线访问
适用于对角线元素非零且频繁访问的矩阵

图 10-3

这些存储格式各有优缺点，选择哪种格式取决于矩阵的结构和应用场景，目的是在存储和计算效率之间取得平衡。

10.1.4 大模型应用场景

稀疏矩阵技术在人工智能大模型中得到了广泛的应用，使大模型在处理长文本、资源受限环境等场景下表现出色，为大模型的进一步发展和应用提供了有力支持。具体来说，稀疏矩阵技术在大模型中的应用主要体现在以下几个方面。

1. 优化存储与计算效率

大模型通常具有高维度的特征空间和大量的参数，这使矩阵中存在大量零值。稀疏矩阵技术通过只存储非零元素及其位置信息，显著减少了存储空间和计算复杂度。例如，在Transformer模型中，注意力机制会生成稀疏矩阵，这些矩阵可以利用稀疏矩阵技术进行高效存储和计算。

2. 自然语言处理中的语义表示

稀疏矩阵技术可用于表示文本数据中的单词或短语，捕捉其语义信息。通过稀疏向量表示，模型能够更高效地计算词向量之间的距离，从而更好地理解上下文和语义关系。这种表示方式在自然语言处理任务中尤为重要，如文本分类、机器翻译和语义搜索等。

3. 量子机器学习中的应用

在量子机器学习（Quantum Machine Learning，QML）中，稀疏矩阵的高效表示和操作是处理大规模数据的关键。例如，量子主成分分析利用稀疏矩阵表示数据，通过量子随机存取存储器和量子相位估计技术，高效提取数据的显著特征。此外，稀疏矩阵技术还用于量子线性方程求解（如HHL算法）和量子支持向量机中。

4. 图神经网络中的邻接矩阵

在图神经网络（GNN）中，稀疏矩阵常用于表示图的邻接矩阵。这种矩阵的稀疏性使存储和计算更加高效，同时便于实现邻域聚合等图操作，并为下游任务（如社区检测和聚类）提供支持。

5. 模型压缩与剪枝

在大模型训练过程中，稀疏矩阵技术可用于模型压缩与剪枝。通过移除模型中接近0的权重，可以显著减少模型的存储需求和计算负担，同时保持模型性能。例如，使用稀疏矩阵存储优化后的模型参数，可以提高模型的推理速度和内存效率。

6. 量子算法中的稀疏矩阵操作

稀疏矩阵技术在量子算法中也发挥重要作用，比如量子K-最近邻算法利用稀疏数据表示，通过量子并行性加速距离计算。此外，量子线性代数算法则依赖稀疏矩阵来高效求解线性方程组。

总之，稀疏矩阵技术在大模型中的应用不仅优化了存储和计算效率，还为处理大规模数据提供了新的可能性。随着量子计算和深度学习技术的不断发展，稀疏矩阵技术将在更多领域发挥重要作用。

10.2 稀疏矩阵技术在 DeepSeek 中的应用

在DeepSeek中，稀疏矩阵通过稀疏激活机制大幅减少计算量和存储需求，显著提升模型效率。其原生稀疏注意力机制结合动态分层稀疏策略，优化长文本建模的计算效率，推理速度显著提升，显存占用大幅降低。此外，DeepSeek采用稀疏存储格式（如CSR、COO）和专用运算库优化稀疏矩阵的存储与计算，进一步降低成本并提高性能。

10.2.1 学术洞见如何驱动工程实践

2025年2月，DeepSeek团队在arXiv发布了关于NSA的论文——*Native Sparse Attention: Hardware-Aligned and Natively Trainable Sparse Attention*。论文中指出，长文本建模对下一代语言模型至关重要，但对标准注意力机制的高计算成本带来了显著挑战。此外，可以看到NSA与稀疏矩阵技术的关系紧密且相辅相成，稀疏矩阵技术为NSA提供了高效存储和计算的基础，而NSA则通过动态稀疏架构进一步拓展了稀疏矩阵的应用场景。动态稀疏架构允许模型在训练过程中动态调整稀疏模式，从而更好地适应不同的输入数据和任务需求。这种动态调整机制使NSA能够在长序列任务中实现计算效率与模型性能的平衡，同时支持端到端的训练。

NSA作为一种原生可训练的稀疏注意力机制，结合了算法创新与硬件对齐优化，实现了高效的长文本建模。其核心贡献如下。

◎ **创新的稀疏策略与算法设计：** NSA采用动态层级稀疏策略，融合粗粒度令牌压缩与细粒度令牌选择，在保持全局上下文感知的同时，兼顾局部精确性。通过算术强度平衡的算法设计及现代硬件实现优化，大幅提升速度。

◎ **支持端到端训练：** NSA实现了可稳定训练的高效算法和反向算子，可在预训练阶段减少计算量，且不损害模型性能，支持模型的高效部署和端到端训练。

◎ **卓越的实验性能：** 在27B参数的变压器骨干网络上预训练260B Token后，NSA在通用语言评估、长文本评估和链式思维推理评估中，与全注意力基线模型相比，性能相当或更优。在处理64K长度序列时，NSA在解码、前向传播和反向传播阶段均实现了显著的速度提升。

10.2.2 NSA 的诞生背景

NSA的诞生背景如图10-4所示。

为了克服这些限制，部署有效的稀疏注意力必须解决两个关键问题。

◎ **硬件对齐的推理加速：** 将理论计算减少转化为实际速度提升，需要在预填充和解码阶段进行硬件友好的算法设计，以缓解内存访问和硬件调度瓶颈。

◎ **训练感知的算法设计：** 通过可训练的算子实现端到端计算，以减少训练成本，同时保持模型性能。

为了解决这些问题，DeepSeek团队提出了NSA，一种具有层次化标记建模的原生可训练稀疏注意力架构。NSA通过将键和值组织成时间块，并通过3个注意力路径处理它们，从而减少每个查询的计算量。这3个注意力路径分别是压缩粗粒度标记、选择性保留细粒度标记及用于局部上下文信息的滑动窗口。然后DeepSeek团队实现专用内核以最大化其使用效率。

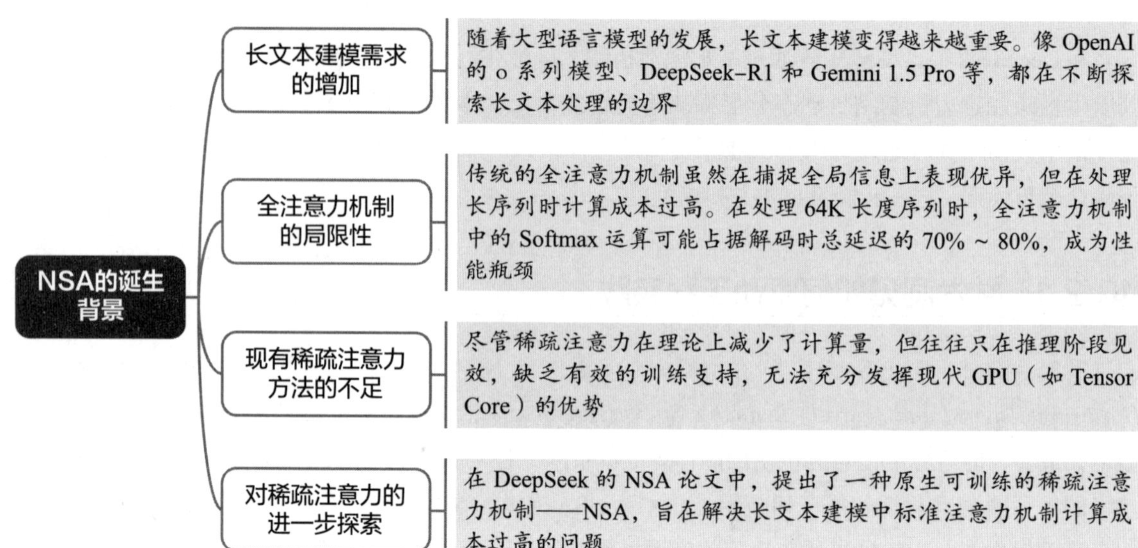

图10-4

10.2.3 稀疏注意力方法的重新思考

现代稀疏注意力方法在降低Transformer模型的理论计算复杂度方面取得了显著进展。然而，大多数方法主要在推理阶段应用稀疏性，同时保留预训练的全注意力架构，这可能会引入架构偏差，限制其充分发挥稀疏注意力的优势。在介绍DeepSeek团队提出的原生稀疏架构之前，通过两个关键视角系统地分析了这些限制。

1. 推理效率的幻象

尽管在注意力计算中实现了稀疏性，但许多方法未能在推理延迟方面实现相应的减少，这主要由于以下两个挑战。

（1）分阶段的稀疏性

在稀疏矩阵技术的应用中，分阶段稀疏性是一个重要的概念。例如，一些方法仅在自回归解码阶段应用稀疏性，而在预填充阶段仍需要进行计算密集型的预处理操作，比如注意力图计算和索引构建。以H2O（Heavy-Hitter Oracle）为例，该方法在解码阶段能够有效利用稀疏性来加速计算，但在预填充阶段需要进行大量的预处理工作，这限制了其在某些场景下的整体效率。

其他一些方法则专注于预填充阶段的稀疏性优化，如MInference。这些方法虽然在预填充阶段实现了稀疏性，但在解码阶段未能延续这种优化，导致至少有一个阶段的计算成本与全注意力机制相当。这种设计使它们在某些任务中无法实现全流程的加速效果。

这种分阶段的稀疏性设计虽然各有优势，但也存在局限性。对于预填充主导的工作负载（如书籍摘要和代码补全）或解码主导的工作负载（如长链推理），这些方法的加速能力会受到限制，因为它们未能在所有推理阶段实现一致的稀疏性优化。

（2）与先进注意力架构的不兼容性

在稀疏注意力机制的研究中，一个显著的问题是许多现有的稀疏注意力方法与现代先进的注意力架构存在不兼容性。例如，一些稀疏注意力方法未能适应像多查询注意力（Multiple-Query Attention，MQA）和分组查询注意力（Grouped-Query Attention，GQA）这样的现代解码高效架构。这些架构通过在多个查询头之间共享键值对，显著减少了在解码阶段的内存访问瓶颈，从而提高了计算效率。

然而，某些稀疏注意力方法，如Quest（Tang et al., 2024），在实现时每个注意力头独立选择其KV缓存子集。虽然在基于多头注意力（MHA）的模型中，这些方法能够实现一致的计算稀疏性和内存访问稀疏性，但在基于GQA的模型中，KV缓存的内存访问量对应同一GQA组内所有查询头选择的并集。这意味着，尽管这些方法可以减少计算操作的数量，但所需的KV缓存内存访问量仍然相对较高。

这种架构特性导致了一个关键问题：尽管稀疏注意力方法可以减少计算量，但它们的分散内存访问模式与先进架构的高效内存访问设计存在冲突。这种不兼容性限制了稀疏注意力方法在实际应用中的效率提升，因为许多现有的方法主要关注KV缓存的减少或理论计算量的减少，但在先进框架或后端中难以实现显著的延迟减少。

因此，当前的研究趋势是开发能够结合先进架构和硬件高效实现的算法，以充分利用稀疏性来提高模型的整体效率。这不仅需要在理论计算层面进行优化，还需要在实际的硬件实现和架构设计中找到更好的平衡点，从而真正实现稀疏注意力方法在现代高效架构中的广泛应用和性能提升。

2. 可训练稀疏性的神话

对原生可训练稀疏注意力的追求是，基于对仅推理阶段稀疏性方法的两个关键洞察。

（1）性能退化

在预训练后应用稀疏性会迫使模型偏离其预训练的优化轨迹。正如Chen et al.（2024）所展示的，前20%的注意力只能覆盖总注意力分数的70%，这使预训练模型中的检索头等结构在推理时容易被剪枝。

（2）训练效率需求

高效处理长序列训练对于现代大语言模型开发至关重要。这包括在更长的文档上进行预训练以增强模型容量，以及后续的适应阶段，如长文本微调和强化学习。然而，现有的稀疏注意力方法主要针对推理，对训练中的计算挑战关注较少。这一限制阻碍了通过高效训练开发更强大的长文本模型。

此外，尝试将现有的稀疏注意力方法适应训练也面临挑战。

◎ **不可训练组件：**像ClusterKV（包含k-means聚类）和MagicPIG（包含基于SimHash的选择）等方法中的离散操作会在计算图中引入不连续性。这些不可训练的组件阻止了梯度通过标记选择过程流动，限制了模型学习最优稀疏模式的能力。

◎ **反向传播效率低下：**一些理论上可训练的稀疏注意力方法在实际训练中存在效率问题。例如，HashAttention中使用的基于标记粒度的选择策略需要在注意力计算期间从KV缓存中加载大量单独标记。这种非连续的内存访问阻止了像FlashAttention这样的快速注意力技术的高效适应，后者依赖于连续内存访问和分块计算以实现高吞吐量。因此，稀疏注意力实现被迫退回到低硬件利用率，显著降低了训练效率。

这些推理效率和训练可行性的限制促使人们重新设计稀疏注意力机制。DeepSeek团队提出了NSA，它同时满足计算效率和训练需求。

10.2.4 NSA的设计理念与创新

DeepSeek团队提出的NSA是一种针对大模型长文本处理难题的突破性设计，其核心设计理念在于平衡计算效率与模型性能，通过算法创新与硬件协同优化，实现了在超长序列处理中的高效推理与训练。

1. 分层动态稀疏策略：全局与局部的协同优化

NSA的核心创新在于其动态分层稀疏架构，通过多粒度信息处理策略，有效减少冗余计算，同时保留关键语义信息。

◎ **粗粒度令牌压缩：**将长序列分割为连续的块，通过可学习的多层感知器（MLP）将每个块压缩为摘要级表示，捕获全局语义模式。例如，将64K长度的序列划分为多个块，每个块压缩为关键特征向量，显著减少后续计算量。

◎ **细粒度令牌选择：**在压缩后块级表示的基础上，通过重要性评分动态选择关键块，仅保留对当前任务至关重要的细粒度信息。例如，在长文本推理中，系统可能仅选择包含核心逻辑的段落块进行处理，避免全局计算。

◎ **滑动窗口局部增强：**引入局部滑动窗口机制，确保模型在长距离依赖中仍能捕捉相邻Token的细节关联。例如，在对话系统中，窗口机制可维持对话的连贯性，防止关键上下文丢失。

分层动态稀疏策略的创新意义是通过“压缩→选择→局部增强”三阶段处理，使NSA既保留了全注意力模型的全局感知能力，又将计算复杂度从$O(n^2)$降至接近线性水平，尤其适合处理64K以上超长序列。

2. 硬件感知的算法设计：算力与内存的极致优化

NSA的另一大创新在于与GPU架构深度协同的设计，显著提升了计算效率。

◎ **内存访问优化：**通过块级连续内存访问策略，减少GPU显存的随机读取次数。例如，Token选择阶段优先选择空间连续的块，提升缓存命中率，降低延迟。

◎ **计算内核定制化：**针对NVIDIA Tensor Core特性设计专用计算内核，优化矩阵乘法和稀疏操作的并行性。实验显示，NSA在64K序列长度下，前向传播速度提升9倍左右，反向传播速度提升6倍左右。

◎ **显存管理策略：**通过动态调整KV缓存加载量，减少解码阶段的显存占用。例如，在生成式任务中，NSA的解码速度可达全注意力模型的11.6倍。

◎ **硬件协同效果：**NSA的硬件优化不仅提升计算速度，还降低对高带宽显存的依赖，使其在消费级GPU上也能高效运行长序列任务。

3. 端到端可训练性：性能与成本的平衡

NSA突破了传统稀疏注意力机制难以端到端训练的局限。

◎ **梯度传播优化：** 通过设计可微分的稀疏操作（如重要性评分机制），确保梯度在压缩与选择步骤中有效回传，避免信息损失。例如，在预训练中，NSA模型的损失收敛曲线优于全注意力模型。

◎ **动态适应性训练：** 支持从短序列到长序列的渐进式训练策略。例如，模型先在32K长度上微调，再扩展至64K，显著减少长文本适应的计算成本。

◎ **性能无损压缩：** 实验显示，NSA在MMLU、GSM8K等通用基准测试中，性能媲美甚至超越全注意力模型，同时在长文本任务（如“大海捞针”检索）中实现100%准确率。

◎ **实际价值：** NSA的端到端训练能力使其在降低75%以上预训练成本的同时，保持模型性能，为工业级大模型部署提供了经济可行的方案。

4. 应用场景与行业影响

NSA的设计直接针对实际应用痛点，推动AI在复杂场景中的落地。

◎ **长文档处理：** 如法律合同分析、科研文献解析，NSA可高效提取跨章节的关键信息。

◎ **多轮对话系统：** 通过动态选择历史对话片段，维持上下文连贯性，减少计算冗余。

◎ **边缘设备部署：** 低内存占用的特性使其可在手机、车载系统中运行百亿参数模型。

总之，NSA通过分层动态稀疏策略、硬件协同优化与端到端训练三大创新，重新定义了稀疏注意力机制的设计范式。其核心价值在于以算法—硬件协同设计打破“效率—性能”的权衡困境，为千亿级模型的长文本处理提供了新范式。未来，NSA可能与MoE架构结合，进一步探索稀疏化与模型扩展的协同潜力。

10.2.5 算法设计要点

NSA的核心目标是通过稀疏化注意力机制，减少计算和内存访问的开销，同时保持模型对长文本的有效建模能力。为此，NSA采用了3种主要的稀疏化策略：标记压缩、标记选择和滑动窗口，如图10-5所示。这些策略通过动态构建稀疏化的键值对，减少了注意力计算的负担，同时避免了细粒度信息的丢失。

另外，为了最大化实际效率，NSA在硬件层面进行了优化设计。通过与现代GPU架构对齐，NSA利用了Tensor Core和内存访问的高效性。具体而言，NSA采用了以组为中心的数据加载策略，减少了冗余的键值对传输，并通过分块计算提高了内存访问效率。这种设计使NSA能够在保持高算术强度的同时，实现高效的硬件利用。

总之，DeepSeek的NSA通过标记压缩、标记选择和滑动窗口3种策略，实现了稀疏化的注意力机制。这些策略不仅减少了计算和内存访问的开销，还通过动态聚合机制确保了模型对长文本的有效建模能力。同时，NSA通过硬件优化设计，进一步提升了实际运行效率，使其在长文本任务中表现出色。

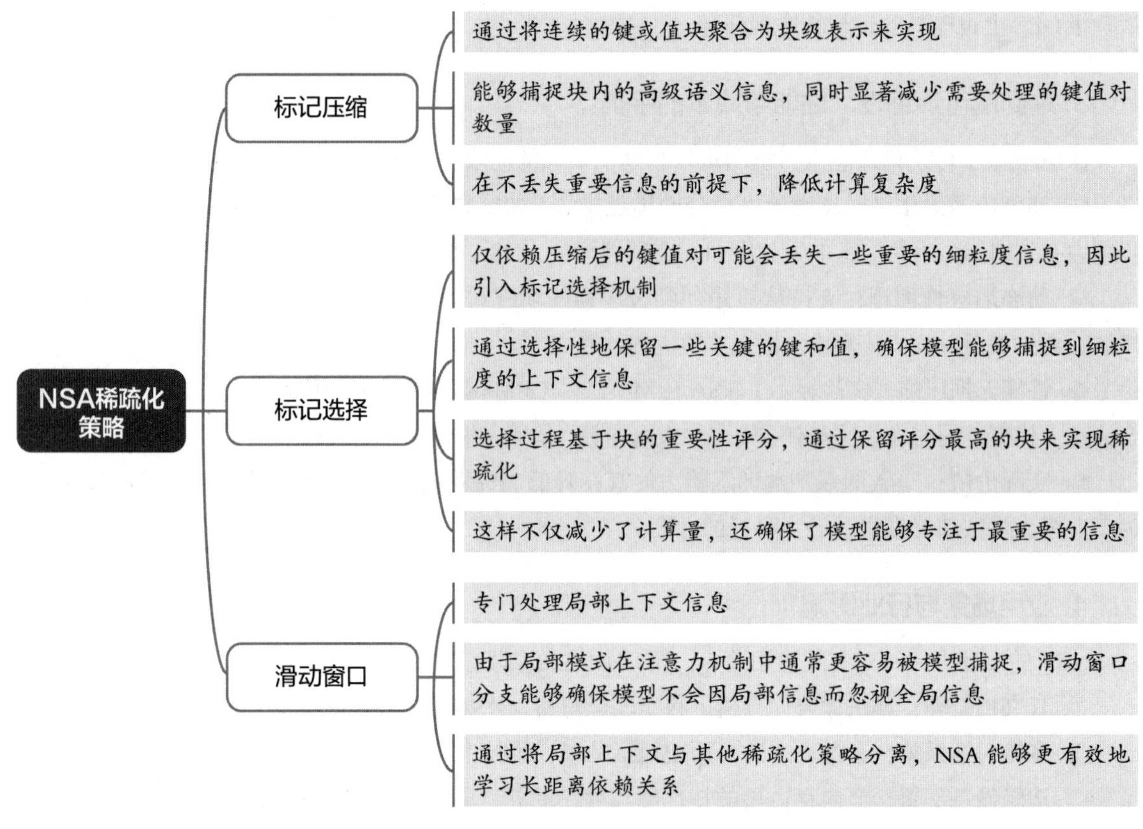

图10-5

10.2.6 预训练测试

DeepSeek采用了当前最先进的大语言模型的常见实践，结合了GQA和MoE的骨干架构，总参数量为27B，其中激活参数为3B。模型包含30层，隐藏维度为2 560。对于GQA，DeepSeek团队将组数设置为4，总共有64个注意力头。对于MoE，DeepSeek团队使用DeepSeekMoE架构，包含72个路由专家和2个共享专家，并将Top-*K*专家设置为6。为了确保训练稳定，第一层的MoE被替换为SwiGLU形式的MLP。图10-6展示了27B参数模型中全注意力与NSA的预训练损失比较。两种模型均表现出稳定的收敛趋势，且NSA最终的损失值更低。这表明，尽管NSA采用了稀疏注意力机制，但其性能仍优于全注意力模型。

在NSA中，DeepSeek设置压缩块大小为32，滑动步长为16，选择块大小为64，选择块数量为16（包括1个初始块和2个局部块），以及滑动窗口大小为512。全注意力和稀疏注意力模型都在2 700亿个8K长度的文本上进行预训练，随后通过YaRN继续训练和监督微调32K长度的文本，以适应长文本任务。两个模型都训练到完全收敛，以确保公平比较。实验结果显示，NSA的预训练损失曲线稳定且平滑，且优于全注意力模型。

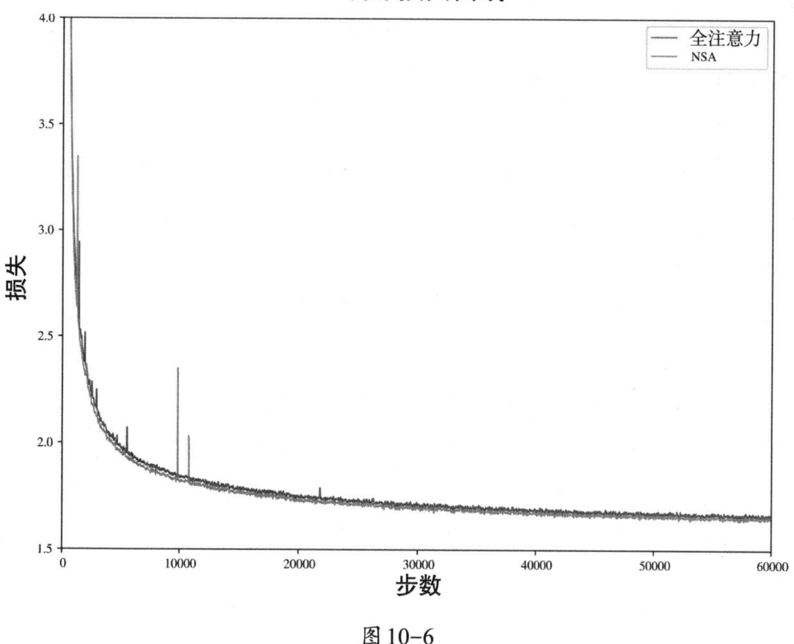

图 10-6

10.3 稀疏矩阵技术的前沿探索

稀疏矩阵技术的前沿探索正朝着更高效、更智能的方向发展。一方面，研究者们致力于优化稀疏矩阵的存储和计算方法，以适应大规模并行计算和异构硬件架构的需求，比如开发新型的稀疏矩阵格式和高效的并行算法；另一方面，稀疏矩阵技术与人工智能、机器学习等领域的深度融合，比如和知识图谱的融合，推动了动态稀疏架构和自适应稀疏方法的创新，为解决复杂问题提供了更强大的工具。

10.3.1 稀疏矩阵技术的性能提升方向

随着科学和工程领域对大规模稀疏矩阵计算需求的不断增加，稀疏矩阵技术的性能提升成为研究的热点。稀疏矩阵计算的效率直接影响到从物理模拟到机器学习等多个领域的应用性能。为了满足日益增长的计算需求，稀疏矩阵技术的性能提升方向主要集中在硬件加速技术的融合及算法优化的创新路径上。

1. 硬件加速技术的融合

硬件加速技术的快速发展为稀疏矩阵计算提供了强大的支持。现代计算硬件，如GPU、现场可编程门阵列（FPGA）和专用加速器，具有高度并行的计算能力，能够显著提升稀疏矩阵计算的效率。其中硬件加速技术的融合方法如下。

（1）GPU加速

GPU以其强大的并行计算能力闻名，能够高效处理稀疏矩阵计算中的大规模并行任务。通过优化稀疏矩阵的存储格式（如CSR、CSC等）和并行算法设计，可以充分利用GPU的多核心架构。例如，SpMV是许多科学计算中的关键操作，通过在GPU上实现SpMV，可以显著减少计算时间。此外，现代GPU架构（如NVIDIA的CUDA和AMD的ROCm）提供了丰富的编程接口，使开发者能够更灵活地实现稀疏矩阵计算的并行化。

（2）FPGA加速

FPGA是一种可重构的硬件，能够根据具体应用需求进行定制化设计。FPGA在稀疏矩阵计算中的优势在于其低延迟和高吞吐量的特性。通过在FPGA上实现稀疏矩阵计算的专用逻辑，可以显著提高计算效率。例如，FPGA可以通过流水线技术和并行处理单元来优化稀疏矩阵的存储和计算过程。此外，FPGA的可重构性使其能够适应不同的稀疏矩阵格式和计算需求，提供了更高的灵活性。

（3）专用加速器

随着人工智能和高性能计算的快速发展，一些专用加速器（如Google的TPU和Intel的Xeon Phi）也逐渐应用于稀疏矩阵计算。这些加速器通常具有高度优化的内存访问和计算单元，能够高效处理稀疏矩阵的复杂计算任务。例如，TPU通过其Tensor Core技术，能够显著提升稀疏矩阵计算的效率。此外，专用加速器通常与软件栈紧密结合，提供了更高效的编程模型和优化工具，进一步提升了稀疏矩阵计算的性能。

2. 算法优化的创新路径

除了硬件加速技术的融合，算法优化也是提升稀疏矩阵计算性能的关键方向。通过改进稀疏矩阵的存储格式、优化计算流程及引入新的算法思想，可以显著提高稀疏矩阵计算的效率。下面列出了一些具体的优化方法。

（1）稀疏矩阵存储格式的优化

稀疏矩阵的存储格式直接影响到计算效率和内存使用。传统的存储格式（如CSR、CSC和COO）虽然已经广泛应用于稀疏矩阵计算，但仍有改进空间。例如，研究人员提出了混合存储格式（如HYB），这些格式结合了多种存储方式的优点，能够在不同场景下提供更高的计算效率。此外，针对特定硬件架构（如GPU和FPGA）的优化存储格式也在不断涌现，进一步提升了稀疏矩阵计算的性能。

（2）并行算法设计

并行算法设计是提升稀疏矩阵计算效率的重要手段。通过将稀疏矩阵计算任务分解为多个子任务，并在多核处理器或专用硬件上并行执行，可以显著减少计算时间。例如，SpMV的并行化可以通过任务分配、负载均衡和数据局部性优化等技术来实现。此外，针对稀疏矩阵的并行分解算法（如LU分解和Cholesky分解）也在不断研究和改进，以适应大规模并行计算的需求。

（3）稀疏矩阵的预处理和优化

稀疏矩阵的预处理是提升计算性能的重要环节。通过重新排序、填充减少和稀疏化等技术，可以优化稀疏矩阵的结构，减少计算复杂度。例如，最小度算法和嵌套剖分方法能够有效减少稀疏矩阵的填充，从而提高计算效率。此外，稀疏矩阵的稀疏化技术（如阈值稀疏化和随机稀疏化）可以在不显著影响计算精度的情况下，进一步减少非零元素的数量，提升计算性能。

（4）自适应稀疏算法

自适应稀疏算法是近年来的一个研究热点。这种算法能够根据输入数据的特性和计算需求动态调整稀疏矩阵的结构和计算策略。例如，在深度学习中，动态稀疏架构（如DeepSeek中的NSA）可以根据训练过程中的梯度信息动态调整稀疏模式，从而在保持模型性能的同时减少计算量。自适应稀疏算法不仅能够提高计算效率，还能在不同应用场景中提供更好的灵活性和适应性。

10.3.2 稀疏矩阵技术与知识图谱的融合创新

随着知识图谱在人工智能和数据科学中的广泛应用，稀疏矩阵技术与知识图谱的融合创新成为一个重要的研究方向。这种融合不仅能够有效提升知识图谱的表示学习效率，还能优化计算性能，同时为复杂关系建模提供更强大的工具。

1. 稀疏矩阵技术在知识图谱嵌入中的应用

知识图谱嵌入是将知识图谱中的实体和关系映射到低维向量空间中的过程，目的是通过嵌入向量捕捉实体之间的语义关系。然而，传统的嵌入方法通常将三元组表示为密集矩阵，这在大规模数据集上会导致计算和内存瓶颈。为了解决这一问题，研究人员提出了使用稀疏矩阵来表示知识图谱，并利用高度优化的稀疏矩阵操作来简化嵌入训练过程。

例如，TranSparse方法通过自适应稀疏矩阵替代传统的密集投影矩阵，显著减少了参数量和计算复杂度。该方法为每个关系类别自适应地学习稀疏度，复杂关系（连接更多实体对的关系）使用更密集的矩阵，而简单关系则使用更稀疏的矩阵。这种自适应稀疏矩阵的使用不仅提高了计算效率，还增强了模型对知识图谱异构性和不平衡性的适应能力。

2. 稀疏矩阵技术优化知识图谱查询

除了嵌入学习，稀疏矩阵技术还被应用于优化知识图谱的查询效率。通过将知识图谱转换为稀疏矩阵，并对稀疏矩阵进行优化处理，可以显著提高查询的效率。例如，一种基于稀疏矩阵的知识图谱查询方法通过离散度评价和字节对齐的行向量填充，确保查询过程中数据访问的高效性。

3. 稀疏矩阵技术与知识图谱的动态建模

稀疏矩阵技术还可以用于动态建模知识图谱中的复杂关系。例如，SparseTransX方法通过稀疏矩阵操作优化了基于翻译的嵌入模型（如TransE、TransR等）的训练过程。该方法将核心嵌入计算替换为稀疏—密集矩阵乘法，减少了训练时间和内存占用。此外，稀疏矩阵技术还可以用于建模知识图谱中的多跳关系和动态变化的关系。

4. 稀疏矩阵技术与知识图谱的未来展望

稀疏矩阵技术与知识图谱的融合创新不仅在当前的研究中展现出显著的优势，还为未来的发展提供了广阔的空间。例如，稀疏矩阵技术可以进一步与深度学习模型结合，开发更高效的嵌入学习方法。此外，稀疏矩阵技术还可以用于多模态知识图谱的建模，通过融合文本、图像等多种数据源，提升知识图谱的表示能力和应用价值。

总之，稀疏矩阵技术与知识图谱的融合创新为知识图谱的高效表示、查询和建模提供了新的思路和方法。未来，随着稀疏矩阵技术的不断发展和优化，其在知识图谱中的应用将更加广泛和深入。

第11章

DeepSeek部署实战：从本地到云端的一体化落地

模型部署是指将训练好的AI模型应用到实际环境中，以便对外提供服务或进行推理的过程。对于DeepSeek，本地部署是指在用户的本地服务器或计算机上运行模型，适合对数据安全性要求高且需要快速响应的场景，但需要用户自行配置硬件和维护环境。云端部署则是将模型托管在云端服务器上，用户可以通过网络访问模型服务，这种方式具有较高的可扩展性和灵活性，适合处理大规模数据和动态负载，但可能涉及数据传输和隐私问题。DeepSeek的本地部署和云部署各有优劣，用户可以根据自身需求选择合适的部署方式。

11.1 基于 Ollama 的本地部署

Ollama是一款专注于大语言模型本地部署与管理的开源框架，Ollama遵循开源理念，其源代码对公众开放，开发者可以在GitHub等开源平台上访问和查看，这使用户能够自由地使用、修改和分发Ollama，同时也便于开发者社区对Ollama进行改进和扩展。

11.1.1 Ollama 的主要特点和优势

Ollama的主要特点和优势如图11-1所示。

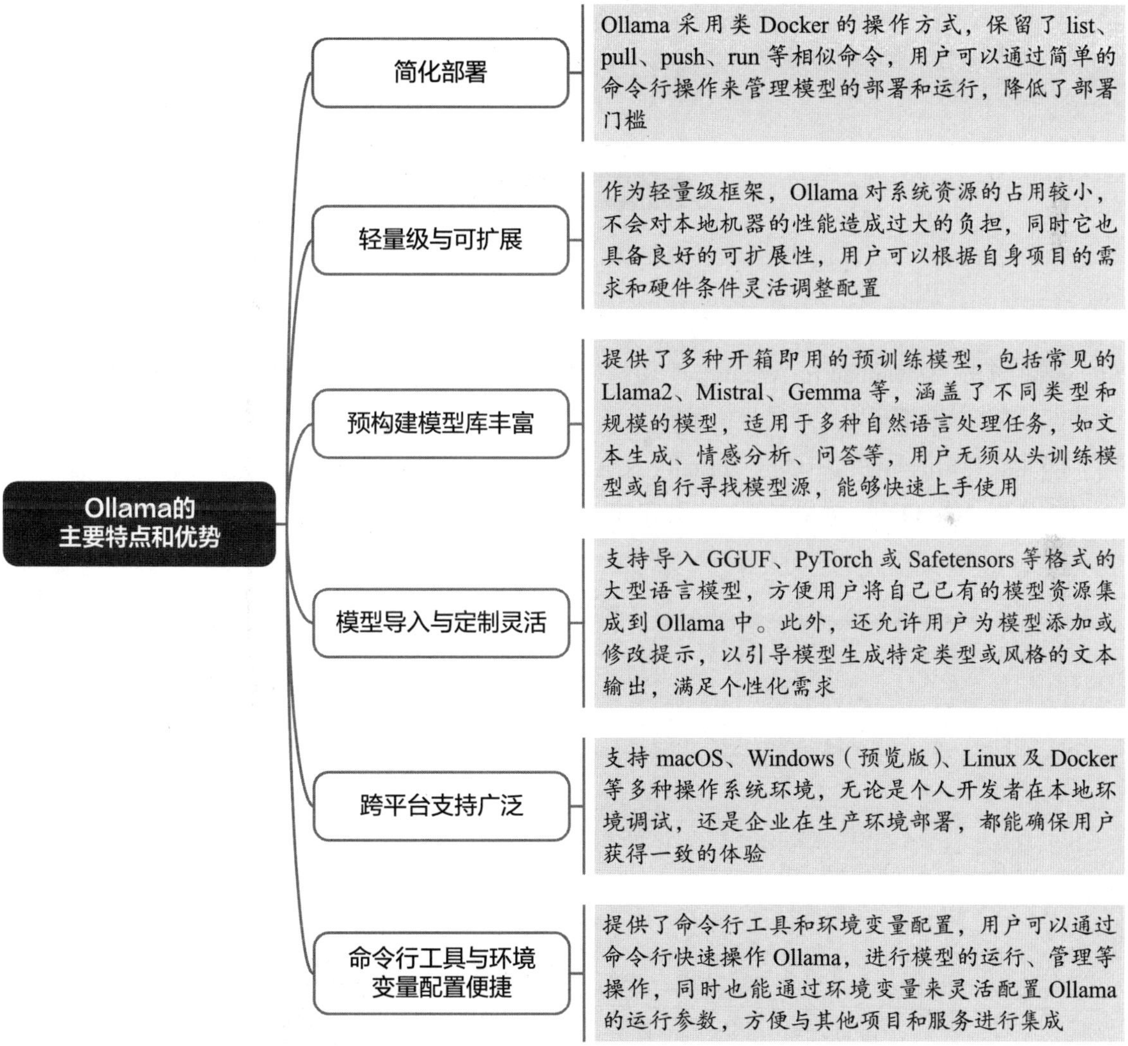

Ollama的主要特点和优势
简化部署
Ollama 采用类 Docker 的操作方式，保留了 list、pull、push、run 等相似命令，用户可以通过简单的命令行操作来管理模型的部署和运行，降低了部署门槛
轻量级与可扩展
作为轻量级框架，Ollama 对系统资源的占用较小，不会对本地机器的性能造成过大的负担，同时它也具备良好的可扩展性，用户可以根据自身项目的需求和硬件条件灵活调整配置
预构建模型库丰富
提供了多种开箱即用的预训练模型，包括常见的 Llama2、Mistral、Gemma 等，涵盖了不同类型和规模的模型，适用于多种自然语言处理任务，如文本生成、情感分析、问答等，用户无须从头训练模型或自行寻找模型源，能够快速上手使用
模型导入与定制灵活
支持导入 GGUF、PyTorch 或 Safetensors 等格式的大型语言模型，方便用户将自己已有的模型资源集成到 Ollama 中。此外，还允许用户为模型添加或修改提示，以引导模型生成特定类型或风格的文本输出，满足个性化需求
跨平台支持广泛
支持 macOS、Windows（预览版）、Linux 及 Docker 等多种操作系统环境，无论是个人开发者在本地环境调试，还是企业在生产环境部署，都能确保用户获得一致的体验
命令行工具与环境变量配置便捷
提供了命令行工具和环境变量配置，用户可以通过命令行快速操作 Ollama，进行模型的运行、管理等操作，同时也能通过环境变量来灵活配置 Ollama 的运行参数，方便与其他项目和服务进行集成

图 11-1

11.1.2 安装Ollama

01 登录Ollama官网，根据本地计算机的操作系统类型下载对应的版本。目前Ollama支持macOS、Linux和Windows操作系统。这里选择Windows操作系统版本，如图11-2所示。

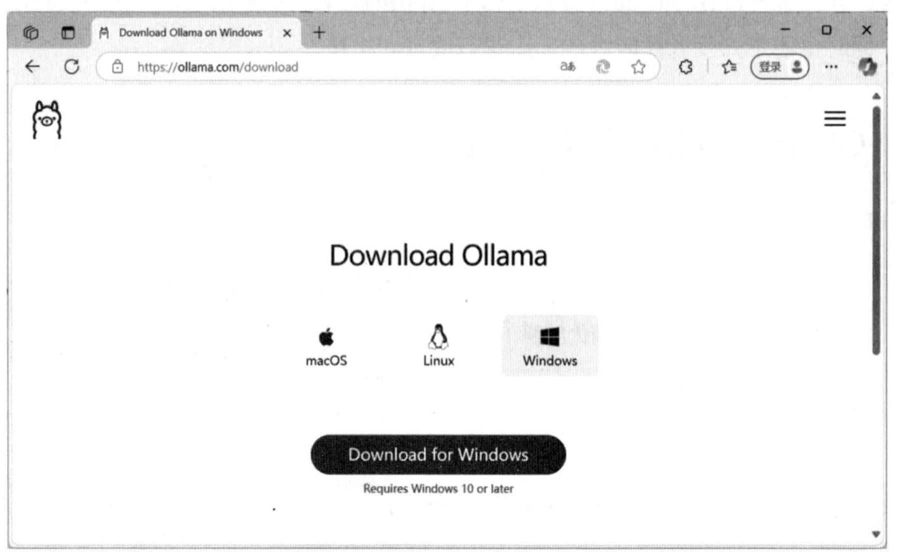

图11-2

02 单击“Download for Windows”按钮开始下载。下载完成之后，得到一个.exe格式的安装文件，右击安装包选择以管理员身份运行。

03 在弹出的对话框中单击“Install”按钮开始安装，如图11-3所示。

04 在“Installing”界面中等待安装完成，如图11-4所示。

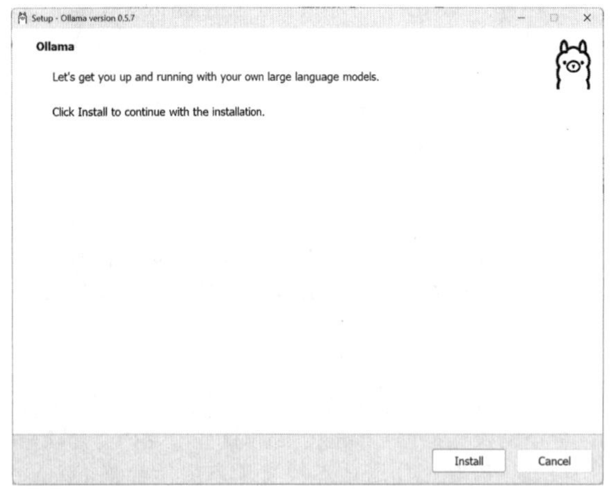

图11-3

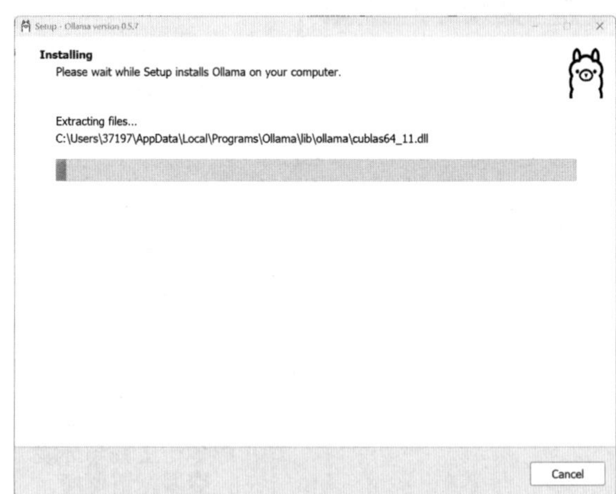

图11-4

05 完成安装后，为了确保Ollama服务已启动，在命令行输入下面的命令进行验证。当弹出图11-5所示的界面时则表示安装成功。

```
ollama -h
```

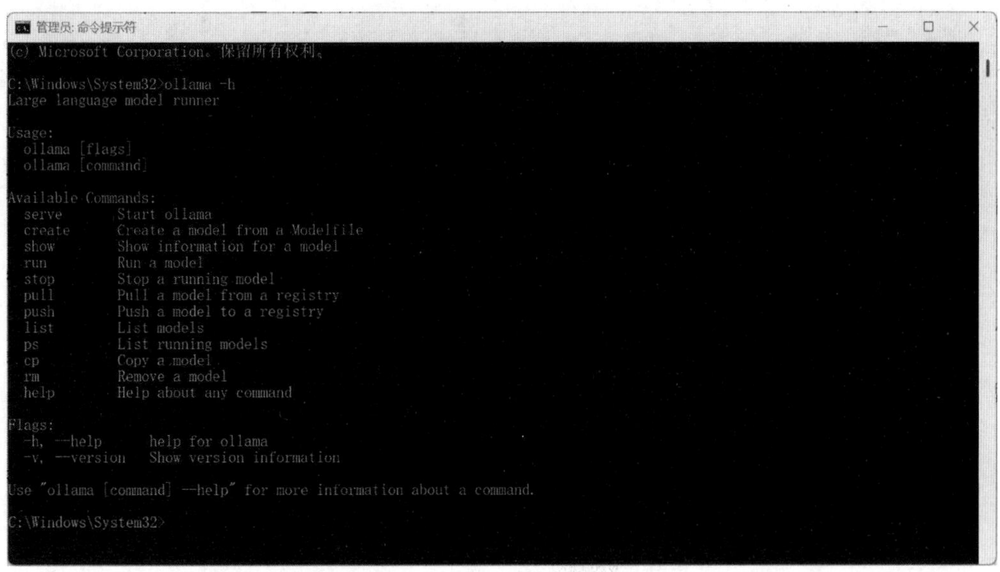

图 11-5

11.1.3 在 Ollama 部署 DeepSeek

在Ollama部署DeepSeek的基本步骤如下。

01 登录Ollama官网，选择顶部的“Models”选项，切换到模型界面，如图11-6所示。

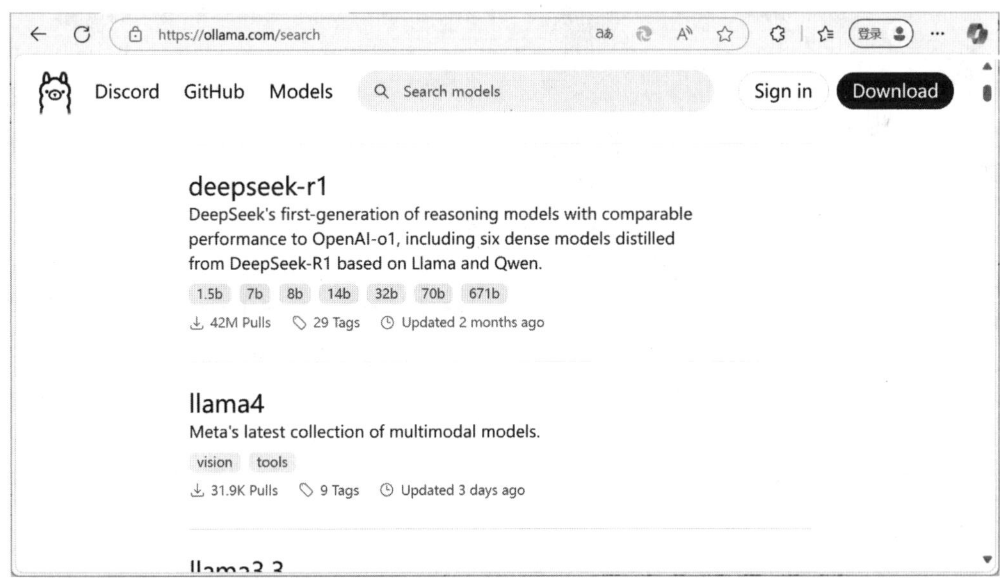

图 11-6

02 单击“deepseek-r1”链接，进入DeepSeek的模型界面，在下拉列表中有多个不同大小的模型版本，模型大小不同，可适配的计算机显存、显卡及内存配置也不同，如图11-7所示。

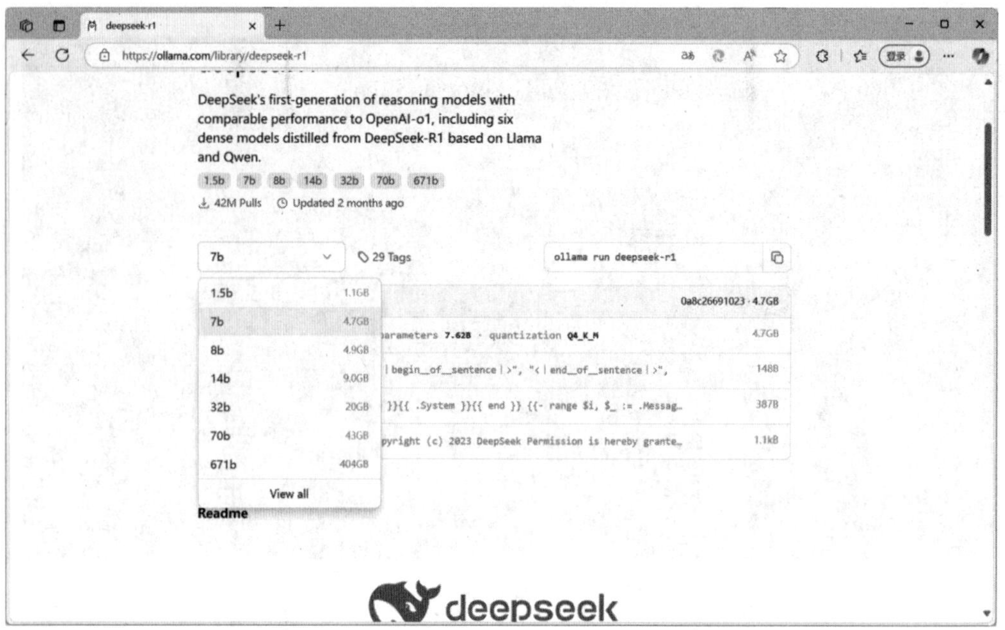

图 11-7

03 根据硬件配置选择合适的模型版本，假设要安装“1.5b”版本，在下拉列表中选择“1.5b”选项，然后复制对应的命令“ollama run deepseek-r1:1.5b”，如图 11-8 所示。

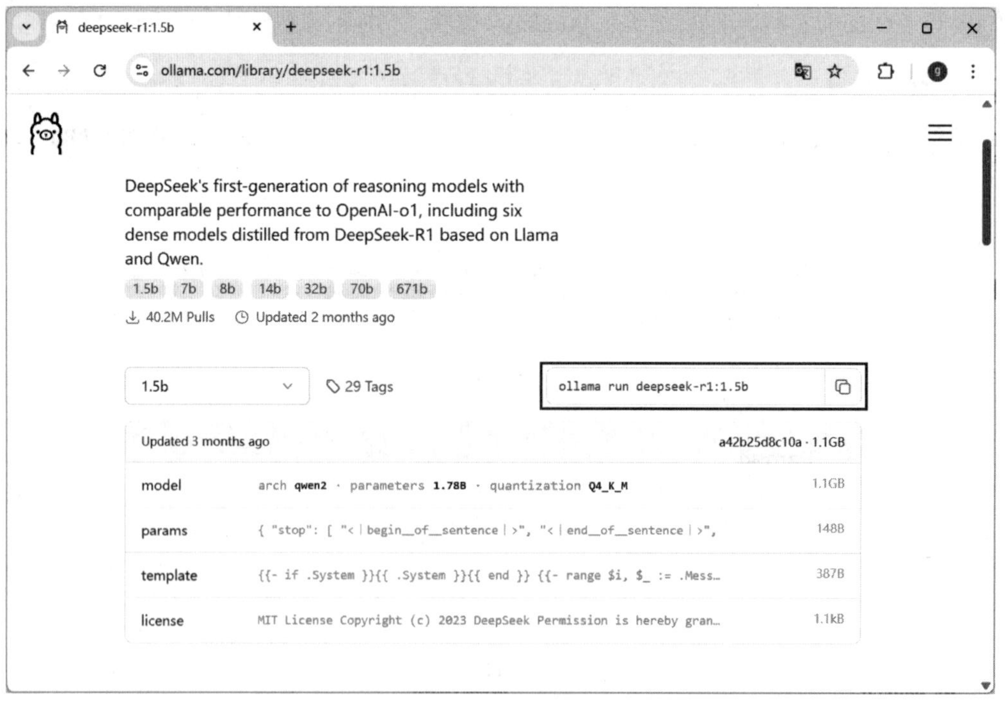

图 11-8

04 在命令行中输入前面复制的如下命令，按回车键后开始安装“1.5b”版本的DeepSeek。安装时间可能有点长，需要耐心等待（模型越大等待的时间越长），安装成功的效果如图 11-9 所示。

```
ollama run deepseek-r1:1.5b
```

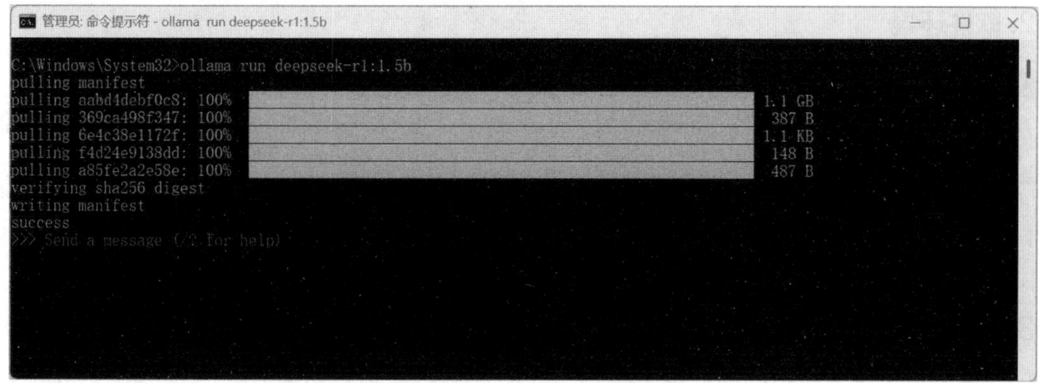

图 11-9

05 安装成功后，可以直接与DeepSeek进行对话。例如，输入“你是谁?”命令，按回车键后的对话效果如图11-10所示。输入“/bye”命令可退出模型。

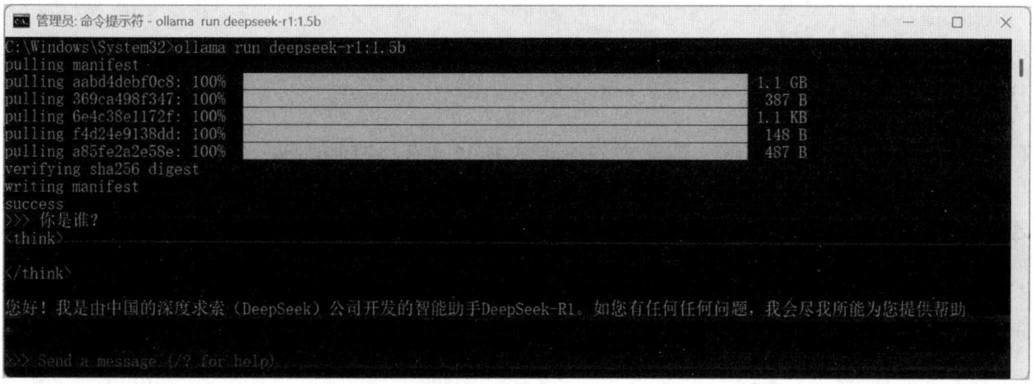

```
管理员: 命令提示符 - ollama run deepseek-r1:1.5b
C:\Windows\System32>ollama run deepseek-r1:1.5b
pulling manifest
pulling aabd4debf0c8: 100% ▕████████████████▏ 1.1 GB
pulling 369ca498f347: 100% ▕████████████████▏ 387 B
pulling 6e4c38e1172f: 100% ▕████████████████▏ 1.1 KB
pulling f4d24e9138dd: 100% ▕████████████████▏ 148 B
pulling a85fe2a2e58e: 100% ▕████████████████▏ 487 B
verifying sha256 digest
writing manifest
success
>>> 你是谁?
<think>

</think>

您好！我是由中国的深度求索（DeepSeek）公司开发的智能助手DeepSeek-R1。如您有任何任何问题，我会尽我所能为您提供帮助。

>>> Send a message (/? for help)
```

图 11-10

注意：安装 deepseek-r1:1.5b 成功后，如果关闭了命令行界面。可以再次打开命令行界面，然后输入如下命令启动与 DeepSeek 的对话功能。

```
ollama run deepseek-r1:1.5b
```

11.1.4 基于本地 DeepSeek 的对话程序

在本地部署DeepSeek后，可以通过Python程序调用本地模型实现对话功能。下面的例子展示了调用本地DeepSeek实现对话程序的过程。

1. 硬件准备

◎ **GPU支持：** DeepSeek通常需要高性能的GPU来加速推理。建议使用NVIDIA GPU（如A100、RTX系列等），具体要求取决于模型的大小。

◎ **内存和存储：** 确保有足够的内存（至少64 GB）和快速的存储设备（如NVMe SSD），以支持模型的加载和运行。

2. 软件环境

◎ **Python环境：** 安装Python 3.10或更高版本。

◎ **依赖库：** 安装必要的Python库，如transformers、torch、accelerate等。可以通过以下命令安装。

```
pip install transformers torch accelerate
```

3. 下载模型权重

（1）选择模型版本： 根据硬件配置选择合适的DeepSeek模型版本（如1.5B、8B、14B、32B、70B等）。

（2）通过如下命令下载。

```
git clone https://github.com/deepseek-ai/DeepSeek-R1.git
cd DeepSeek-R1
python fp8_cast_bf111.py --input-fp11-hf-path /path/to/DeepSeek-R1 --output-
bf111-hf-path /path/to/deepseek-R1-bf16
```

（3）使用Ollama自动下载，具体方法参考本书11.1.3小节的内容。

4. 配置环境变量

◎ **设置模型路径：** 确保模型权重文件的路径正确配置到程序中。

◎ **配置CUDA环境：** 确保CUDA和cuDNN已正确安装，并设置如下环境变量。

```
export CUDA_HOME=/usr/local/cuda
export LD_LIBRARY_PATH=$CUDA_HOME/lib64:$LD_LIBRARY_PATH
```

下面的实例使用subprocess模块与Ollama进行交互，调用本地的DeepSeek实现对话程序。

实例：基于Ollama本地DeepSeek的对话程序

实例文件Deep01.py（源代码路径：codes\11\Deep01.py）的具体实现代码如下。

```
import subprocess

def deepseek_query(prompt, model_name="deepseek-r1:1.5b"):
    """
    使用 subprocess 调用 Ollama 命令与 DeepSeek 模型进行交互
    """
    try:
        # 运行 Ollama 命令
        result = subprocess.run(
            ['ollama', 'run', model_name],
            input=prompt.encode('utf-8'),
            capture_output=True,
            text=True,
```

```
            check=True
        )
        # 清理并返回模型的响应
        return result.stdout.strip()
    except subprocess.CalledProcessError as e:
        # 捕获并返回错误信息
        return f"Error: {e.stderr}"

if __name__ == "__main__":
    print("欢迎使用 DeepSeek 对话程序！输入“退出”“exit”或“quit”来结束对话。")
    while True:
        user_input = input("你：")
        # 检查用户是否想要退出
        if user_input.lower() in ['退出', 'exit', 'quit']:
            print("结束对话。")
            break
        response = deepseek_query(user_input)
        print(f"DeepSeek: {response}")
```

上述代码的具体说明如下。

◎ **封装模型名称为参数：** 将model_name作为参数传递到deepseek_query()函数中，使代码更具灵活性。可以根据需求轻松切换到其他DeepSeek模型版本（如deepseek-r1:70b）。

◎ **优化错误处理：** 添加try-except块来捕获subprocess.CalledProcessError，这样能够更好地处理运行过程中可能出现的错误，并返回有意义的错误信息。

◎ **文本编码处理：** 使用text=True参数让subprocess.run自动处理文本编码和解码，这样返回的是字符串而不是字节流，可以使代码更简洁易读。

◎ **清理输出：** 使用strip()方法来清理模型的输出，去掉多余的空白字符，使输出更加整洁。

◎ **添加退出提示：** 在程序开始时添加退出提示，可以使用户更清楚如何结束对话。

◎ **用户体验提升：** 在对话结束时添加结束提示，可以使程序的交互更加友好。

执行后会输出相应内容，下面是一个运行交互示例。

```
欢迎使用 DeepSeek 对话程序！输入“退出”“exit”或“quit”来结束对话。
你：你能告诉我什么是人工智能吗?
DeepSeek: 当然可以。人工智能（Artificial Intelligence，简称 AI）是指计算机系统通过模拟人类智能来执行任务的能力，如学习、推理、问题解决、感知和语言理解等。它是一个快速发展的领域，涵盖了机器学习、自然语言处理等多种技术。人工智能的应用已经广泛存在于我们日常生活中，比如语音助手、图像识别、自动驾驶等。

你：退出

结束对话。
```

11.2 基于 Chatbox 的本地部署

Chatbox是一款开源免费的AI客户端工具，专为本地部署的AI模型（如DeepSeek）设计，让用户能够轻松与AI模型进行交互。

11.2.1 基于 Chatbox 部署的优势

基于Chatbox部署的主要优势如图11-11所示。

基于Chatbox部署的主要优势
数据与隐私安全
通过 Chatbox 本地部署 DeepSeek 后，数据在本地进行处理和存储，不会上传至云端，能够有效防止敏感数据外流，符合严格的数据安全标准，特别适合对数据隐私要求较高的行业，如金融、医疗等
低延迟响应
通过本地 GPU 集群加速，Chatbox 部署的 DeepSeek 能够实现约 10 倍响应加速，即使断网也能正常运转，这大大提高了对话系统的实时性和交互性
资源灵活调配
可以根据实际需求灵活调配本地硬件资源，如 CPU、GPU 和内存等，以满足不同规模和复杂度的对话任务，确保系统在高负载情况下仍能稳定运行
深度定制交互
允许将本地知识库和业务流程植入 Chatbox，使其能够直接对接企业的 ERP、OA 等系统，实现深度定制的对话交互，更好地满足企业的特定业务需求
多平台无缝集成
Chatbox 提供了丰富的 API 和插件系统，可以方便地与其他应用程序和服务进行集成，如企业现有的业务系统、前端展示平台等，实现数据共享和业务协同，打造更加完善的智能应用生态系统
长期经济性
虽然本地部署需要一定的硬件投入和维护成本，但从长期来看，相比于使用云服务按调用量付费的模式，对于大规模、高频率的对话应用来说，本地部署的 DeepSeek 通过 Chatbox 可以显著降低总体应用成本
资源高效利用
可以充分利用企业现有的服务器资源，通过合理的配置和优化，实现资源的高效利用，避免云服务中可能出现的资源浪费和过度付费问题

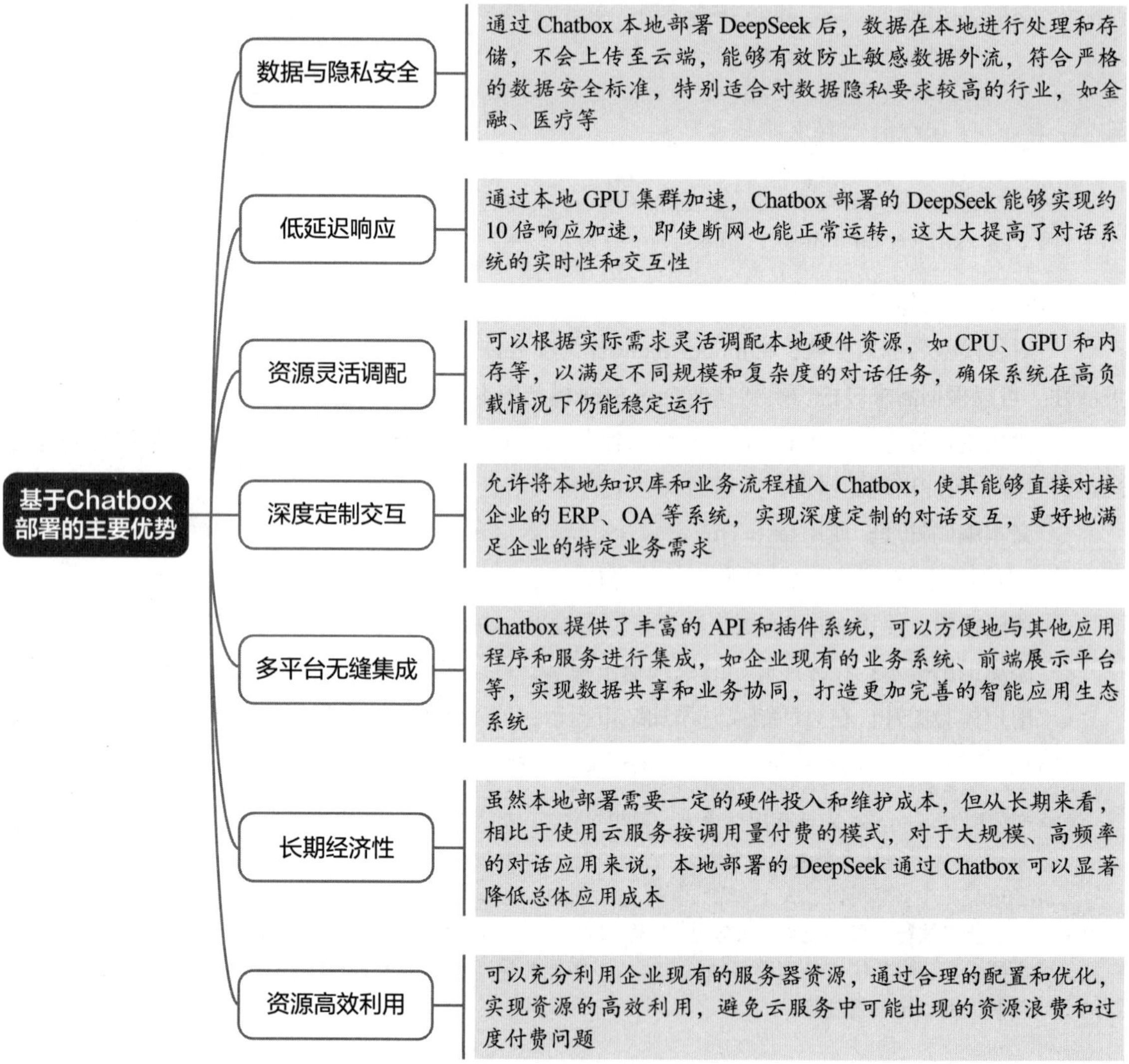

图 11-11

总之，通过Chatbox，用户可以更方便地在本地部署和使用DeepSeek，享受DeepSeek强大的自然语言处理能力，同时保障数据的隐私和安全。

11.2.2 基于 Chatbox 和 Ollama 本地部署

按照11.1.3小节的方法使用Ollama安装DeepSeek后，使用Chatbox可视化部署DeepSeek的步骤如下。

01 登录Chatbox官网，单击“免费下载（for Windows）”按钮下载Windows版本的安装文件，如图11-12所示。

图 11-12

02 下载完成后得到一个.exe格式的安装文件，双击安装文件开始安装。在“安装选项”界面选中“仅为我安装”单选按钮，然后单击“下一步”按钮，如图11-13所示。

03 在“选定安装位置”界面设置安装位置，然后单击“安装”按钮，如图11-14所示。

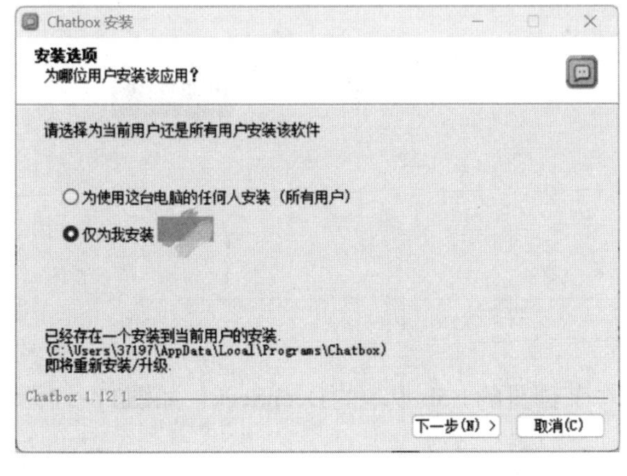

图 11-13

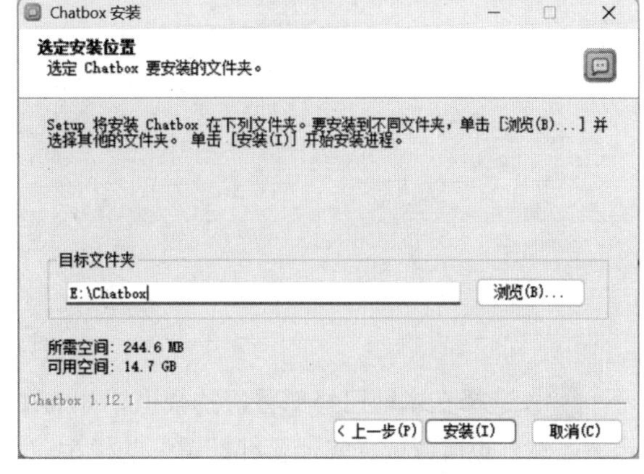

图 11-14

04 安装完成后，系统会自动运行Chatbox，单击“使用自己的API Key或本地模型”按钮，配置本地部署的模型，如图11-15所示。

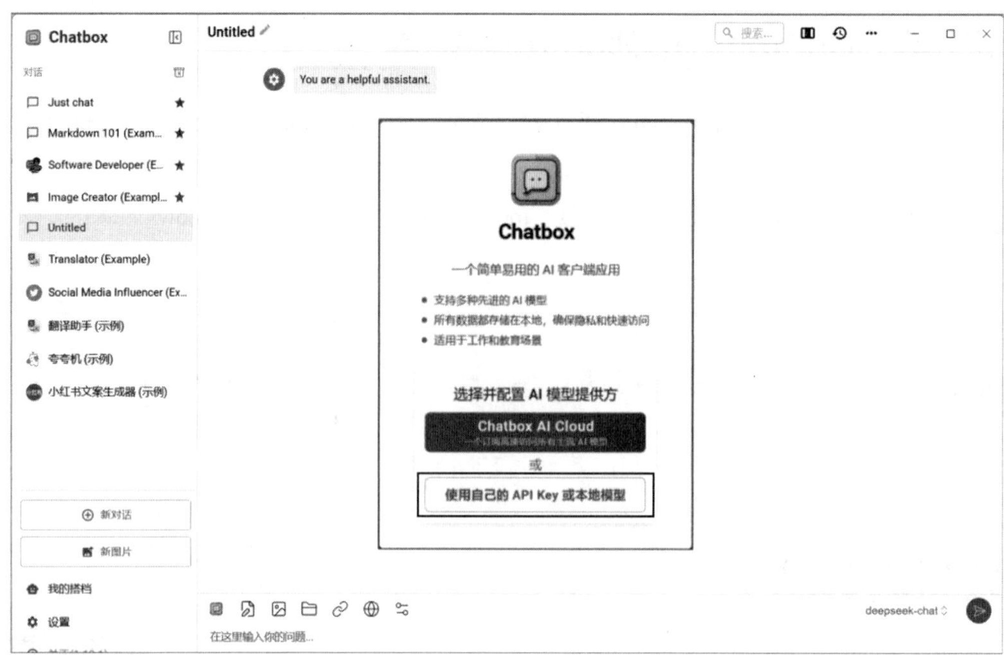

图 11-15

05 在弹出的“模型提供方”列表中选择“Ollama API”选项，如图 11-16所示。

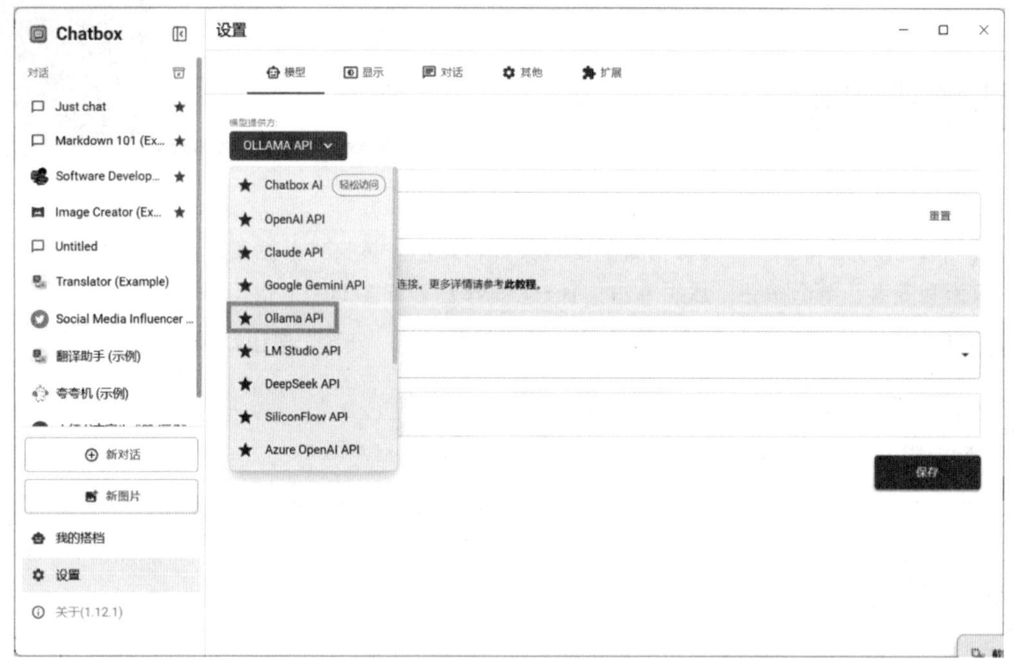

图 11-16

06 选择在本地已经部署好的模型，如 11.1.3 小节部署的 1.5b 版本的DeepSeek，如图 11-17所示。当然，也可以选择其他已经部署好的模型。

图 11-17

单击“保存”按钮，DeepSeek被部署到本地，接下来可以可视化使用DeepSeek进行对话，如图11-18所示。

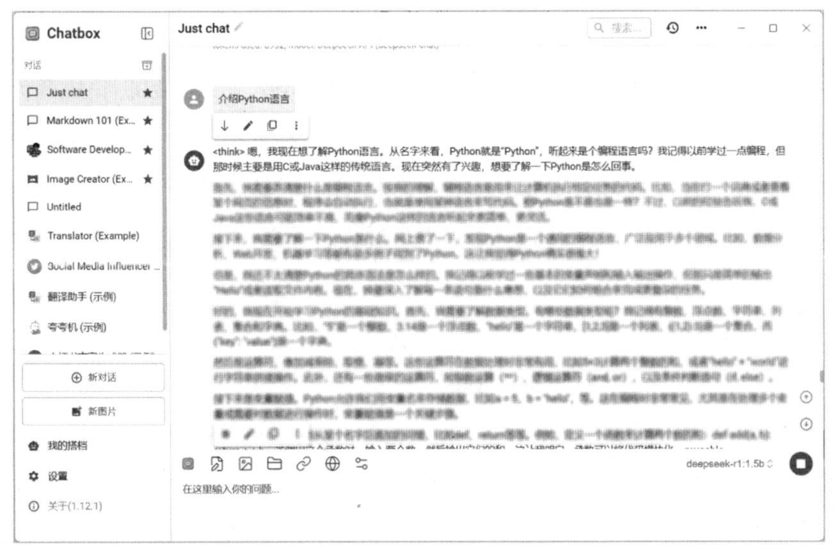

图 11-18

11.3 基于 LM Studio 的本地部署

LM Studio是一个用于开发和部署大语言模型的平台，提供从模型训练、调优到部署的全流程支持。LM Studio支持多种模型架构和数据格式，具备强大的计算资源管理功能，能够加速模型训练过程。此外，LM Studio还提供了用户友好的界面和丰富的API，方便开发者进行模型开发和部署，适合企业级应用和研究项目，帮助用户高效地实现大语言模型的落地应用。

11.3.1 安装 LM Studio

01 登录LM Studio官网，根据本地计算机的操作系统类型下载对应的版本。例如，操作系统为Windows 11时，单击“下载适用于Windows的LM Studio”按钮下载安装文件，如图11-19所示。

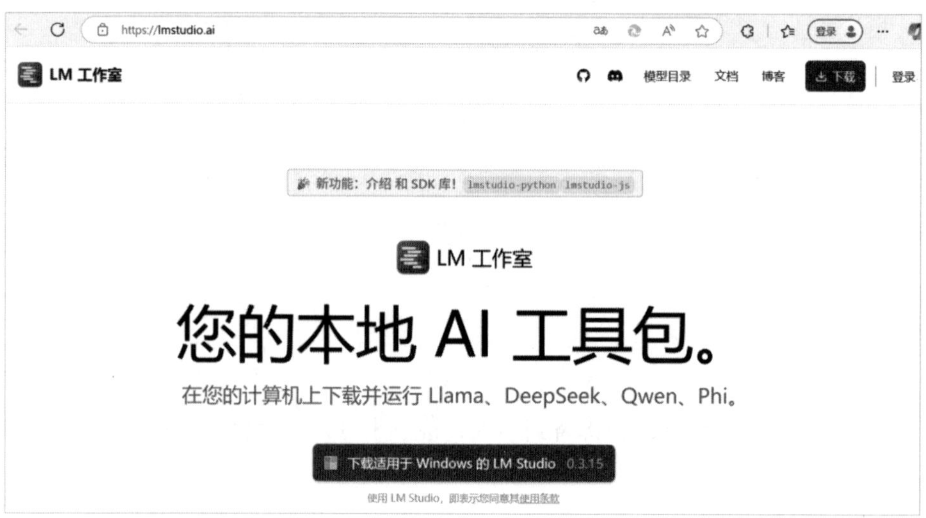

图 11-19

注意：LM Studio 官网是英文界面，大家可以使用浏览器中的翻译功能翻译为图 11-19 所示的中文界面。

02 下载完成后得到.exe格式的安装文件，双击安装文件开始安装LM Studio。在“安装选项”界面选中“为使用这台电脑的任何人安装（所有用户）”单选按钮，如图11-20所示。

03 单击“下一步”按钮进入“选定安装位置”界面，设置LM Studio的安装路径，如图11-21所示。

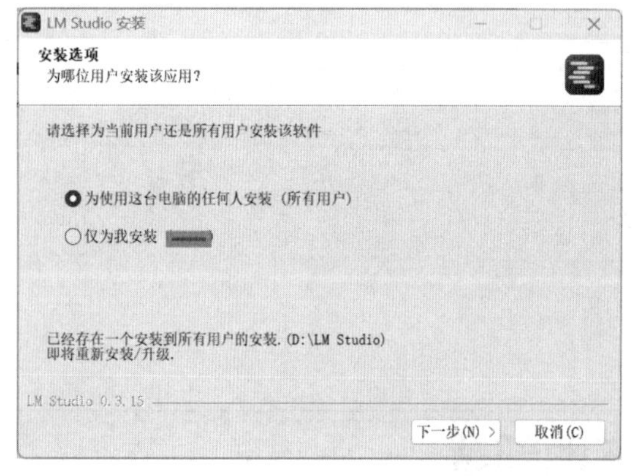

图 11-20

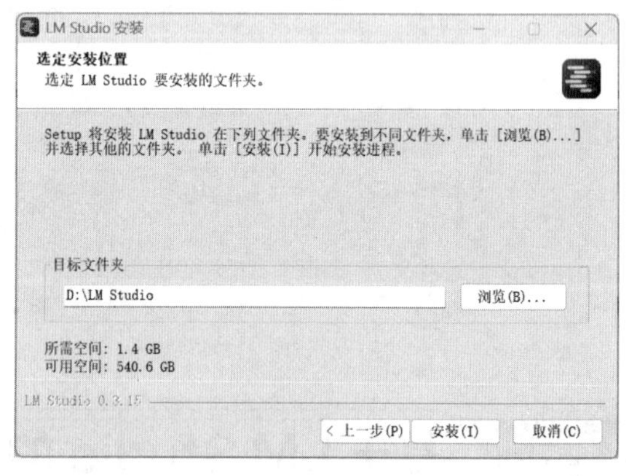

图 11-21

04 单击“安装”按钮开始安装，进入“正在安装”界面，如图11-22所示。

05 安装完毕后，进入“正在完成LM Studio安装向导”界面，单击“完成”按钮完成安装操作，如图11-23所示。

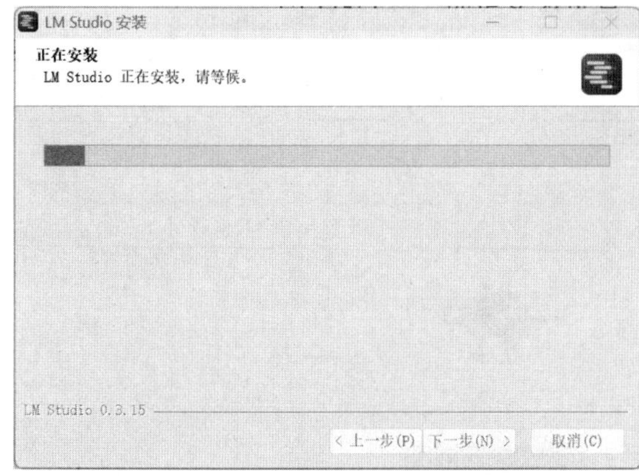

图 11-22

图 11-23

11.3.2 DeepSeek 的安装与配置

01 在计算机“开始”菜单中单击LM Studio的启动图标，打开LM Studio，如图11-24所示。

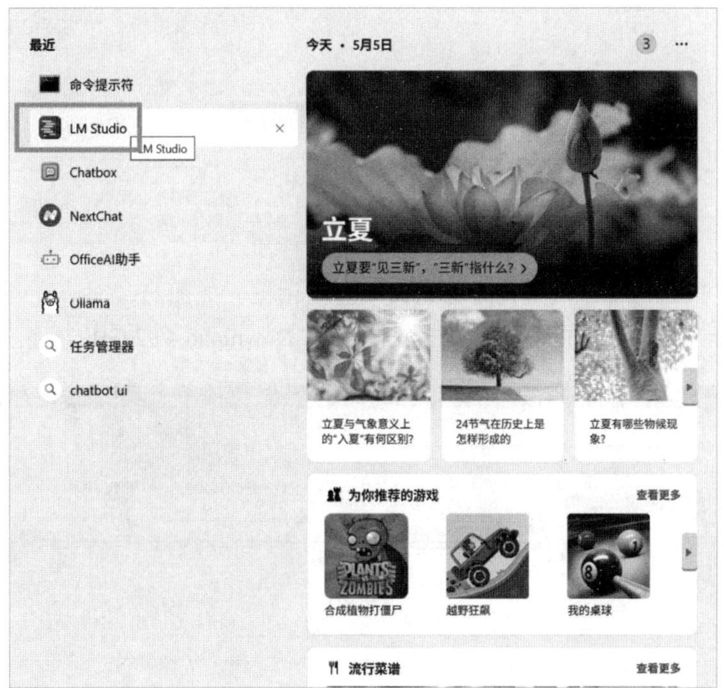

图 11-24

02 进入与模型的聊天界面，如图11-25所示。在界面中可以选择一个大模型，以实现聊天功能。但因为是首次安装，所以模型列表为空。

03 单击顶部的模型搜索框，输入关键词“DeepSeek”，然后单击“Search more results for ‘DeepSeek’”按钮，如图11-26所示。

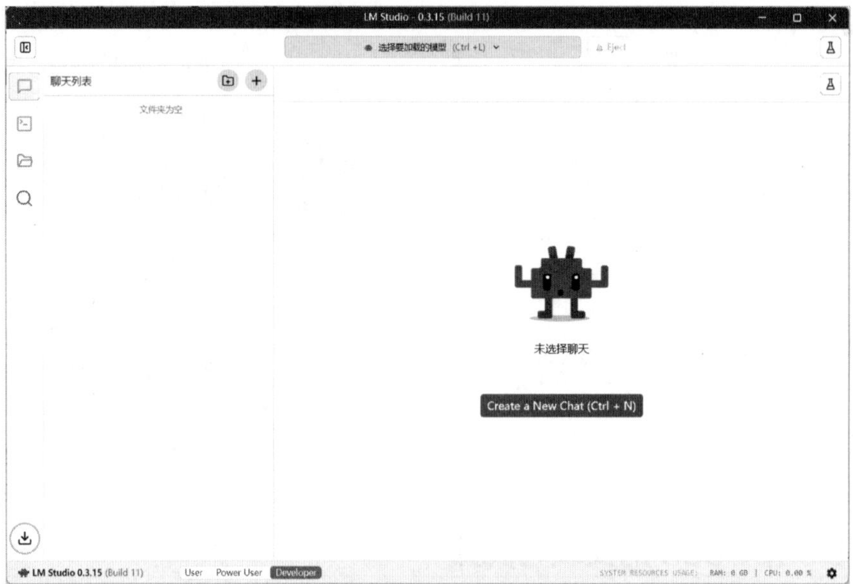

图 11-25

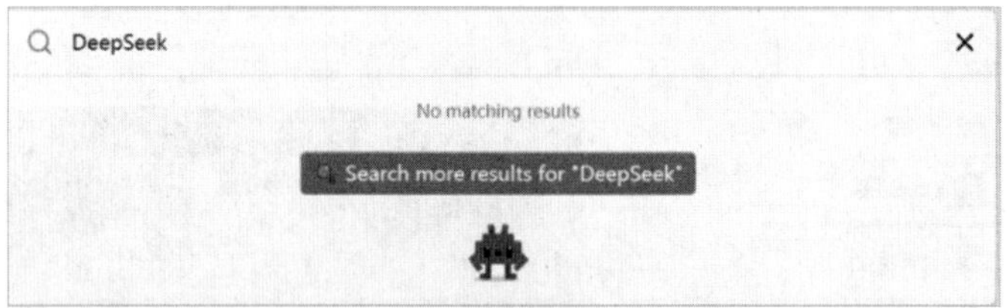

图 11-26

04 弹出与“DeepSeek”关键词对应的大模型对话框，如图11-27所示。选中一个模型，如“DeepSeek R1 Distill (Llama 8B)”，然后单击右下角的“Download 4.92 GB”按钮开始下载。

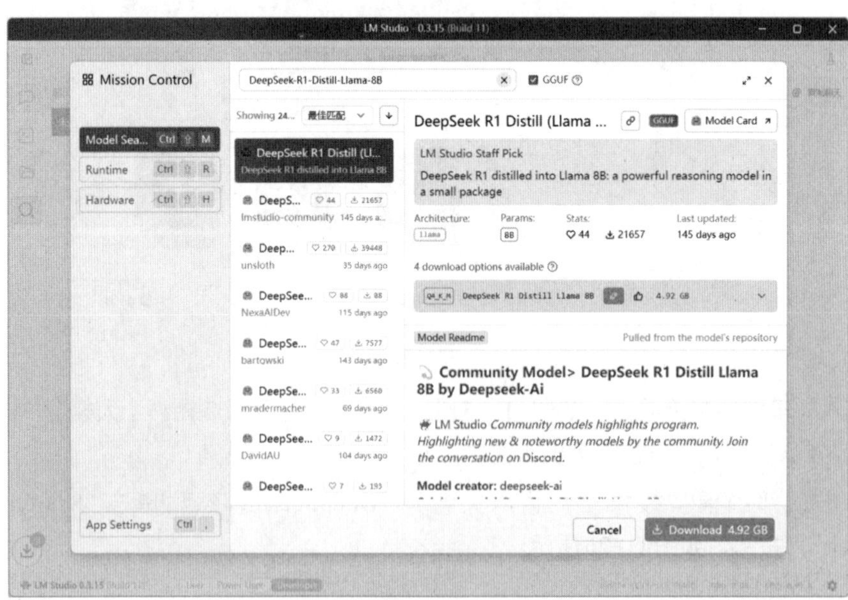

图 11-27

05 此时将弹出“Downloads”界面，如图11-28所示。因为文件比较大，所以需要大家耐心等待。下载完成后单击“Load Model”按钮或按回车键，可加载刚下载的DeepSeek R1 Distill (Llama 8B)模型。

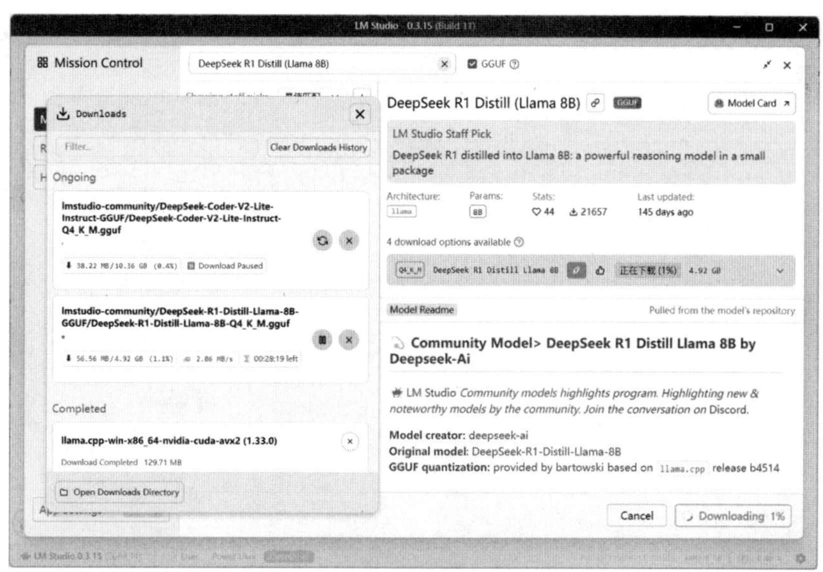

图 11-28

06 至此，DeepSeek的安装配置工作全部完成，可以在LM Studio界面内与大语言模型进行交互，如图11-29所示。

图 11-29

11.3.3 LM Studio API

LM Studio提供了与OpenAI兼容的API，这使开发者能够轻松地将原本基于OpenAI的应用程序迁移到本地部署的大语言模型环境中。借助这一兼容性设计，开发者可以沿用他们熟悉的OpenAI

API调用逻辑，无须对现有代码进行大规模重构或调整。

01 单击LM Studio底部的 Developer 按钮，然后单击左侧导航栏中的终端图标，进入开发者界面，这里展示了LM Studio API服务器配置页面，如图11-30所示。

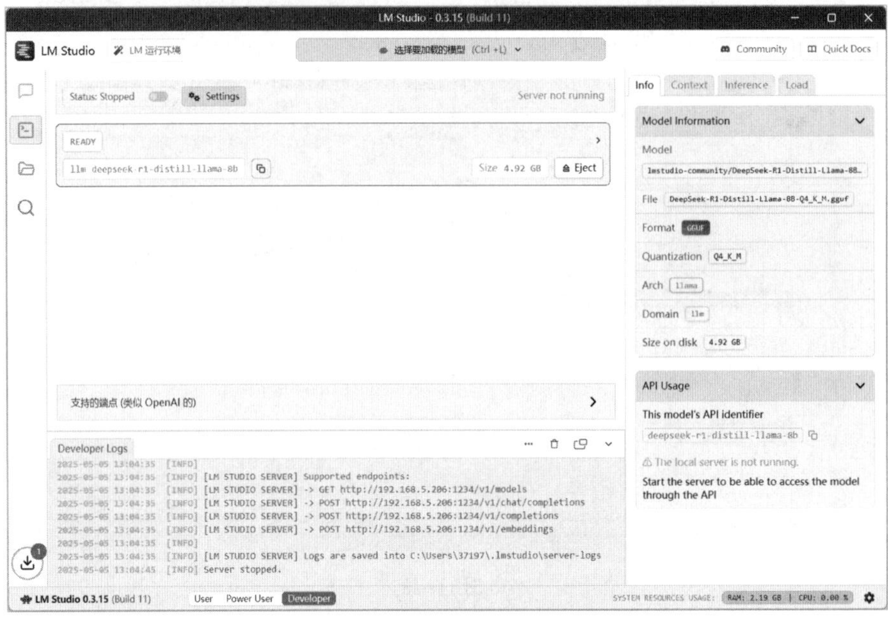

图11-30

02 在打开的界面中单击 Settings 按钮，在弹出的菜单中开启“在网络中提供服务”开关，如图11-31所示。

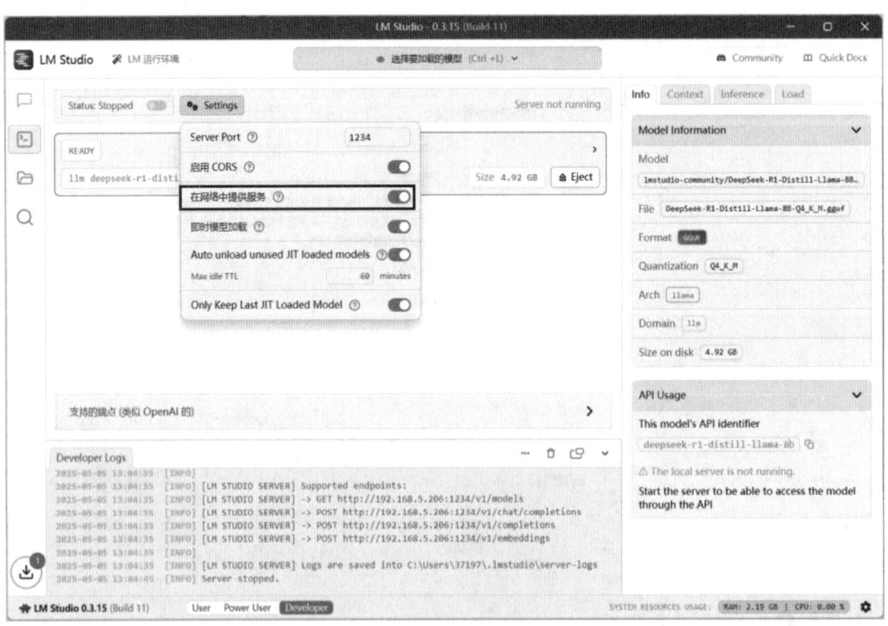

图11-31

03 开启“Status: Running”开关，启动API服务器，打开后的界面效果如图11-32所示。

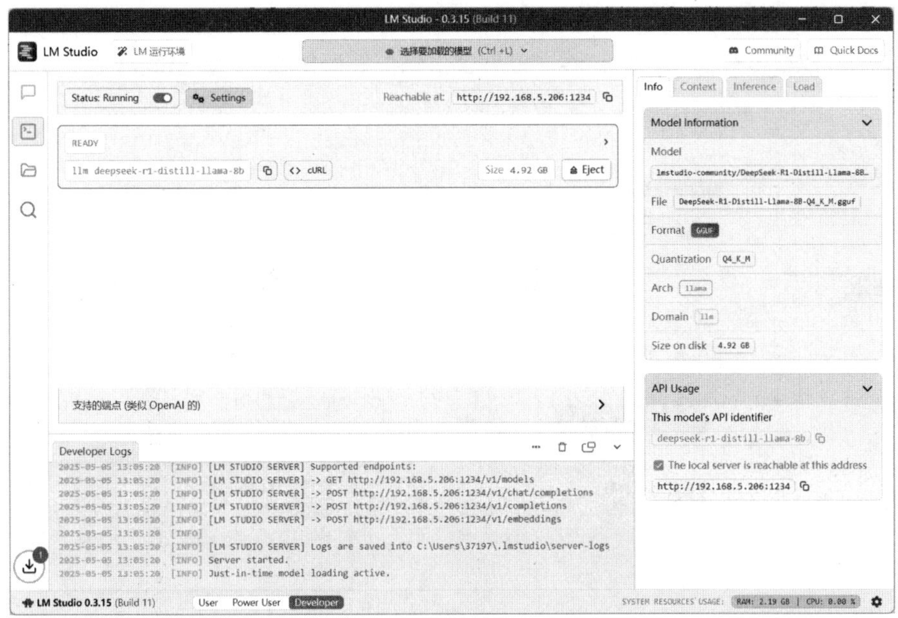

图 11-32

04 此时打开浏览器，输入“http://<运行 LM Studio 设备的局域网 IP>:1234/v1/models”，出现图 11-33 所示的界面，则代表 API 服务器已成功运行。

192.168.5.206:1234/v1/models

不安全 192.168.5.206:1234/v1/models

优质打印


```
{
  "data": [
    {
      "id": "deepseek-r1-distill-llama-8b",
      "object": "model",
      "owned_by": "organization_owner"
    },
    {
      "id": "text-embedding-nomic-embed-text-v1.5",
      "object": "model",
      "owned_by": "organization_owner"
    },
    {
      "id": "deepseek-r1-distill-qwen-7b",
      "object": "model",
      "owned_by": "organization_owner"
    }
  ],
  "object": "list"
}
```


图 11-33

11.3.4 基于 Dify 和 LM Studio 的 DeepSeek 聊天程序

Dify 是一个用于开发大语言模型应用的多功能平台，能够连接多种平台上的不同语言模型，并通过流程化和自动化的方式实现模型间的协同工作。此外，Dify 还支持将这些流程直接封装为 Web 应用程序，方便用户随时使用。在 Dify 中集成并使用 LM Studio 的具体操作步骤如下。

01 打开Dify官网，登录后单击用户头像，在弹出的列表中选择“设置”选项，在设置界面选择左侧的“模型供应商”选项，在“模型供应商”界面选择“LM Studio”选项，如图11-34所示。

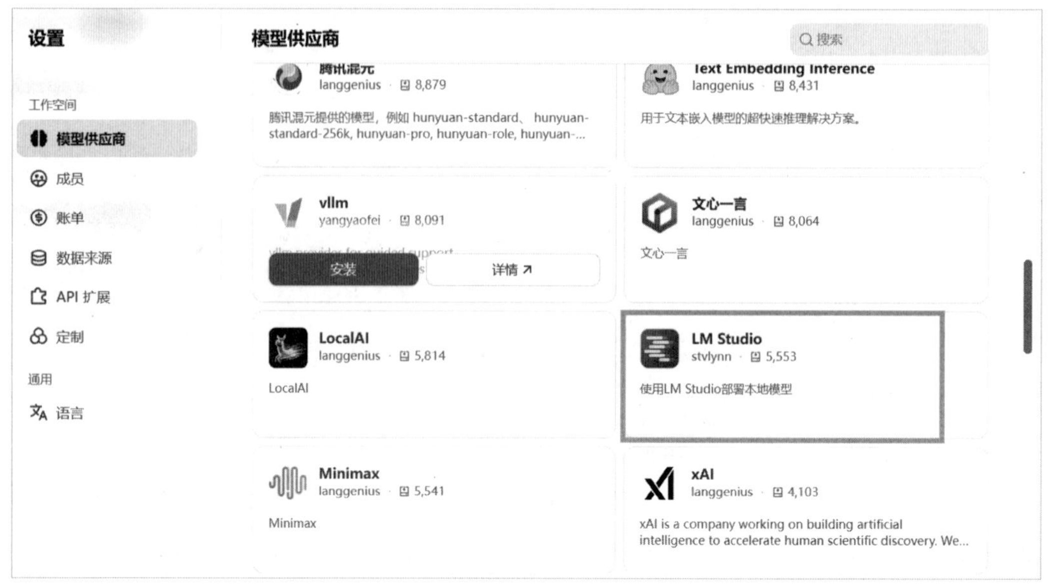

图 11-34

02 在弹出的“安装插件”对话框中单击“安装”按钮，如图11-35所示。

图 11-35

03 安装成功后，接下来需要配置LM Studio的相关参数，如图11-36所示。其中，主要的参数说明如下。

◎ **模型类型：** LLM。

◎ **模型名称：** DeepSeek R1 Distill（Llama 8B）。

◎ **基础URL：** 默认值是http://<运行LM Studio设备的局域网IP>:1234。例如，作者的URL是http://192.168.5.206:1234。

◎ **模型类型：** 对话。

◎ **模型上下文长度：** 4 096（如果在LM Studio侧自定义了模型上下文长度，则此处需同步）。

◎ **最大token上限：** 4 096。

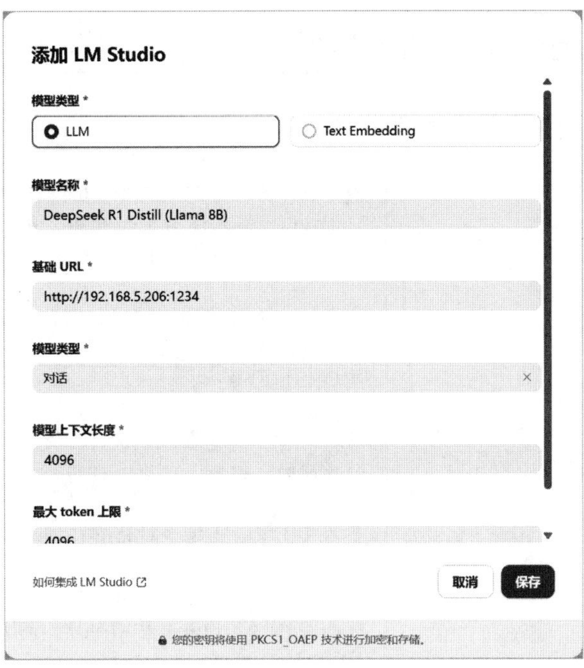

图 11-36

04 单击“保存”按钮完成模型的添加工作，之后可以创建一个聊天机器人进行测试，如图 11-37 所示。

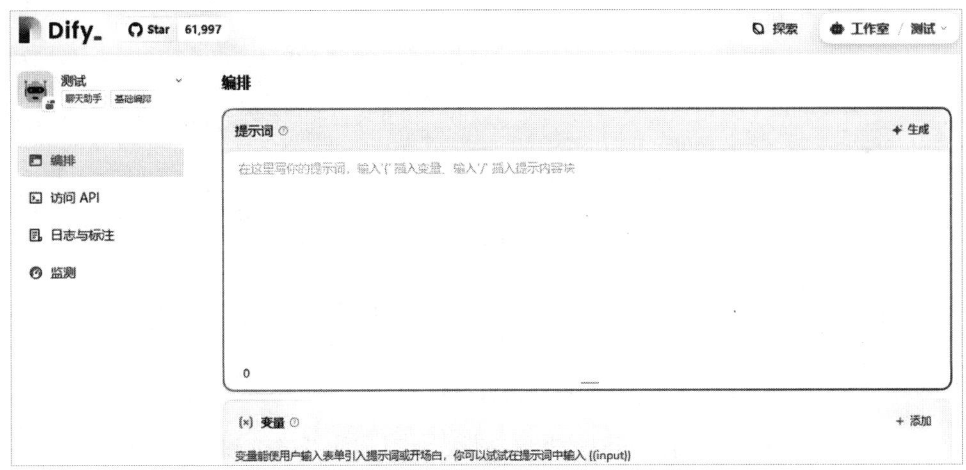

图 11-37

11.4 基于 Ollama+Docker+Open WebUI 的本地部署

Open WebUI是一个开源的、用于生成式人工智能模型交互的用户界面框架，旨在帮助开发者、研究者、企业快速部署和访问各种AI应用，特别是与生成式人工智能模型（如GPT、图像生成模型等）相关的应用。本节将详细讲解本地部署DeepSeek-R1的详细教程，旨在帮助用户实现AI大模型的私有化部署工作。

11.4.1 Open WebUI 的特点和功能

Open WebUI的特点和功能如图11-38所示。

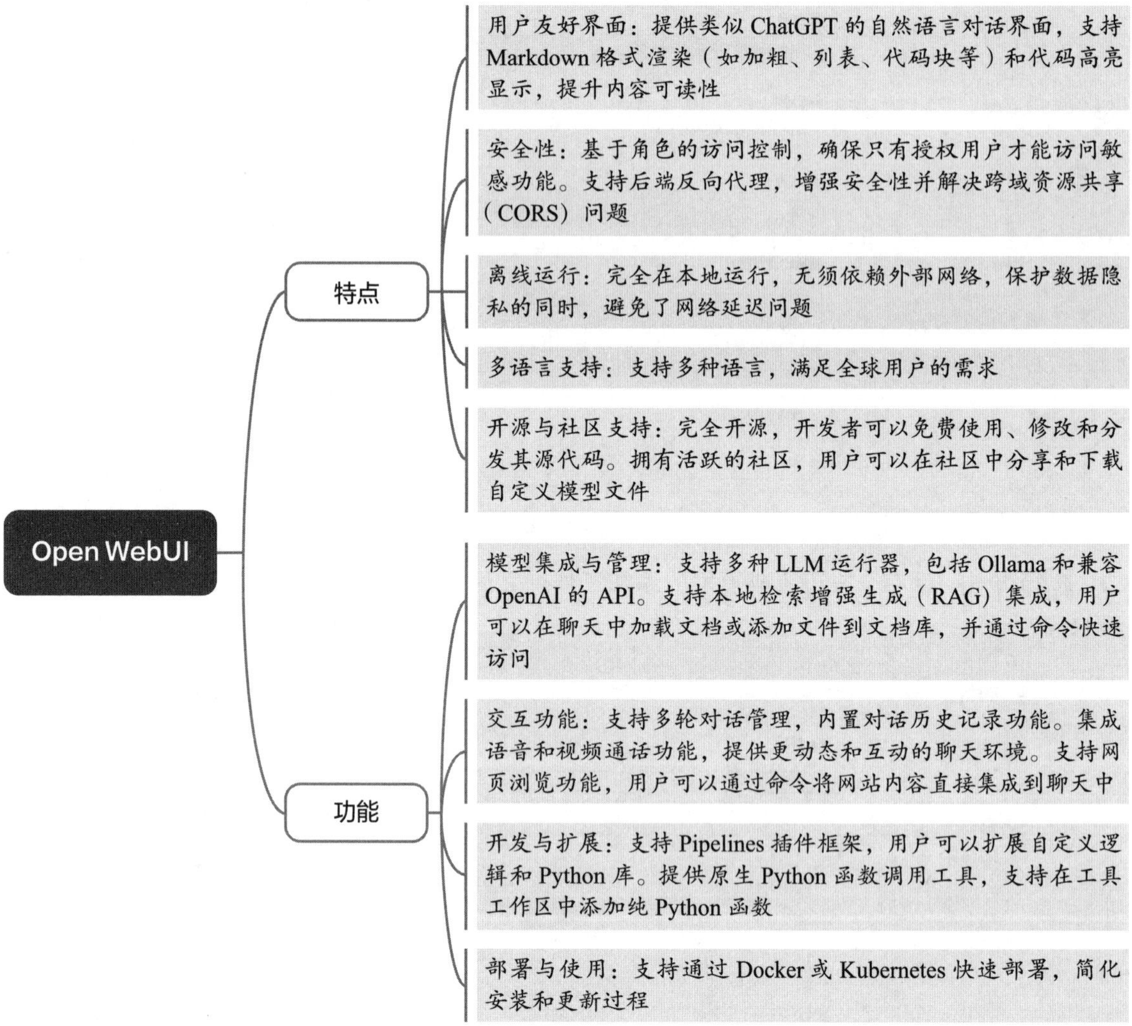

Open WebUI

- 特点
  - 用户友好界面：提供类似ChatGPT的自然语言对话界面，支持Markdown格式渲染（如加粗、列表、代码块等）和代码高亮显示，提升内容可读性
  - 安全性：基于角色的访问控制，确保只有授权用户才能访问敏感功能。支持后端反向代理，增强安全性并解决跨域资源共享（CORS）问题
  - 离线运行：完全在本地运行，无须依赖外部网络，保护数据隐私的同时，避免了网络延迟问题
  - 多语言支持：支持多种语言，满足全球用户的需求
  - 开源与社区支持：完全开源，开发者可以免费使用、修改和分发其源代码。拥有活跃的社区，用户可以在社区中分享和下载自定义模型文件
- 功能
  - 模型集成与管理：支持多种LLM运行器，包括Ollama和兼容OpenAI的API。支持本地检索增强生成（RAG）集成，用户可以在聊天中加载文档或添加文件到文档库，并通过命令快速访问
  - 交互功能：支持多轮对话管理，内置对话历史记录功能。集成语音和视频通话功能，提供更动态和互动的聊天环境。支持网页浏览功能，用户可以通过命令将网站内容直接集成到聊天中
  - 开发与扩展：支持Pipelines插件框架，用户可以扩展自定义逻辑和Python库。提供原生Python函数调用工具，支持在工具工作区中添加纯Python函数
  - 部署与使用：支持通过Docker或Kubernetes快速部署，简化安装和更新过程

图11-38

总之，Open WebUI凭借自身的开放性和灵活性，使其成为开发者和企业用户搭建AI应用和产品的有力工具。

11.4.2 Docker 简介

Docker是一个开源的容器化平台，能够将应用程序及其依赖项打包到独立的容器中，确保在不同环境中运行一致。它通过轻量级的虚拟化技术，简化了应用的部署、管理和扩展过程，广泛应用于开发、测试和生产环境。其核心概念、工作原理和主要优势如图11-39所示。

Docker
核心概念
Docker 的核心是容器、镜像和仓库。容器是独立运行的应用程序单元，镜像是容器的静态模板，仓库是存储和分发镜像的地方
通过 Docker，开发者可以将应用程序及其依赖项打包成一个镜像，然后在不同的环境中快速部署，确保应用程序在任何地方都能运行一致
工作原理
Docker 使用容器将应用程序与其依赖项隔离，从而在独立环境中运行。容器基于镜像创建，并在其中运行应用程序
Docker 引擎在宿主机上运行，用于管理容器的生命周期。它为容器提供了虚拟的文件系统、网络接口和进程空间，使容器内的应用程序与宿主机环境隔离
主要优势
环境一致性：Docker 确保在开发、测试和生产环境中应用程序的行为一致。无论是开发者的本地设备还是云服务器，Docker 都能提供相同的应用程序运行环境
资源利用率：容器比虚拟机更轻量，可以更高效地共享宿主机的资源。多个容器可以运行在同一个宿主机上，从而提高资源利用率
快速部署：Docker 的镜像可以快速创建和分发，使应用程序的部署变得更加简单和高效。开发者可以专注于编写程序，而无须担心部署环境的复杂性

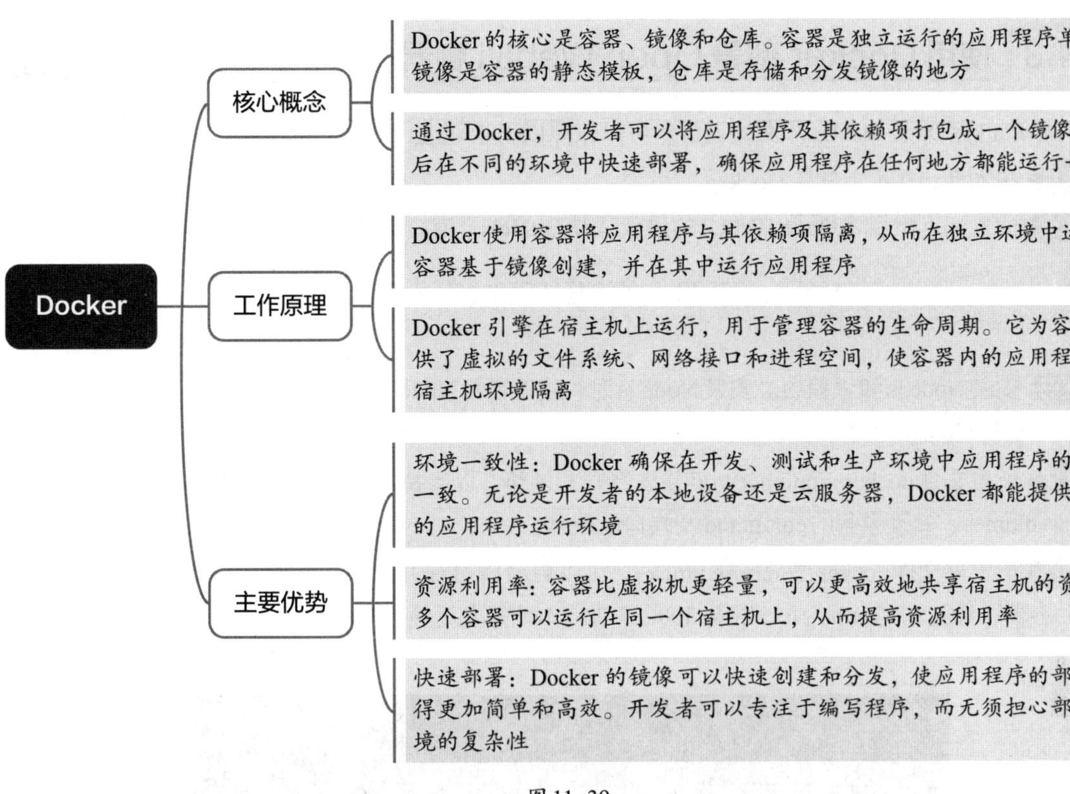

图 11-39

Docker 在 DeepSeek 部署中发挥着至关重要的作用，具体如图 11-40 所示。

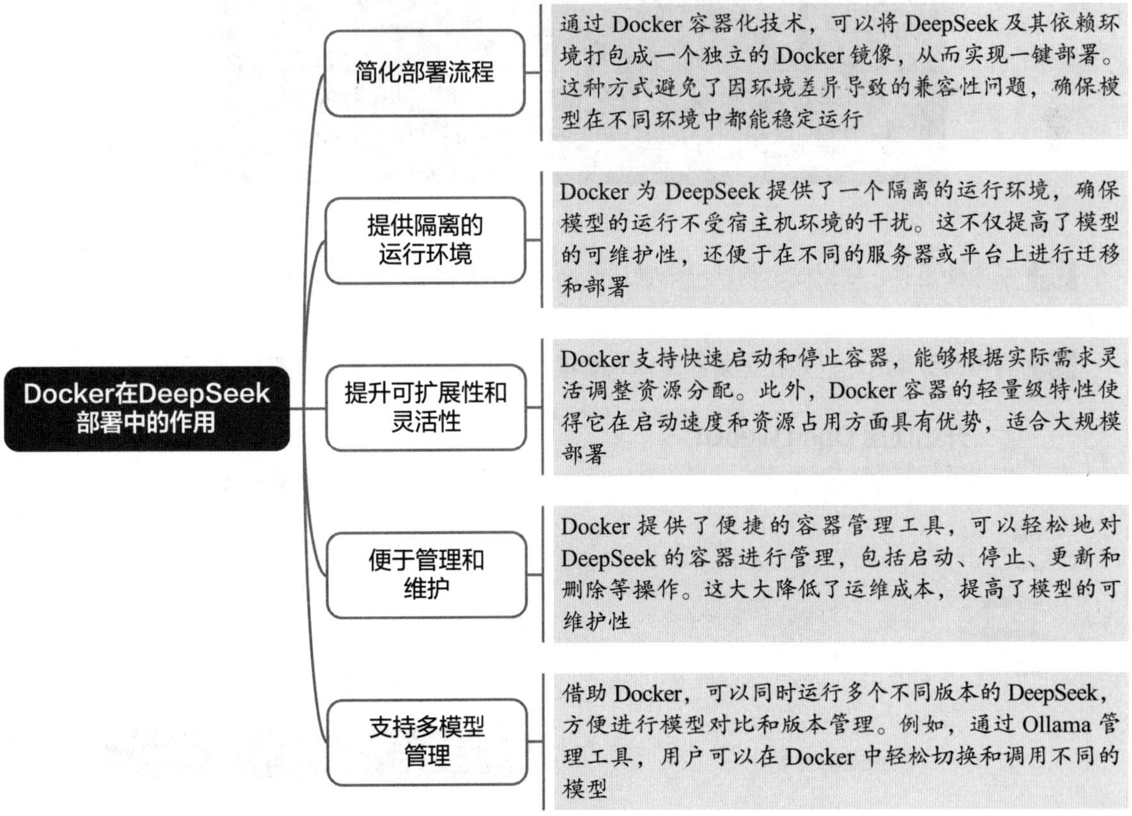

Docker在DeepSeek部署中的作用
简化部署流程
通过 Docker 容器化技术，可以将 DeepSeek 及其依赖环境打包成一个独立的 Docker 镜像，从而实现一键部署。这种方式避免了因环境差异导致的兼容性问题，确保模型在不同环境中都能稳定运行
提供隔离的运行环境
Docker 为 DeepSeek 提供了一个隔离的运行环境，确保模型的运行不受宿主机环境的干扰。这不仅提高了模型的可维护性，还便于在不同的服务器或平台上进行迁移和部署
提升可扩展性和灵活性
Docker 支持快速启动和停止容器，能够根据实际需求灵活调整资源分配。此外，Docker 容器的轻量级特性使得它在启动速度和资源占用方面具有优势，适合大规模部署
便于管理和维护
Docker 提供了便捷的容器管理工具，可以轻松地对 DeepSeek 的容器进行管理，包括启动、停止、更新和删除等操作。这大大降低了运维成本，提高了模型的可维护性
支持多模型管理
借助 Docker，可以同时运行多个不同版本的 DeepSeek，方便进行模型对比和版本管理。例如，通过 Ollama 管理工具，用户可以在 Docker 中轻松切换和调用不同的模型

图 11-40

11.4.3 使用 Docker 部署 Open WebUI 容器

在本地进行Open WebUI开发的人员，可以按照以下步骤进行部署。

01 在本地计算机上安装Docker。

02 使用如下命令将Open WebUI的源代码从GitHub仓库拉取到本地。

```
git clone https://github.com/open-webui/open-webui.git
cd open-webui
```

03 安装Node.js和依赖项。安装Node.js时，建议使用Node Version Manager管理Node.js版本，并安装所需的Node.js版本。

04 配置文件docker-compose.yml并进行一些调整，以支持本地代码挂载和开发模式，主要包括添加volumes、修改服务的command及端口配置等。

05 配置好文件docker-compose.yml后，可以启动Docker并进入开发模式。使用命令构建镜像并启动容器，通过访问http://localhost:3000来访问本地开发环境，如图11-41所示。

图 11-41

06 初次使用时，根据提示创建一个管理员账号，然后单击“创建管理员账号”按钮开始创建，如图11-42所示。

07 当再次登录时，只需在登录界面输入管理员的账号信息即可，如图11-43所示。

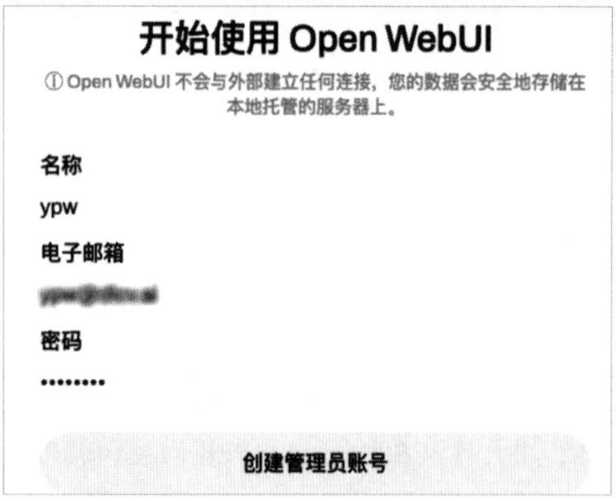

开始使用 Open WebUI

ⓘ Open WebUI 不会与外部建立任何连接，您的数据会安全地存储在本地托管的服务器上。

名称

ypw

电子邮箱

密码

••••••••

创建管理员账号

图 11-42

图 11-43

注意：初次登录 Open WebUI 时，可能会遇到界面空白的情况，这是因为系统在后台等待 OpenAI 模型的返回数据时产生了延迟。如果不希望等待加载过程，可以通过关闭 OpenAI API（需要在首次加载界面成功后进行）来解决该问题。

08 首次加载 Open WebUI 界面成功后，可以在“管理员面板>设置>外部连接”里将“OpenAI API”选项关闭，再重新打开页面即可，如图 11-44 所示。

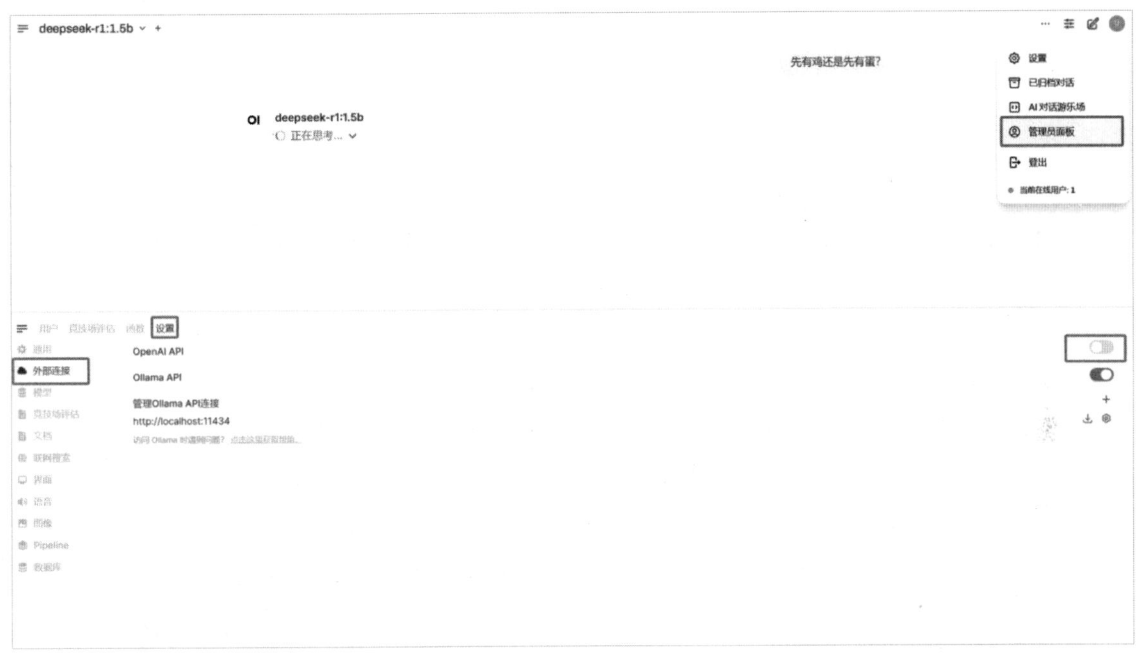

图 11-44

09 按照 11.1.3 小节中的方法，通过 Ollama 部署 DeepSeek。例如，可以使用“1.5b”版本的模型，并复制拉取命令“ollama run deepseek-r1:1.5b”，如图 11-45 所示。

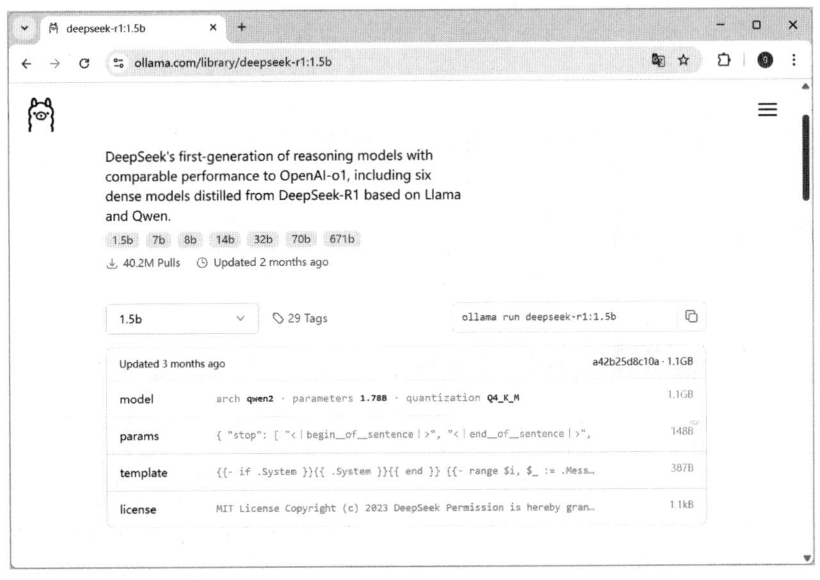

图 11-45

10 登录Open WebUI的Web界面，在上方搜索框中输入模型的名称（如“ollama run deepseek-r1:1.5b”），搜索并下载，如图11-46所示。

图 11-46

11 下载“deepseek-r1:1.5b”模型成功后重启容器器，然后登录Open WebUI，此时会发现Open WebUI中已经有了“deepseek-r1:1.5b”模型，如图11-47所示。

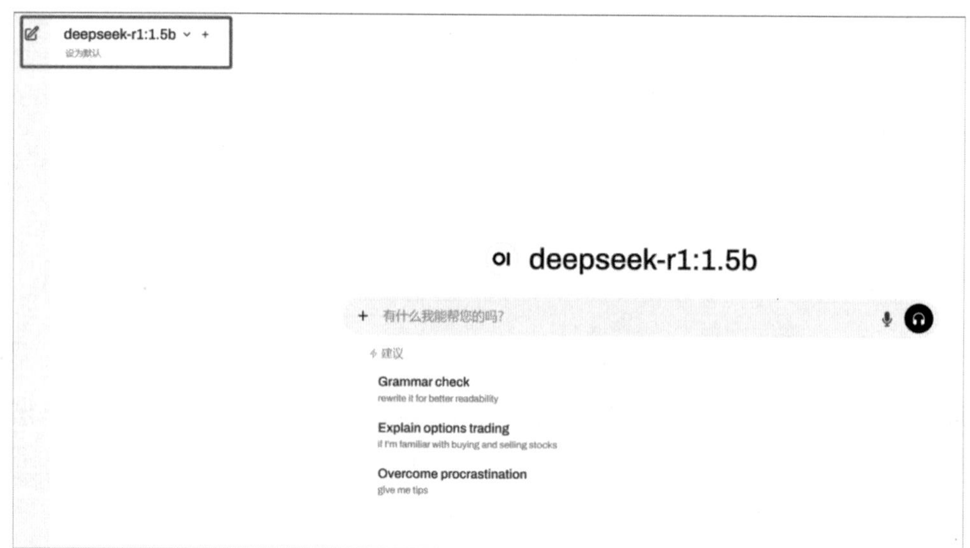

图 11-47

12 现在可以在Open WebUI界面中调用DeepSeek进行聊天，如图11-48所示。

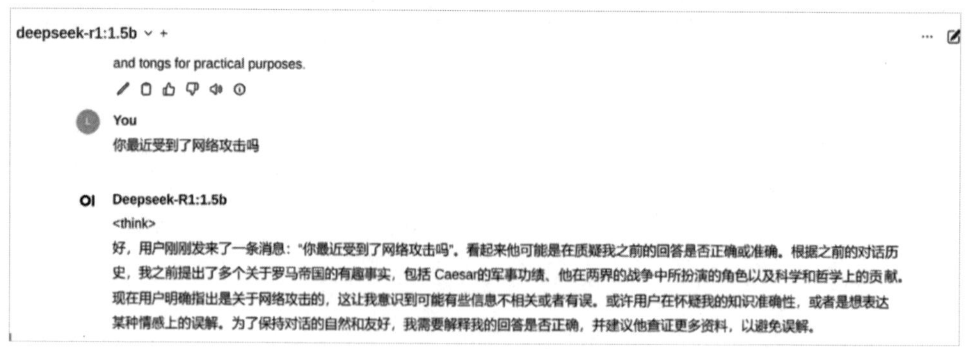

图 11-48

11.5 DeepSeek 的远程和云端部署

DeepSeek 支持远程和云端部署，用户可以将 DeepSeek 部署到云端服务器或远程主机中，实现更强大的计算能力和更高效的资源利用率。这种部署方式能够满足大规模数据处理和高并发请求的需求，同时借助云服务的弹性扩展能力，灵活应对不同的业务场景。此外，远程和云端部署还便于团队协作和资源共享，进一步提升工作效率。

11.5.1 常用的远程和云端部署平台

国内常用的 DeepSeek 远程和云端部署平台如图 11-49 所示。

常用的远程和云端部署平台

阿里云	提供了多种部署方案，用户可通过百炼平台调用 DeepSeek 满血版 API，无须自行搭建模型服务基础设施，支持模型微调等定制化需求。同时，也支持基于人工智能平台 PAI 部署、函数计算部署及 GPU 云服务器部署，满足不同用户群体的需求
腾讯云	借助 CodeStudio 及 Ollama 环境，用户可以免费部署 DeepSeek-R1 模型。此外，腾讯云还支持将 DeepSeek 全系模型一键部署至高性能应用服务 HAI 上，涵盖从满血版到轻量版的各种参数模型
百度智能云	千帆平台上架了 DeepSeek-R1 和 DeepSeek-V3 模型，用户可登录百度智能云千帆 ModelBuilder 享受限时免费服务
华为云	与硅基流动团队联合首发并上线基于华为云昇腾云服务的 DeepSeek-R1/V3 推理服务，DeepSeek 系列新模型也上线了昇腾社区
移动云	全面上线 DeepSeek，实现全版本覆盖、全尺寸适配、全功能畅用，将 DeepSeek 无缝集成至移动云智能体平台
京东云	通过言犀平台实现 DeepSeek-R1 一键部署，简化企业接入流程，支持公有云在线部署、专混私有化实例部署两种模式
联通云	基于星罗平台实现国产及主流算力适配多规格 DeepSeek-R1 模型，兼顾私有化和公有化场景，在全国 270 多个骨干云池预部署，接入多种产品场景
天翼云	息壤智算平台完成国产算力与 DeepSeek-R1/V3 系列大模型的深度适配优化，实现全栈国产化推理服务落地，支持从 DeepSeek-R1 满血版至轻量化蒸馏模型的灵活部署，同步兼容多元算力

图 11-49

因篇幅有限，本书只讲解基于腾讯云部署 DeepSeek 的知识。

11.5.2 基于腾讯云创建 DeepSeek-R1 应用

01 访问腾讯云官网中的HAI，输入账号信息后登录，如图11-50所示。

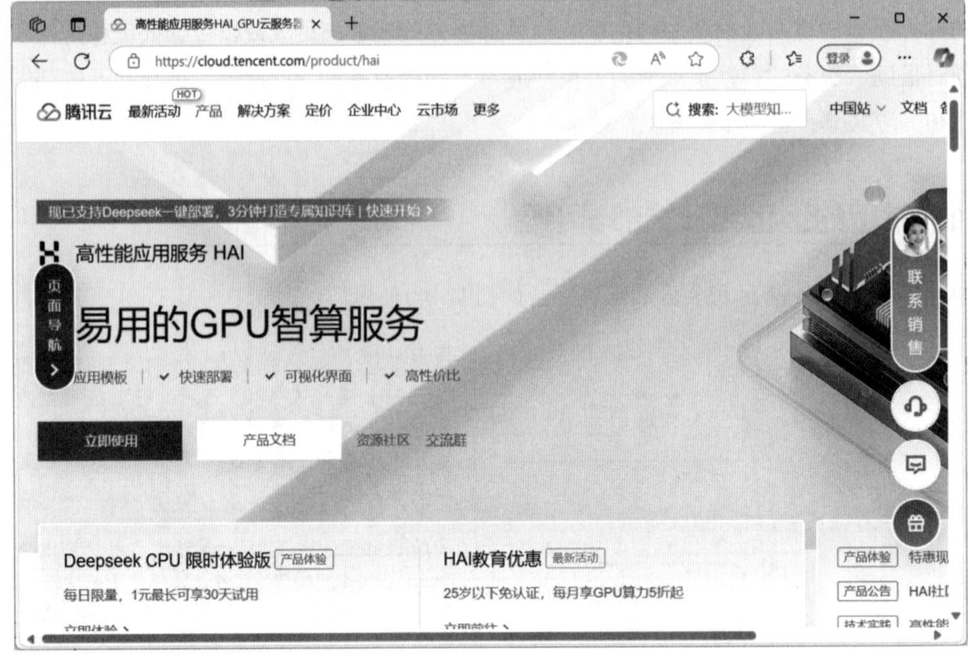

图 11-50

02 进入HAI的"算力管理"界面，如图11-51所示。

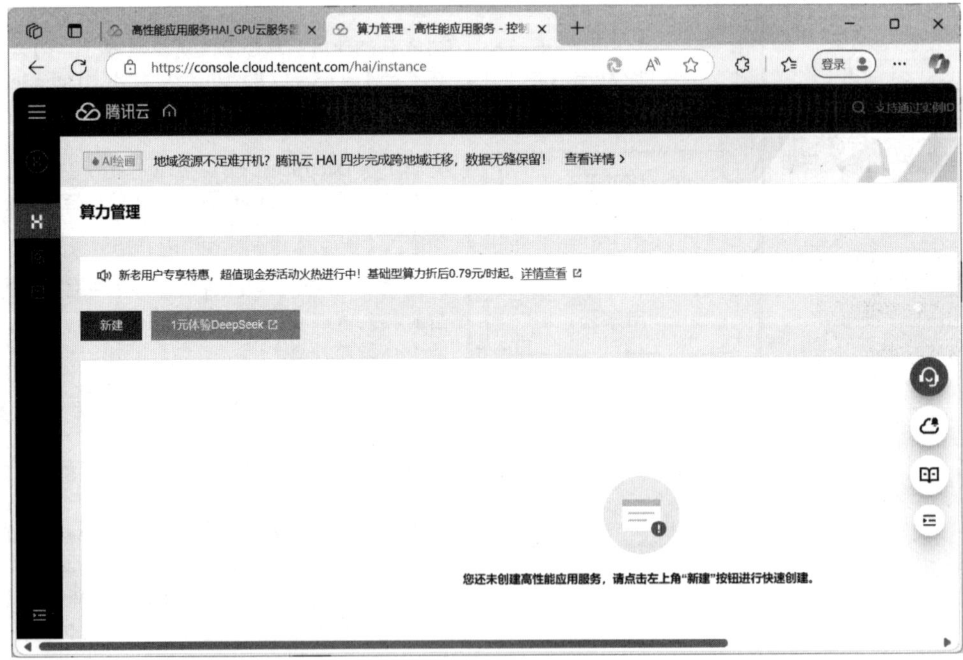

图 11-51

03 单击“新建”按钮，打开“高性能应用服务HAI”界面，如图11-52所示。在此界面，可以根据自己的实际需求选择云服务配置信息。注意，配置越高，价格越高。

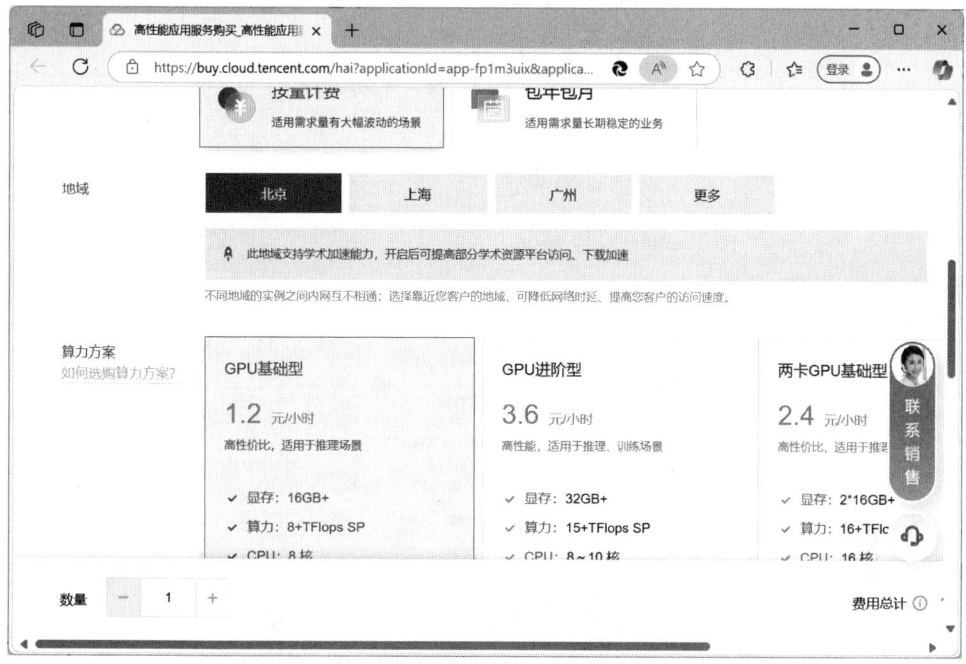

图 11-52

04 这里准备部署DeepSeek的7B版本，且要求的GPU并不高，因此选择GPU基础版作为实例机型。请注意，此处需要填写“实例名称”，不填写会购买失败。

05 购买完成后等待几分钟，DeepSeek实例就创建成功了。在“算力管理”界面可以查看相关信息，如图11-53所示。

图 11-53

06 通过站内短信可以看到DeepSeek实例的用户名和密码信息，如图11-54所示。

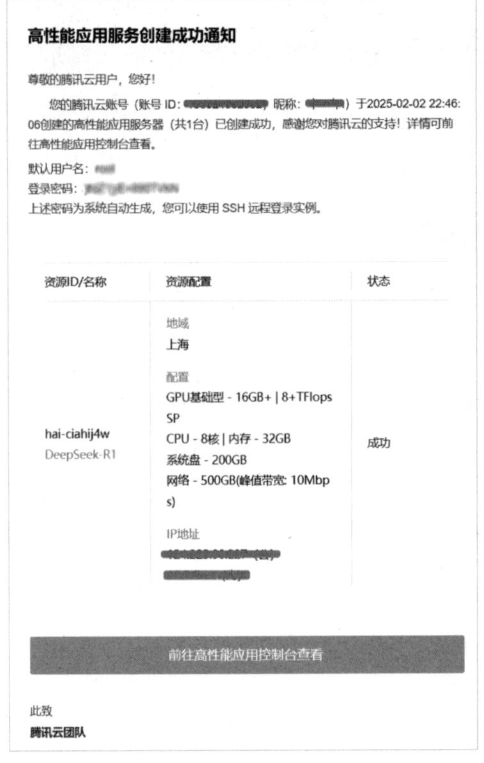

高性能应用服务创建成功通知

尊敬的腾讯云用户，您好!

您的腾讯云账号（账号 ID: ）昵称:（ ）于2025-02-02 22:46:06创建的高性能应用服务器（共1台）已创建成功，感谢您对腾讯云的支持！详情可前往高性能应用控制台查看。

默认用户名:

登录密码:

上述密码为系统自动生成，您可以使用 SSH 远程登录实例。

资源ID/名称	资源配置	状态
hai-ciahij4w DeepSeek-R1	地域 上海 配置 GPU基础型 - 16GB+ | 8+TFlops SP CPU - 8核 | 内存 - 32GB 系统盘 - 200GB 网络 - 500GB(峰值带宽: 10Mbps) IP地址	成功

前往高性能应用控制台查看

此致

腾讯云团队

图 11-54

11.5.3 基于腾讯云 +ChatbotUI 的 DeepSeek 聊天程序

01 访问腾讯云的DeepSeek实例主界面，可以看到“连接算力”有3个功能块，如图11-55所示。

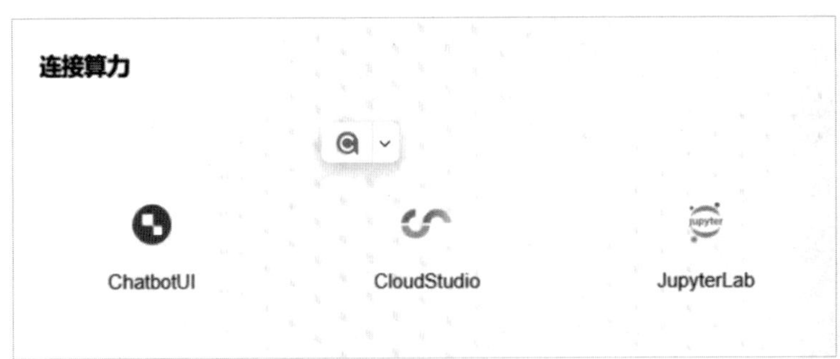

图 11-55

02 单击“ChatbotUI”按钮进入“Chatbot Ollama”界面，如图11-56所示。

03 此时可以看到腾讯云默认预装了DeepSeek的1.5B和7B版本。也就是说，当前的UI界面可以直接使用实例本地的模型。这里选择使用“deepseek-r1:7b”模型，并为其设置一个提示词，如图11-57所示。

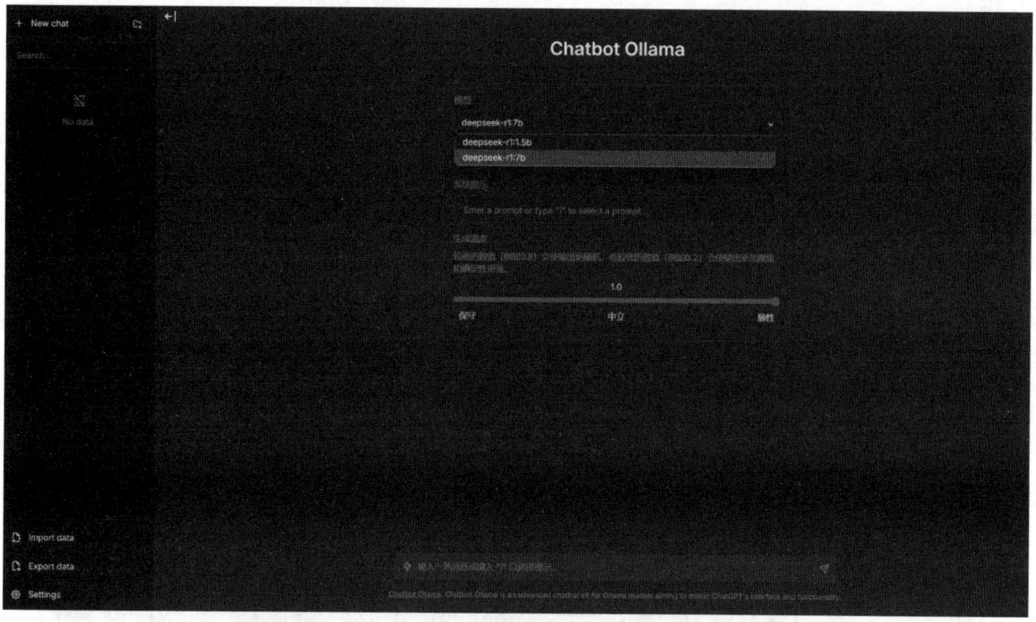

图 11-56

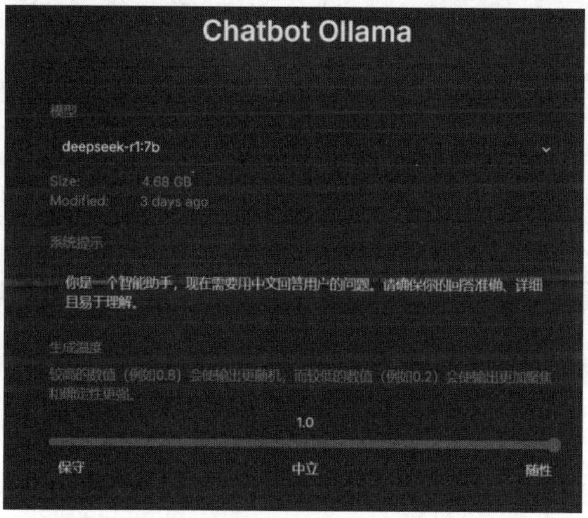

图 11-57

04 设置成功后，就可以调用deepseek-r1:7b模型进行聊天了，如图11-58所示。

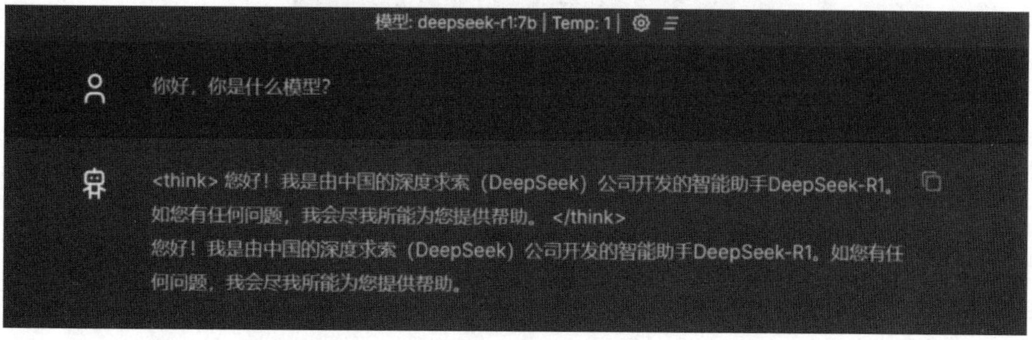

图 11-58

11.5.4 基于腾讯云+CloudStudio的DeepSeek聊天程序

01 访问腾讯云的DeepSeek实例主界面，单击“CloudStudio”按钮，如图11-59所示。

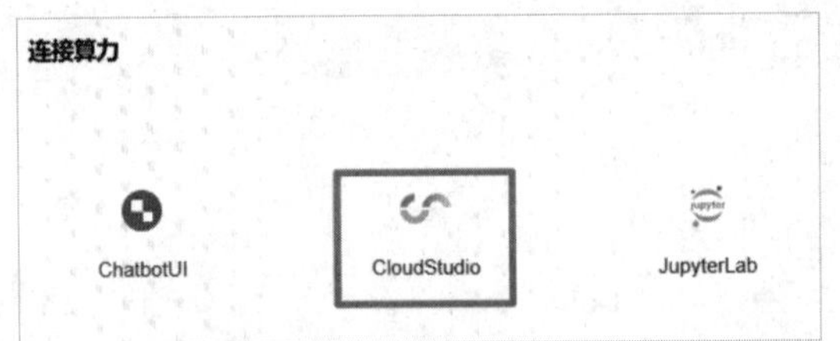

图11-59

02 进入相应界面后，可以看到一个类似于VS Code的界面，这个本质上是一个编码器，如图11-60所示。

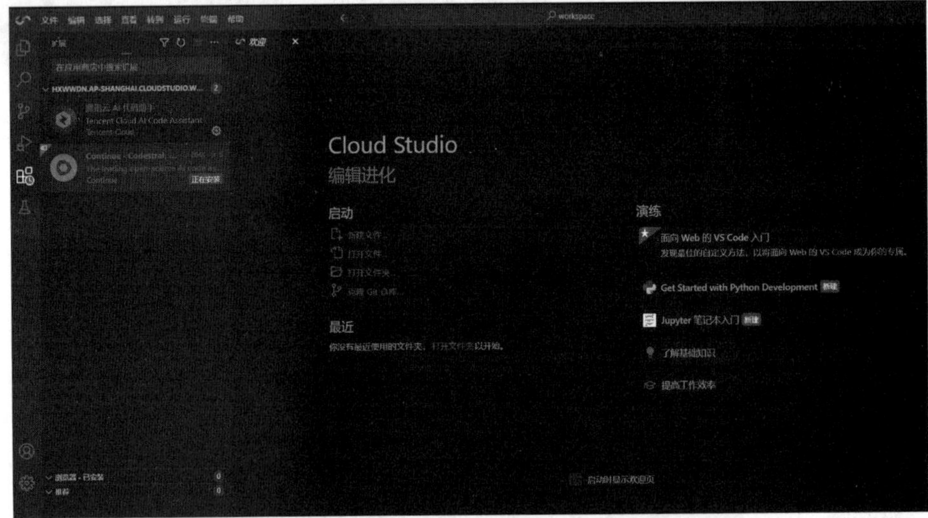

图11-60

03 在顶部菜单中选择“终端＞新建终端”选项，如图11-61所示。

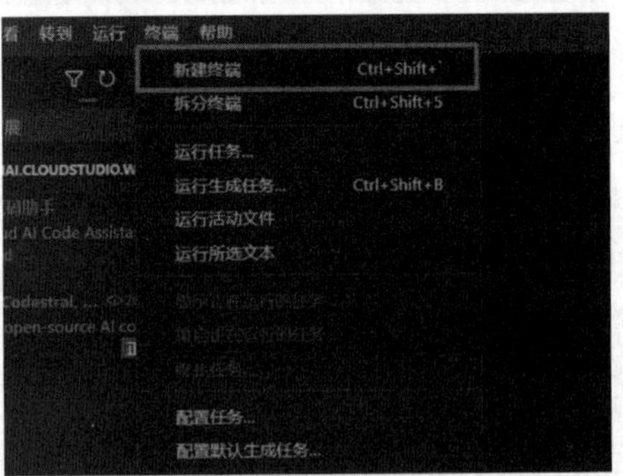

图11-61

04 在腾讯云创建的deepseek-r1:7b模型即可成功运行，接下来可以进行交互，如图11-62所示。

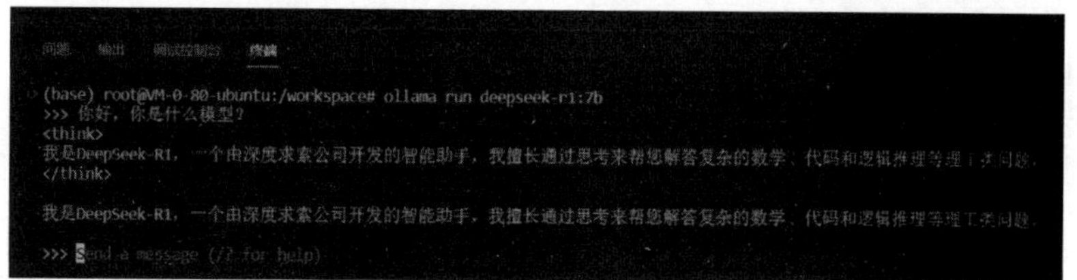

图 11-62

11.5.5 基于腾讯云 +JupyterLab 的 DeepSeek 聊天程序

01 访问腾讯云的DeepSeek实例主界面，单击“JupyterLab”按钮，如图11-63所示。

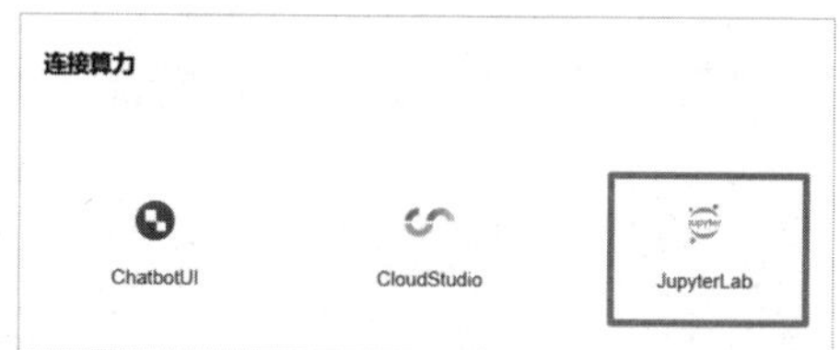

图 11-63

02 进入相应界面后，可以发现整个界面很整洁、友好，如图11-64所示。

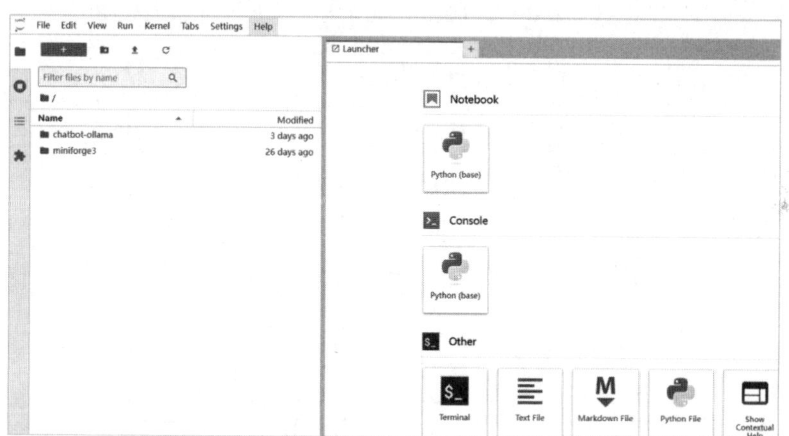

图 11-64

03 单击“Terminal”按钮进入命令界面，输入下面的命令后就能调用在腾讯云创建的deepseek-r1:7b模型进行聊天，如图11-65所示。

```
ollama run deepseek-r1:7b
```

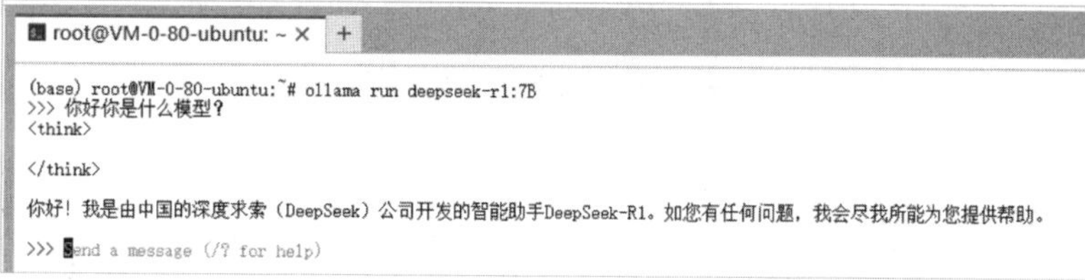

图 11-65

第12章 DeepSeek接入实战：无缝集成与多平台落地指南

本章将探讨DeepSeek在多平台环境下的集成策略与具体方法。具体而言，将详细阐述Chatbox、NextChat等集成工具的接入流程；针对办公场景，介绍如何将DeepSeek与Word、Excel等Office办公软件深度融合，实现无缝对接，进而提升办公自动化程度；在开发领域，探讨DeepSeek在VS Code、PyCharm等开发工具中的应用，帮助开发者实现代码的智能生成与自动补全，从而显著提高开发效率。此外，还会讲解DeepSeek与微信集成的操作方式，以打造功能强大的智能聊天机器人。通过这些丰富且实用的案例讲解，助力读者全面掌握DeepSeek的接入技巧，并根据自身的实际需求，灵活且高效地将DeepSeek应用于不同场景。

12.1 Chatbox 接入实战

将DeepSeek集成到Chatbox平台中，可构建可视化知识库系统。用户可通过Chatbox的交互界面与DeepSeek进行对话，实现高效的知识检索、问答及内容管理功能。

12.1.1 集成 DeepSeek 的好处

当DeepSeek在全球范围内引发广泛关注后，众多科技公司纷纷宣布已集成DeepSeek至其产品生态中。这里的“集成DeepSeek”是指这些公司通过API、SDK或定制化部署等方式，将DeepSeek的AI能力整合进其服务平台，以提升智能交互体验、优化知识处理效率并增强整体服务能力。集成DeepSeek的好处如图12-1所示。

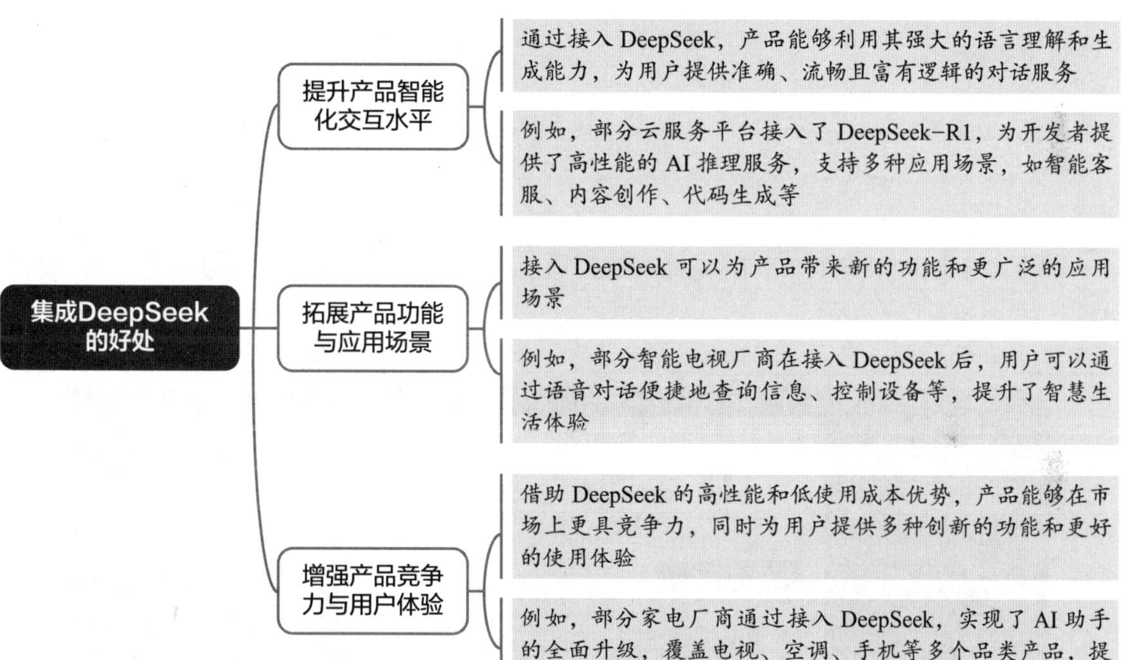

图 12-1

总之，通过集成DeepSeek API，开发者能够利用其先进的自然语言处理能力，为应用赋能智能对话、文本生成、代码补全等AI功能。对于企业及组织机构用户，DeepSeek的接入不仅能优化内部知识管理流程、提升团队协作效率，还能通过定制化模型微调构建贴合业务场景的智能解决方案，加速数字化转型进程。

12.1.2 接入 Chatbox

下载并安装Chatbox后，按照以下步骤通过DeepSeek API接入对话服务。

01 打开Chatbox，首先显示一个默认的界面，选择左下角的“设置”选项，如图12-2所示。

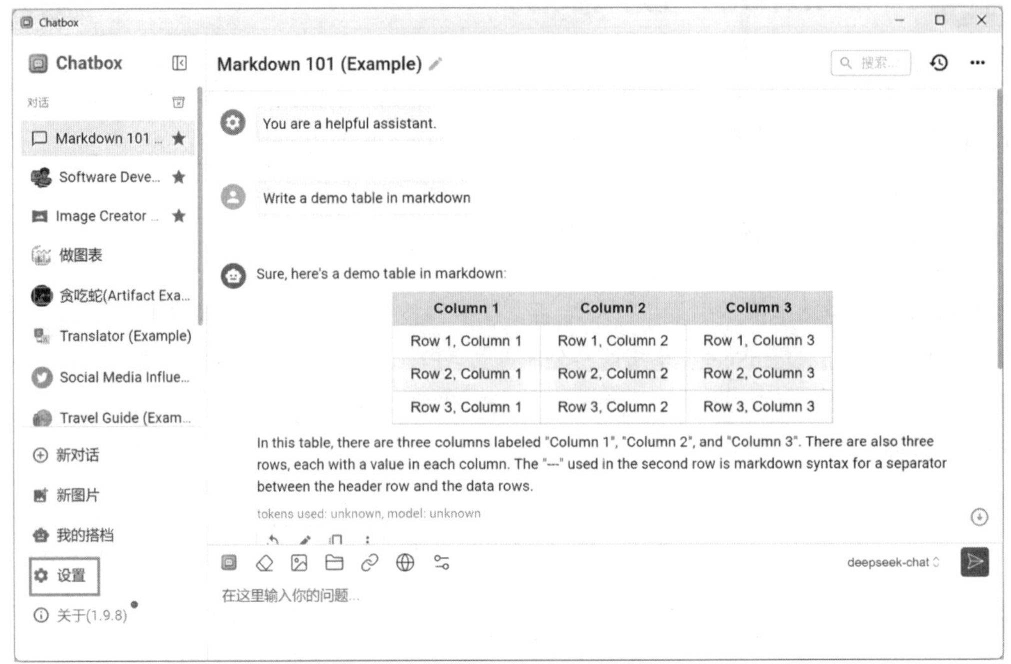

图 12-2

02 在弹出的“设置”对话框中选择“模型”选项，在“模型提供方”下拉列表中选择“DeepSeek API”选项，如图12-3所示。

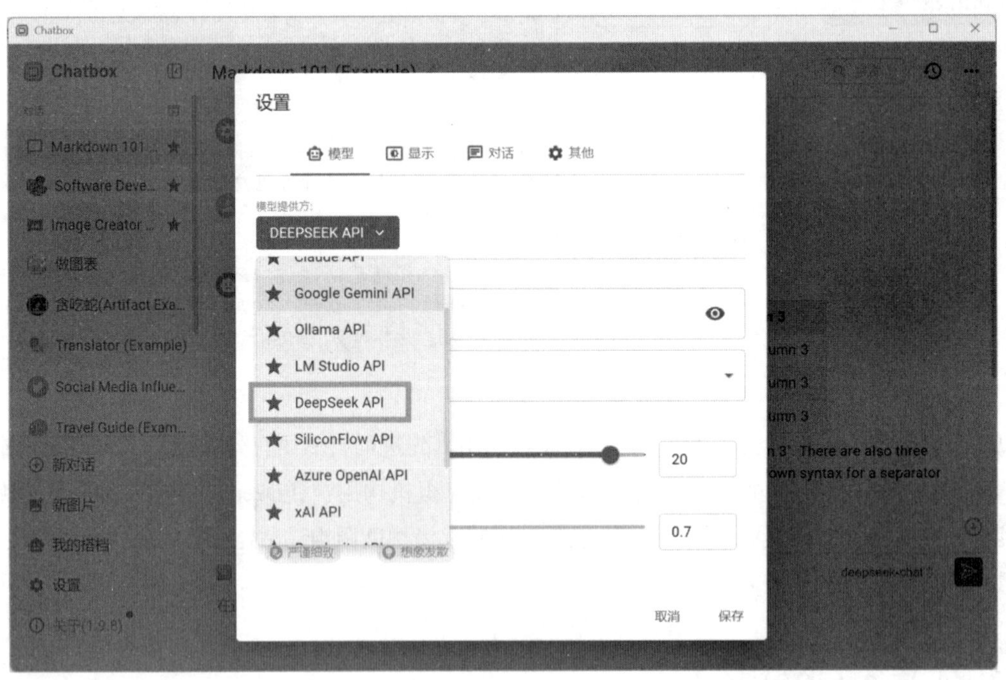

图 12-3

03 在“API密钥”文本框中输入开发者的DeepSeek API Key，如图12-4所示。

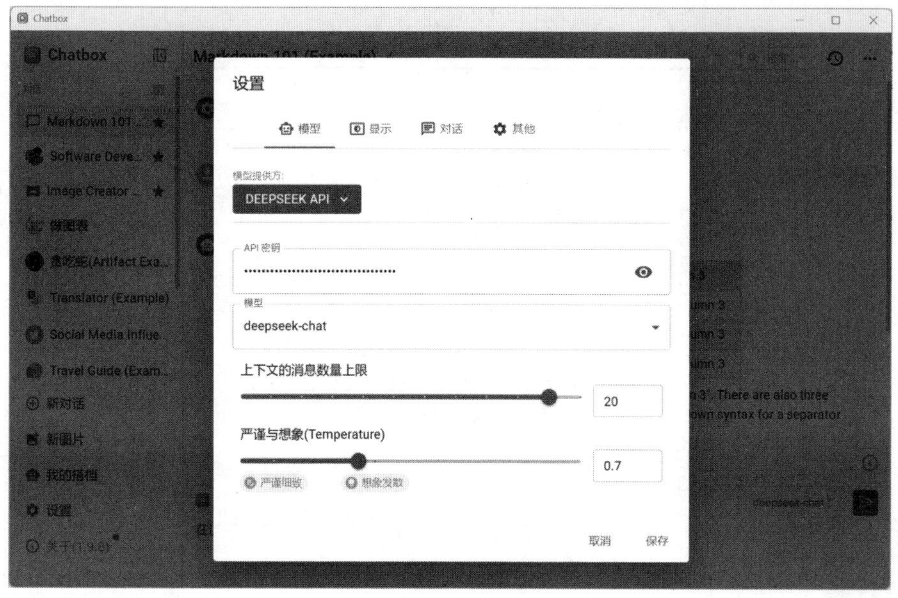

图 12-4

04 单击“保存”按钮完成设置工作。此时可以通过Chatbox调用DeepSeek实现聊天功能，如图12-5所示。

图 12-5

12.2 NextChat 接入实战

NextChat是一个开源项目，其核心目标在于帮助用户将ChatGPT等大型AI模型集成到网页应用中。它支持跨平台（包括Windows、macOS、Linux等）使用，并兼容主流大模型（如DeepSeek、GPT-4、Gemini Pro等）。

12.2.1 NextChat的主要功能

NextChat的主要功能如图12-6所示。

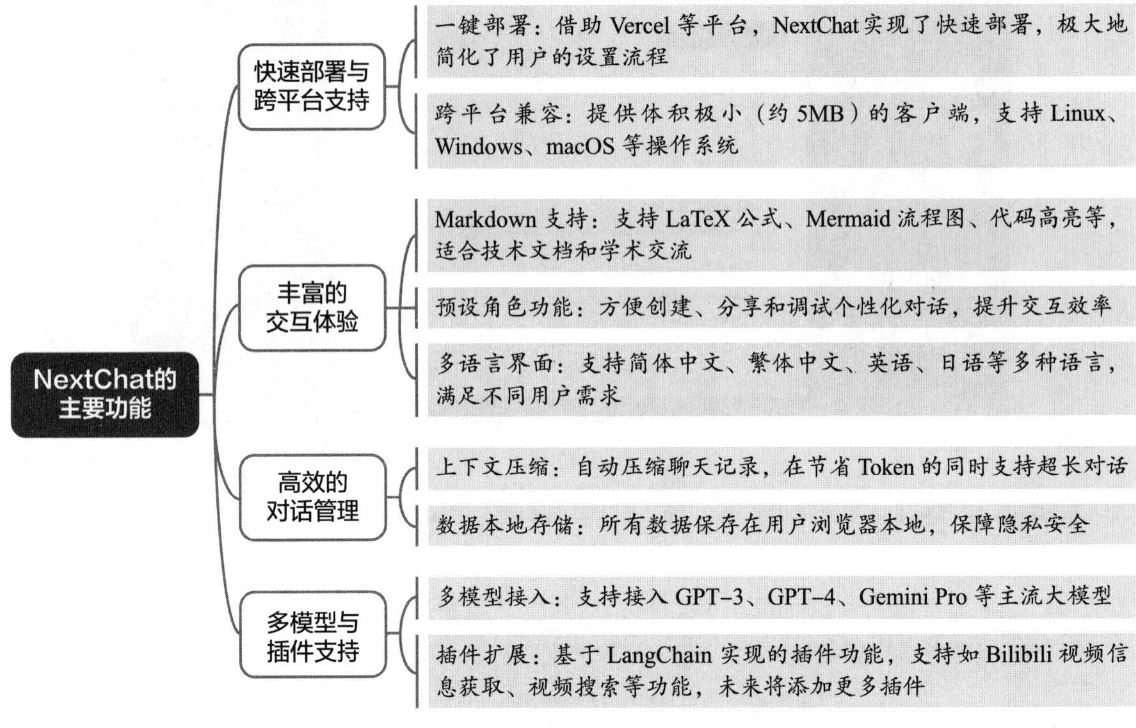

图12-6

12.2.2 运行本地源代码

在实际应用中，使用NextChat的方法有两种：运行本地源代码和本地安装NextChat。其中运行本地源代码的步骤如下。

01 在NextChat的GitHub项目页面中，根据指引将源代码克隆或直接下载到本地。

02 确保计算机已安装Node.js和npm（Node.js包管理工具）等必要的开发工具。

03 在NextChat源代码的根目录中打开命令行或终端，并运行以下命令来安装项目所需的所有依赖项。

```
npm install
```

或

```
yarn install
```

04 从DeepSeek平台获取专属的API密钥，并在NextChat的配置文件中输入该密钥及相关模型的详细信息。

05 在命令行或终端中运行以下命令，启动NextChat的本地开发服务器。

```
npm run dev
```

打开浏览器，输入本地服务器地址（通常为http://localhost:3000），即可查看NextChat界面。

12.2.3 本地安装 NextChat

01 访问NextChat的GitHub项目页面，进入Releases界面，根据计算机的操作系统下载相应的安装文件，如图12-7所示。

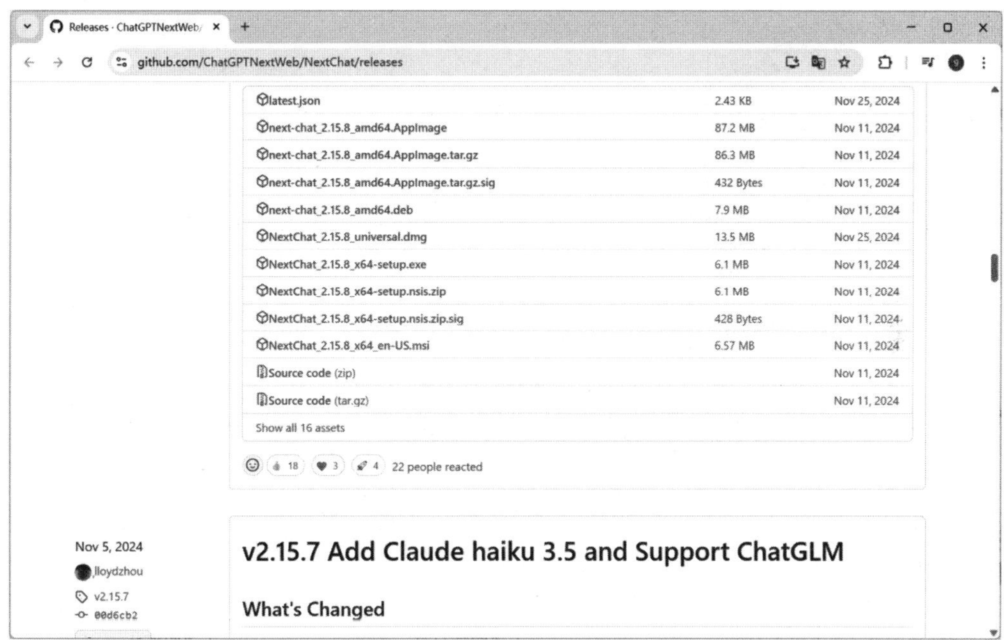

图 12-7

02 以下载Windows操作系统的安装文件为例，双击.exe格式的安装文件后，弹出“NextChat Setup”对话框，如图12-8所示。

03 单击“Next”按钮，此时将进入“Choose Install Location”界面，如图12-9所示。

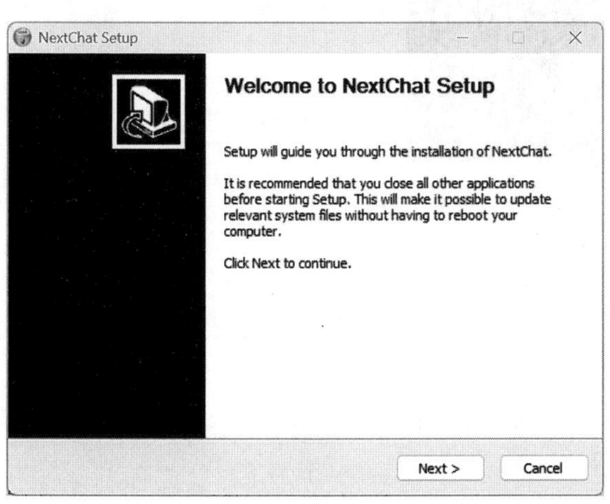

图 12-8

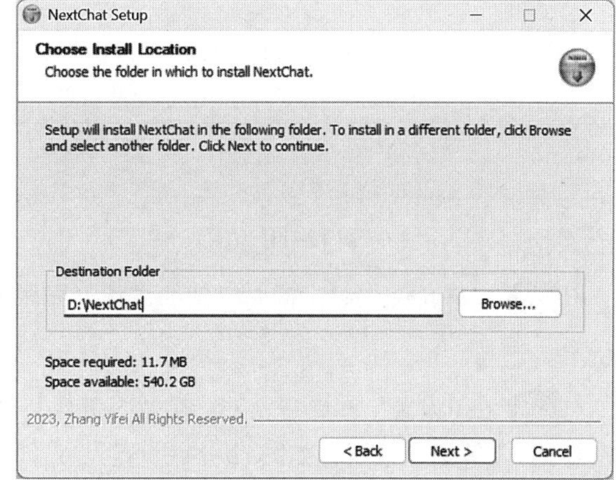

图 12-9

04 完成设置后，单击“Next”按钮，进入“Choose Start Menu Folder”界面，如图12-10所示。

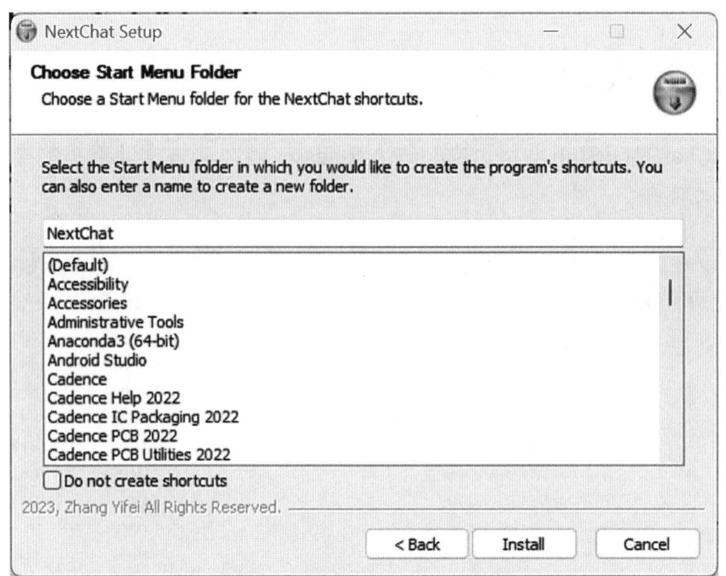

图12-10

05 完成设置后，单击“Install”按钮，进入“Installation Complete”界面，进度条会显示安装进度，如图12-11所示。

06 安装完成后，单击“Next”按钮，进入“Completing NextChat Setup”界面，然后单击“Finish”按钮完成安装，如图12-12所示。

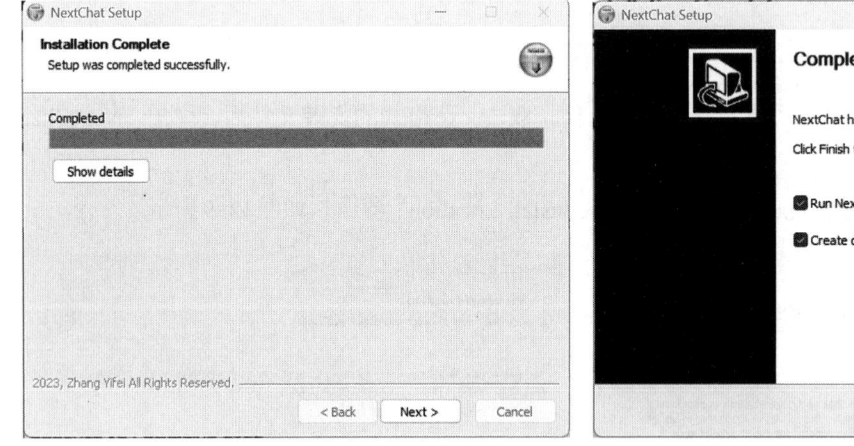

图12-11

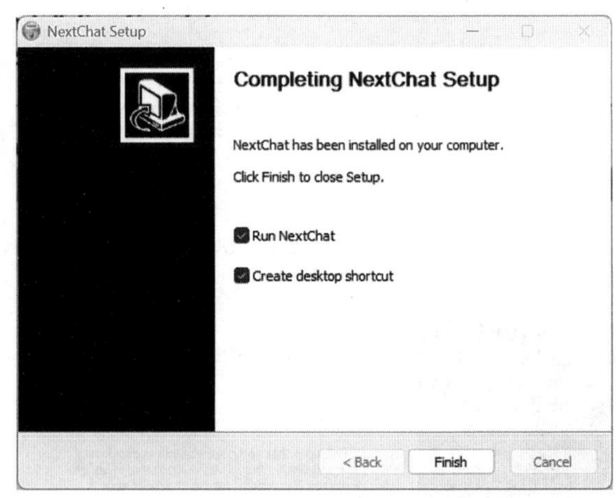

图12-12

07 打开NextChat，首先看到的是聊天界面。单击界面左下角的“设置”按钮⚙，如图12-13所示。

08 在“设置”界面中，对“模型服务商”“接口地址”“API Key”“自定义模型名”和“模型（model）”等进行设置，如图12-14所示。

图 12-13

图 12-14

09 设置完成后，可调用 DeepSeek 进行对话，如图 12-15 所示。

图 12-15

12.3 通过 OfficeAI 将 DeepSeek 接入 Office

在当今信息海量涌现的时代，将DeepSeek与Office工具深度融合显得尤为重要。Office用户常常需要处理大量复杂的信息，同时还要追求高效的工作方式。DeepSeek凭借其卓越的语言理解和生成能力，能够为Office的多种应用场景（如Word文档编写、Excel数据分析等）提供强有力的支持。它不仅能帮助用户迅速生成优质文本内容，精准剖析复杂数据背后的深层含义，还能助力用户设计出更具创新性的演示方案。这不仅显著提升了办公效率和工作质量，还满足了用户在数字化办公环境中对智能化工具的迫切需求，进一步扩展和优化了Office工具的功能，使Office工具能够更好地适应不断变化的办公环境和任务要求。

12.3.1 OfficeAI 功能介绍

OfficeAI是一款免费的AI办公工具软件，专为Microsoft Office和WPS用户设计，旨在通过AI技术提升办公效率。

1. 文档编辑与创作

◎ **WordAI插件：**在Word或WPS中以插件形式使用，能够实现周报整理、会议纪要撰写、内容总结及文案润色等多种功能。

◎ **文案创作与生成：**支持生成多种类型的文案，包括市场营销文案、内部沟通文件及技术文档等。

2. 数据分析与处理

◎ **ExcelAI插件：**在Excel或WPS表格中，能够自动执行复杂的公式运算和智能选择函数。

◎ **ExcelAI功能：**具备从身份证提取数据、将数字转换为中文大写等实用功能。

3. 智能助手

◎ **AI插画：** 在Word中生成所需的插画，无须额外搜索，方便快捷。

◎ **多语言支持：** 支持简体中文、繁体中文、英文等，满足不同用户的语言需求。

4. AI大模型引擎

◎ **内置免费AI大模型引擎：** 包括豆包、文心一言、ChatGLM等。

◎ **支持API Key的模型：** 包括ChatGPT、文心一言、Llama、Kimi、DeepSeek等。

12.3.2 下载并安装 OfficeAI 助手

01 访问OfficeAI助手官网，单击“立即下载”按钮下载安装文件，如图12-16所示。

图 12-16

02 在安装之前，需要关闭Office程序，按照安装向导完成安装，安装完成的界面如图12-17所示。

图 12-17

12.3.3 在Word中应用DeepSeek

01 安装OfficeAI之后，打开Word时会看到新增的“OfficeAI”选项卡。在该选项卡中提供了多种实用功能，如“校对”“润色”“排版”“续写”“写作”“翻译”“工具箱”等，如图12-18所示。

图12-18

02 单击“OfficeAI”选项卡最左端的“右侧面板”按钮，即可打开“OfficeAI助手”面板，这个面板是Word中用于与AI大模型进行交互的界面，单击“设置”按钮，如图12-19所示。

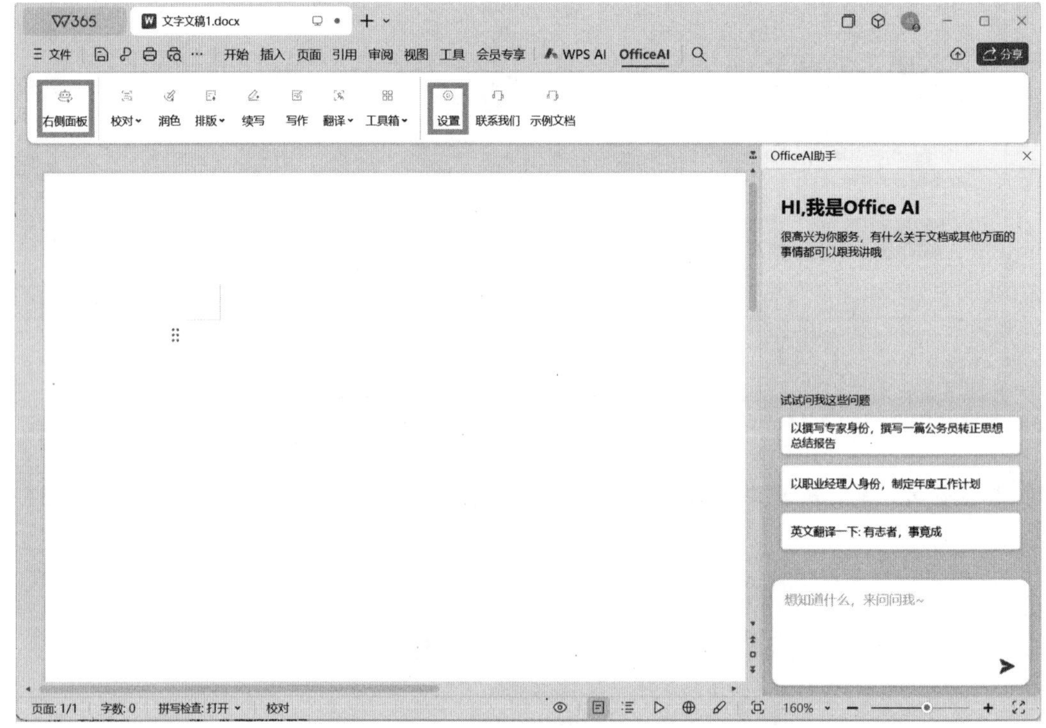

图12-19

03 在弹出的“设置”对话框中，切换到“ApiKey”选项卡，进行相关设置，如图12-20所示。在“API_KEY”文本框中输入自己的DeepSeek API Key。

图 12-20

04 设置完成后，就可以在右侧的面板中与DeepSeek进行对话了，如图12-21所示。

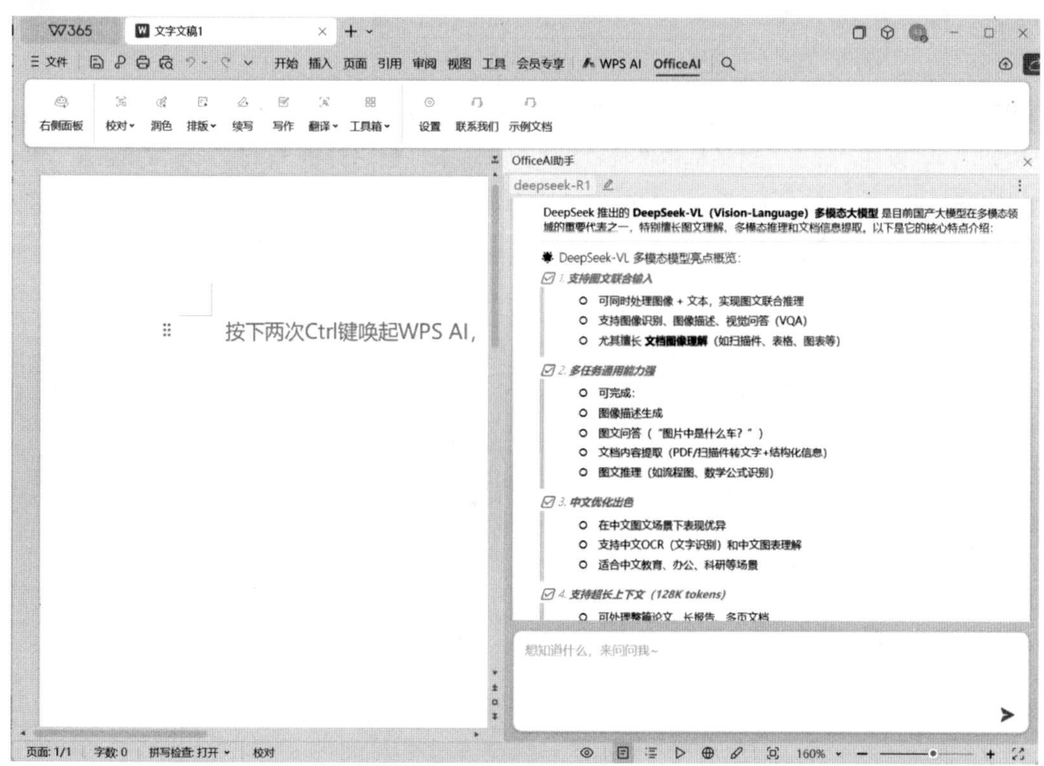

图 12-21

05 单击对话下面的“导出到左侧”按钮后，能够将对话内容复制到Word中，如图12-22所示。

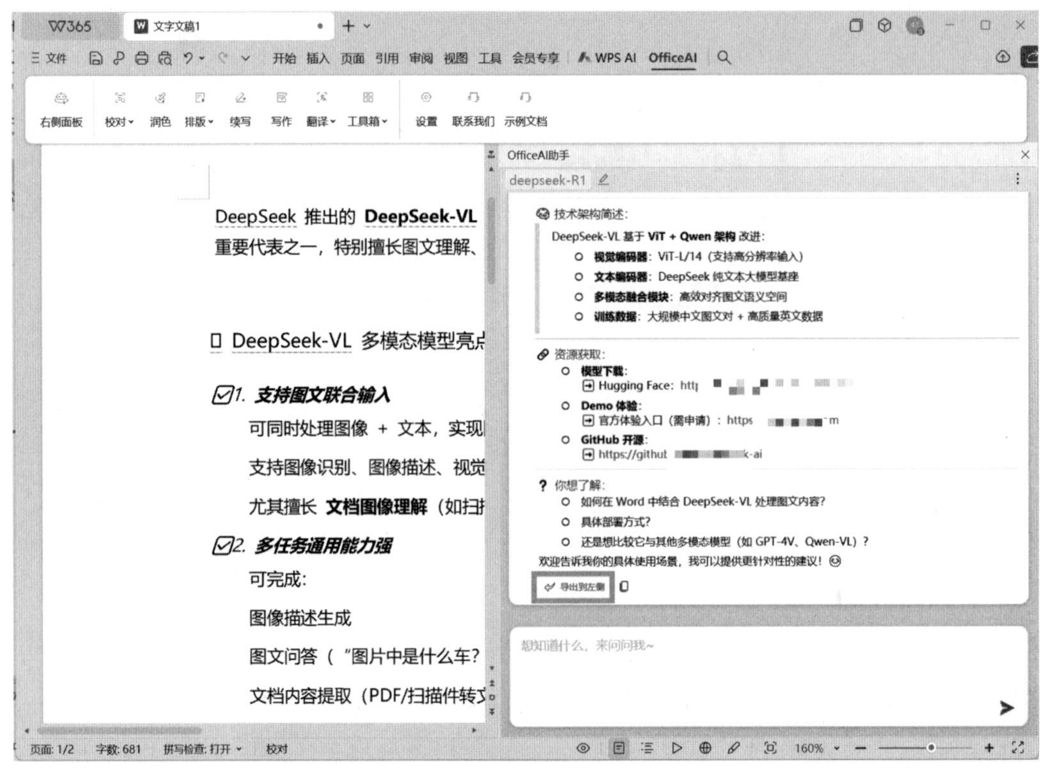

图 12-22

06 在OfficeAI中也可以调用本地部署的DeepSeek。例如，使用在Ollama中配置的deepseek-r1:1.5b模型，可以在“设置”对话框中选择“本地”选项卡，然后设置“框架”为“Ollama”，“模型名”为“deepseek-r1:1.5b”，如图12-23所示。

设置
样式设定
通用
大模型
提示词
内置模型 ApiKey 本地
框架 Ollama
模型名 deepseek-r1:1.5b 刷新模型 添加模型
服务地址 http://localhost:11434
运行APIKEY/本地部署核心组件
流对话等待时长(分钟) 15
保存

图 12-23

07 单击“保存”按钮完成设置，此后OfficeAI助手便能够调用本地模型，如图12-24所示。

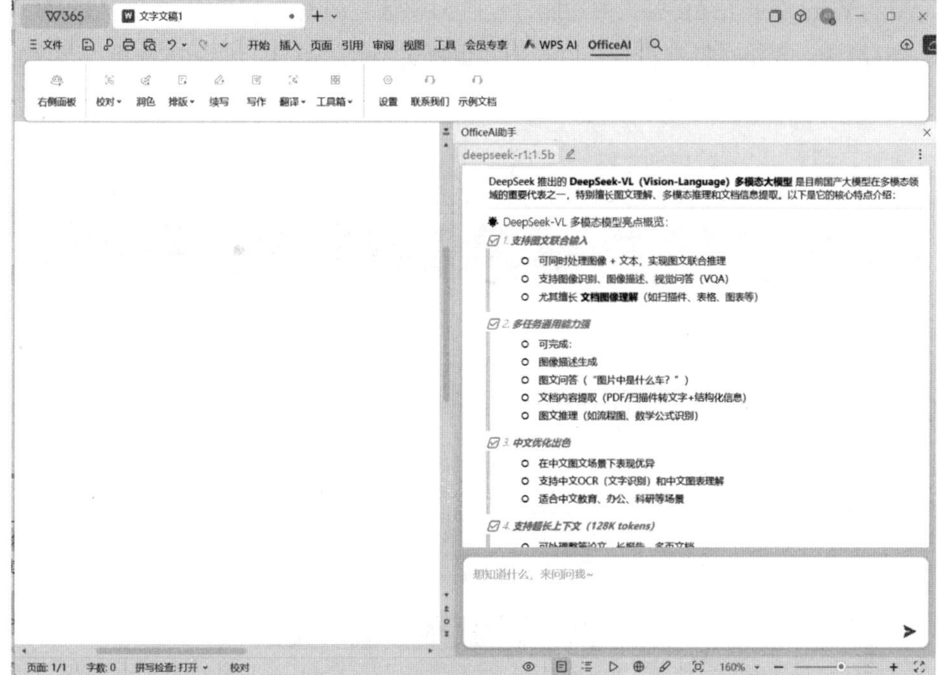

图 12-24

08 OfficeAI 助手还提供了续写功能。例如，在 Word 文件里输入文字“我在箭扣长城欣赏落日余晖，”，选中文字，然后单击“OfficeAI”选项卡中的“续写”按钮，此时会调用 DeepSeek 续写相关内容，如图 12-25 所示。

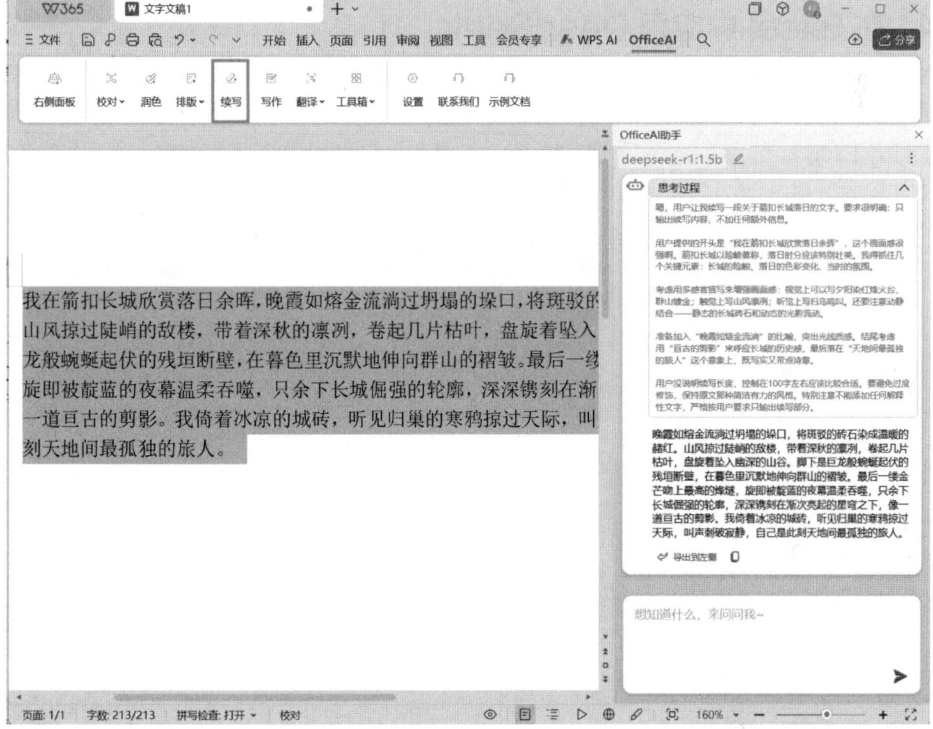

图 12-25

OfficeAI为Word带来了诸多强大的功能，包括AI对话、AI写作、智能校对、AI排版、AI绘画、智能替换、AI翻译、表格、特殊符号，以及图片提取文字等，具体的使用方法可以参考官网教程，如图12-26所示。

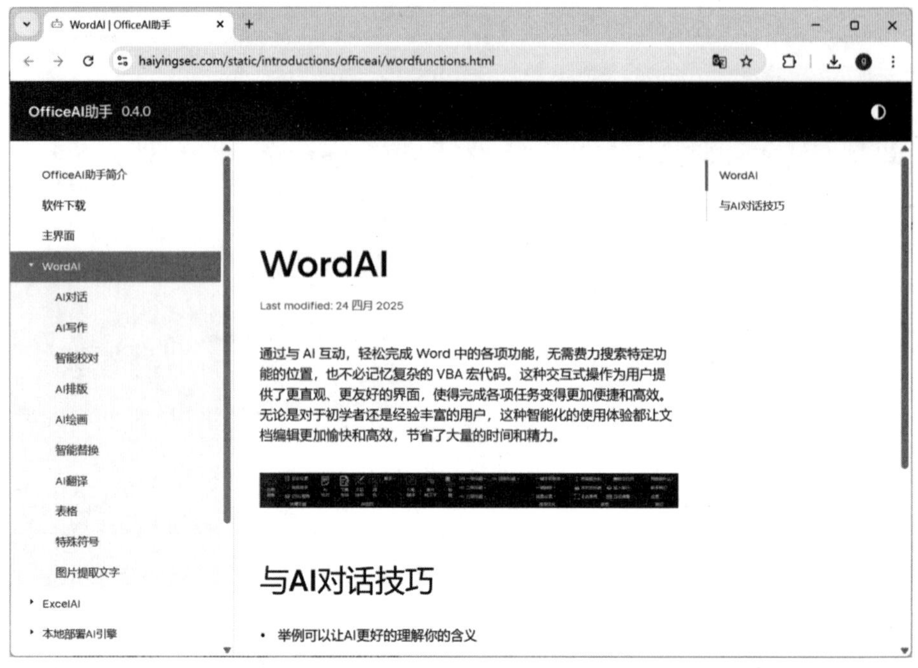

图 12-26

12.3.4 在 Excel 中应用 DeepSeek

在Excel中也可以应用DeepSeek，具体步骤如下。

01 打开Excel，在“OfficeAI”选项卡的“工具箱”中可以看到多种功能，如“快捷录入”“提取/过滤”“数值批量计算”“四舍五入”等，如图12-27所示。

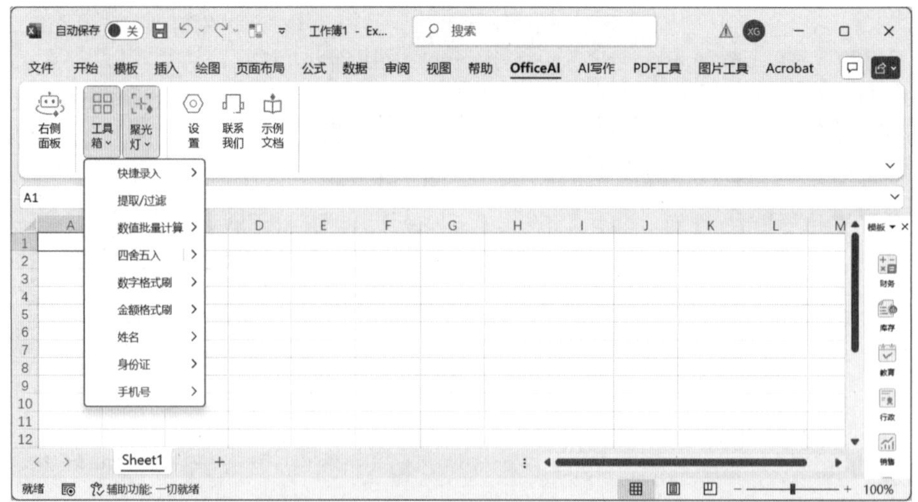

图 12-27

02 单击“OfficeAI”选项卡最左端的“右侧面板”按钮，打开“OfficeAI助手”面板，这个面板是Excel中用于与AI大模型进行交互的界面。单击“OfficeAI助手”面板中的“设置”按钮，如图12-28所示。

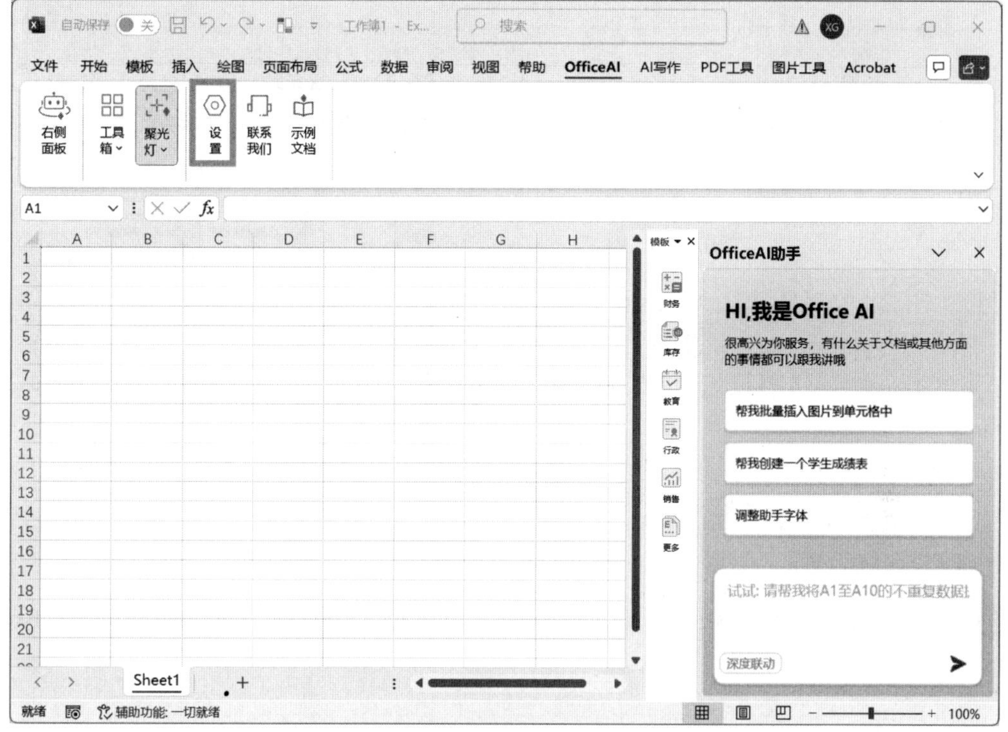

图 12-28

03 在弹出的“设置”对话框中切换到“ApiKey”选项卡，进行相关设置，如图12-29所示。

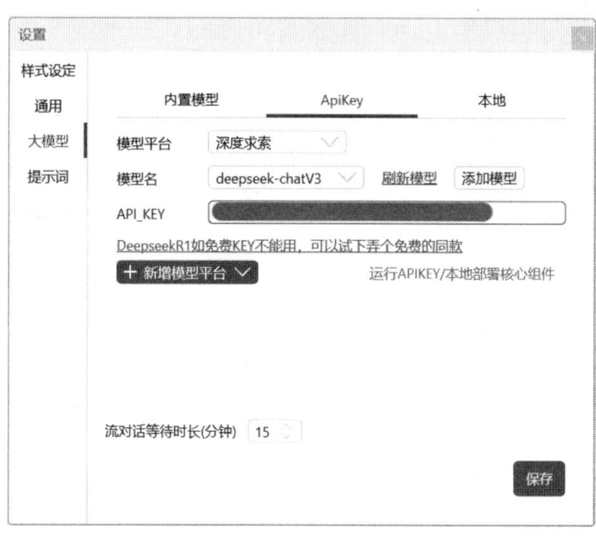

图 12-29

04 设置完成后，就可以在Excel右侧的面板中与DeepSeek进行交互，如图12-30所示。

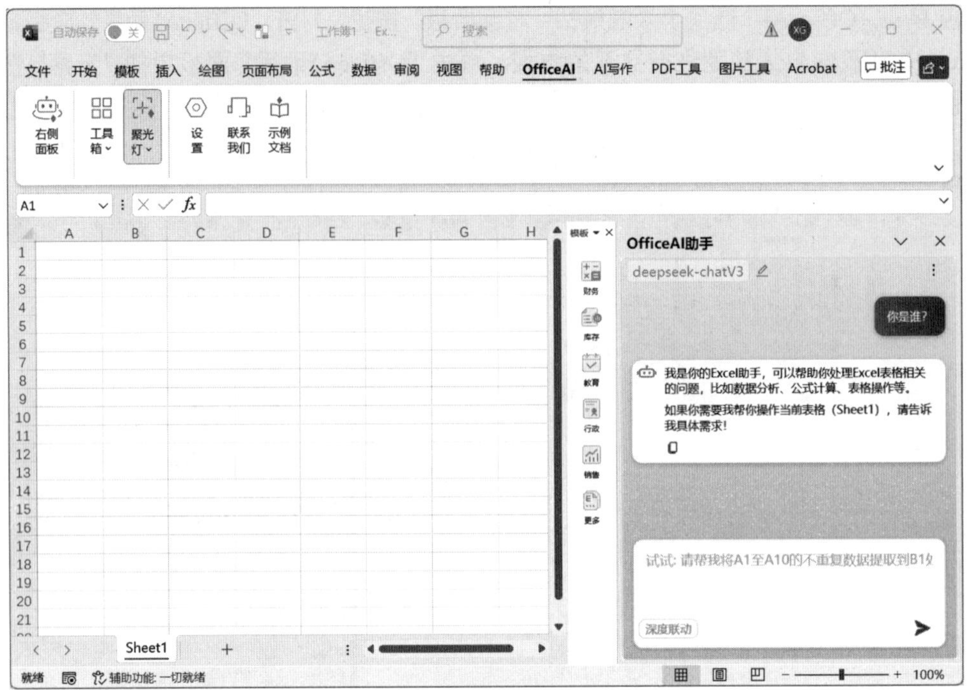

图 12-30

05 单击对话下面的按钮可以复制对话内容，从而方便地将DeepSeek的回复粘贴到Excel中，如图12-31所示。

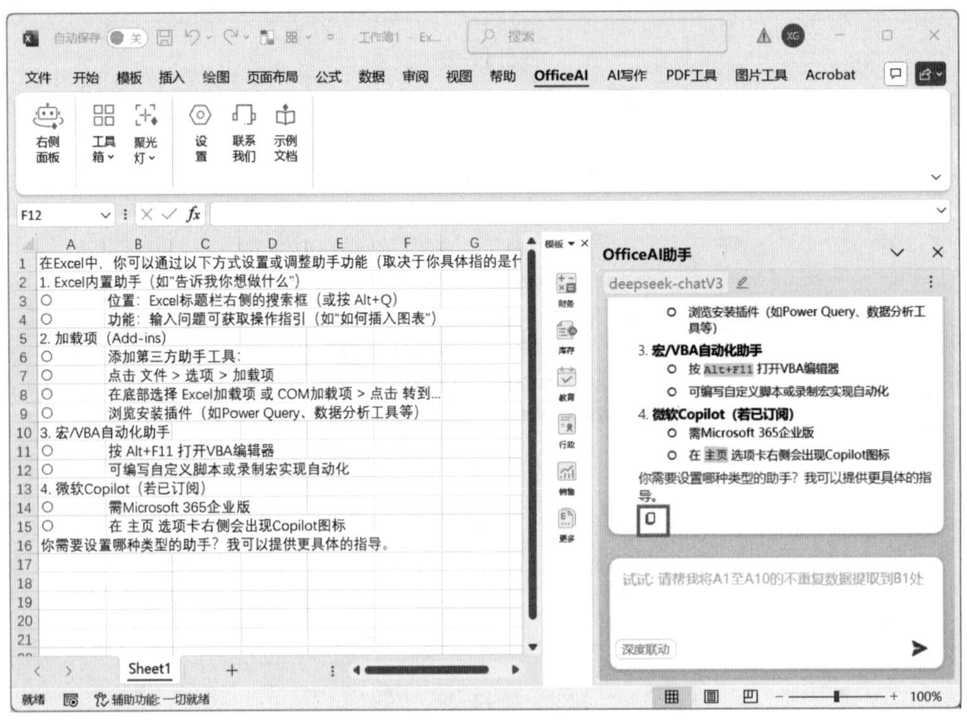

图 12-31

06 在Excel中也可以调用本地部署的DeepSeek。例如，使用在Ollama中配置的deepseek-r1:1.5b模型，可以在“设置”对话框中选择“本地”选项卡，然后设置“框架”为“ollama”，“模型名”为“deepseek-r1:1.5b”，如图12-32所示。单击“保存”按钮完成设置工作，此时OfficeAI助手便能够调用本地模型。

图 12-32

07 通过使用OfficeAI，可以显著提升办公效率。例如，你可以在对话框中直接输入生成表格的要求。

请帮我生成一张包含“手机型号”“厂家”和“销售额”的表，表有6行虚拟数据

08 OfficeAI会按照要求生成表格，并弹出“请选择需要插入的表格”对话框，提示用户可以选择要插入表格的内容，如图12-33所示。

图 12-33

09 单击“应用”按钮后可以将DeepSeek生成的内容插入Excel文件，如图12-34所示。

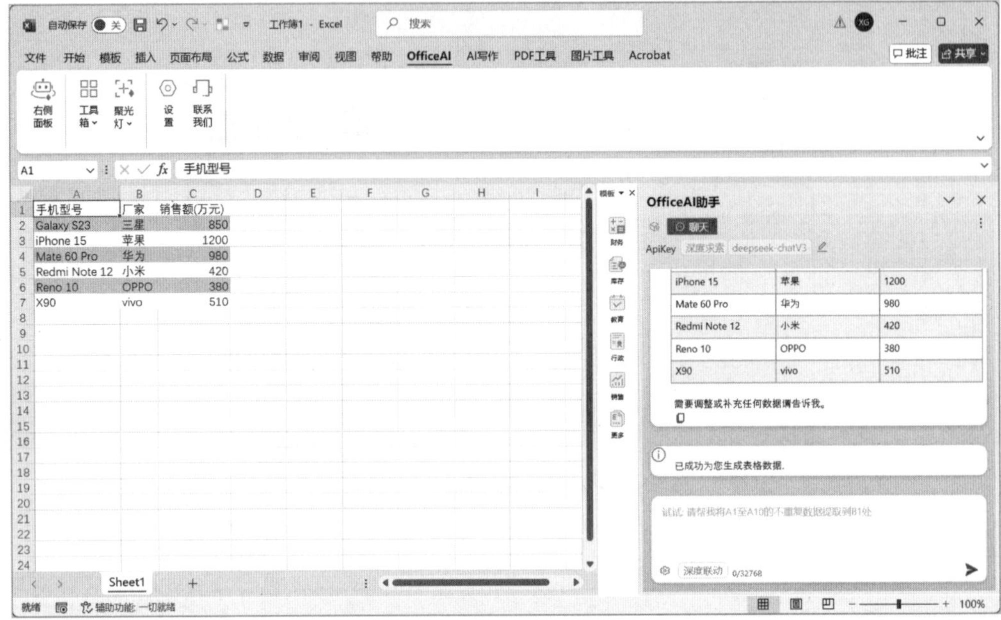

图12-34

OfficeAI为Excel提供了诸多强大的功能，包括AI对话、数据分析、单元格格式、智能替换、聚光灯及公式通等，具体的使用方法可以参考官网教程，如图12-35所示。

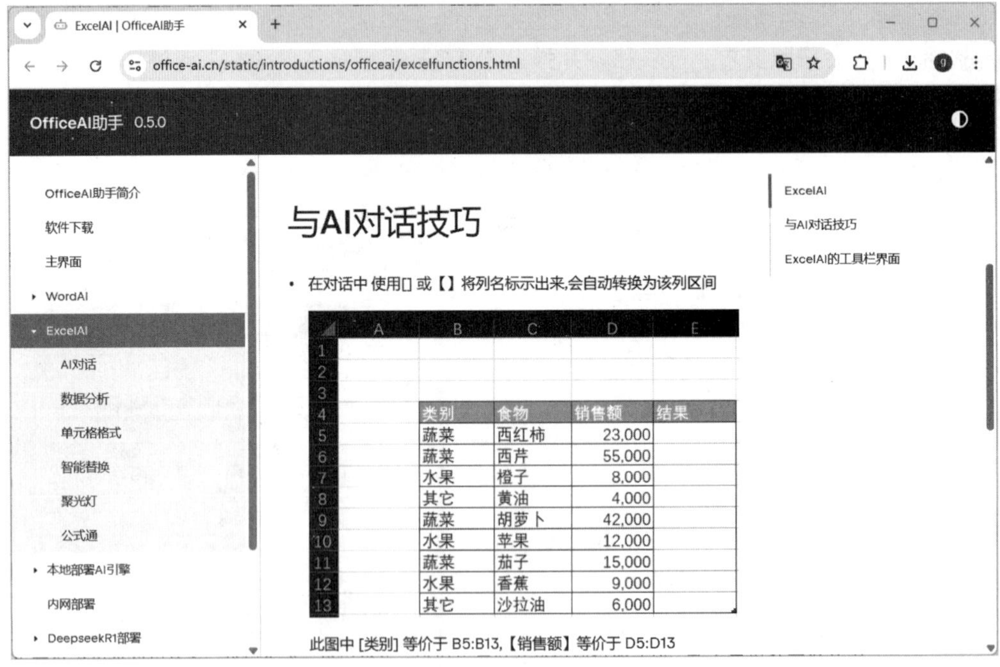

图12-35

12.4 将 DeepSeek 接入 VS Code

Visual Studio Code（VS Code）是一款由微软开发的免费、开源、跨平台的代码编辑器，支持多种编程语言和框架，具备强大的代码编辑、调试、版本控制等功能，广泛应用于软件开发领域。其丰富的扩展生态系统能够满足开发者在不同开发场景下的多样化需求，极大地提升了开发效率。

12.4.1 Continue 介绍

Continue是一个开源的AI代码助手插件，支持VS Code和JetBrains系列编辑器。它通过接入多种AI模型，为开发者提供代码补全、代码生成、代码优化、错误修复及代码解释等功能，致力于提升开发效率和改善编程体验。Continue插件的基本功能如图 12-36 所示。

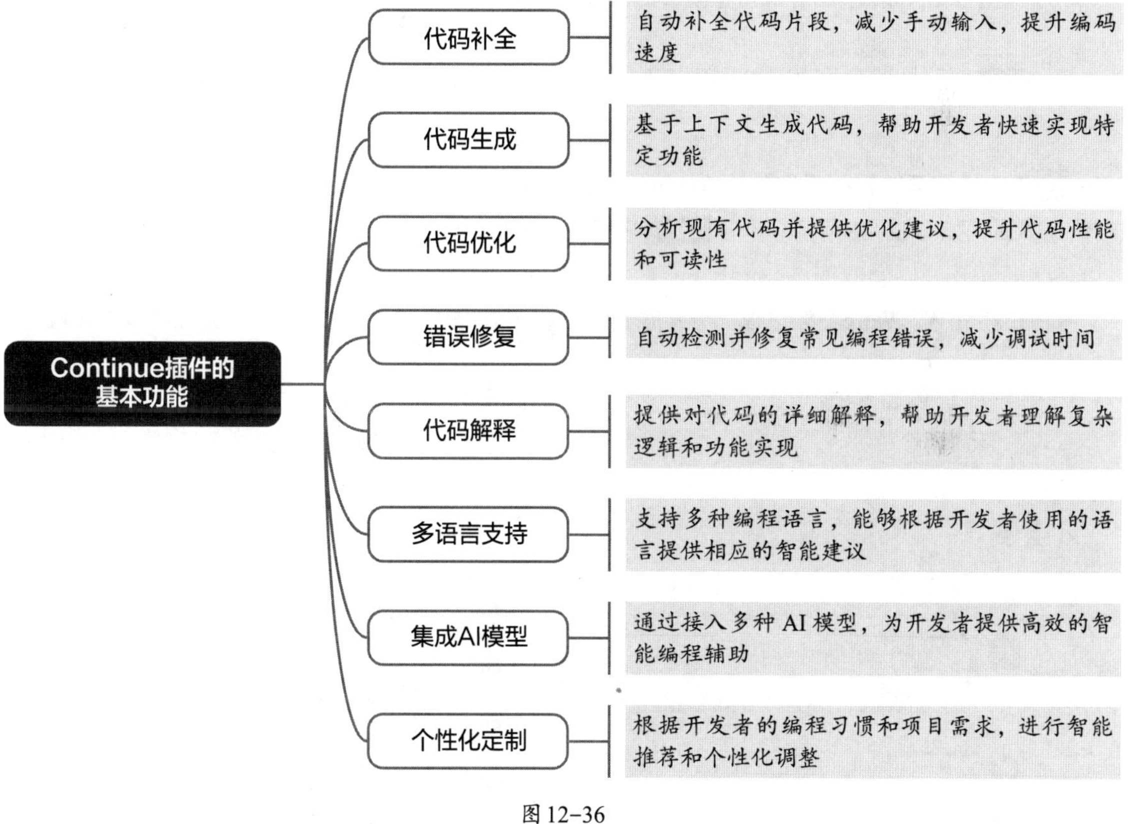

图 12-36

12.4.2 安装 Continue

01 打开VS Code，单击左侧导航栏中的扩展图标，进入“扩展：商店”界面。在搜索框中输入“Continue”，下方列表中会显示相关的搜索结果，如图 12-37 所示。

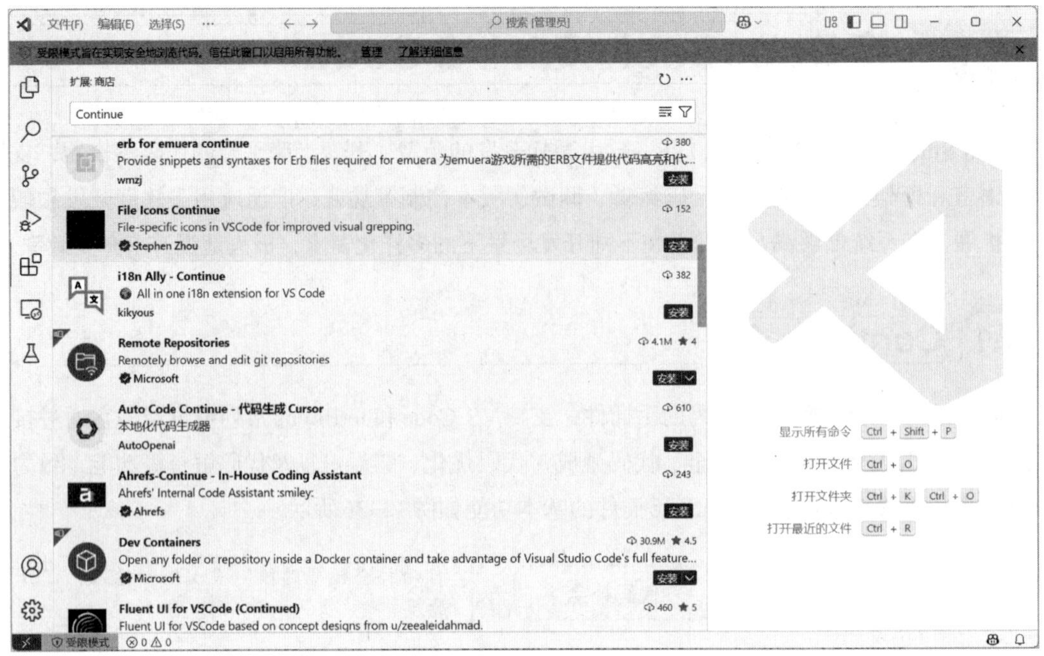

图 12-37

02 选择搜索结果列表中的“Continue-Codestral, Claude, and more”选项，进入Continue的详细信息界面，如图12-38所示。单击安装按钮安装相应插件。

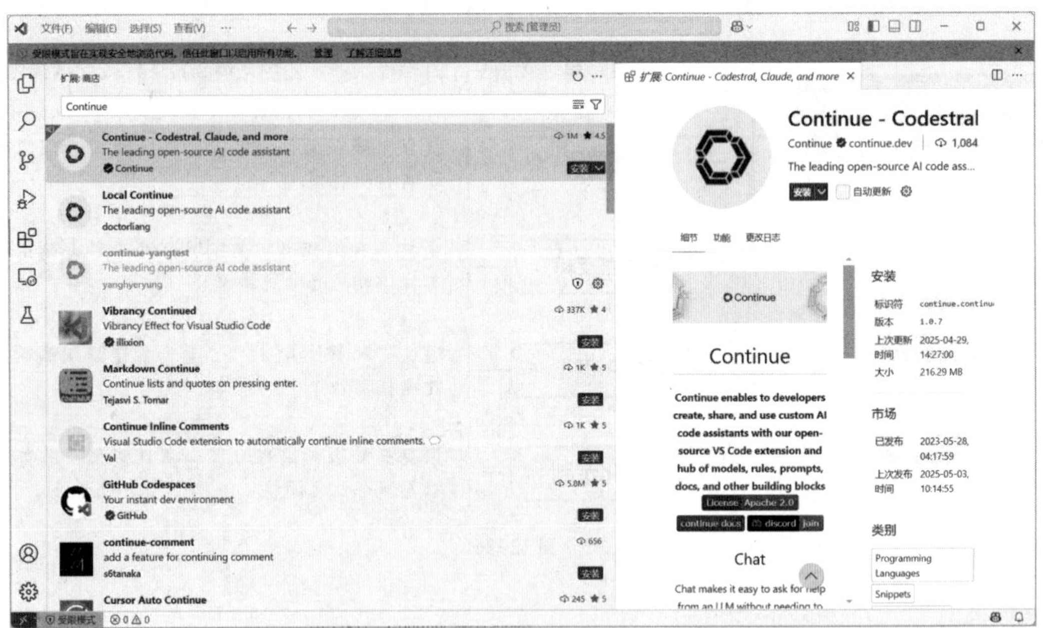

图 12-38

03 安装完成后，在Continue的详细信息界面会显示“卸载”“切换到预发布版本”等功能，如图12-39所示。

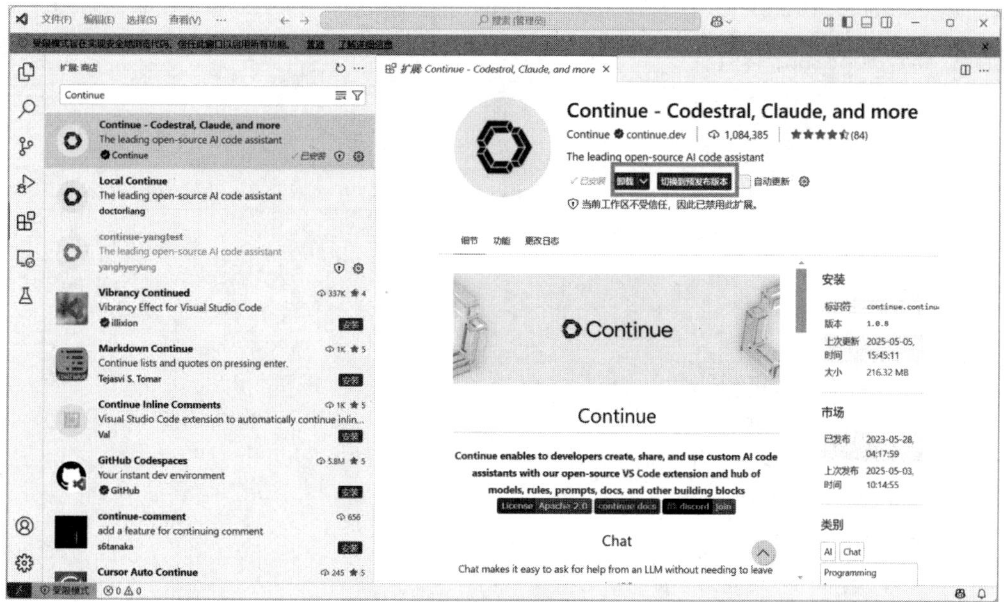

图 12-39

04 安装完Continue插件后，单击VS Code左侧导航栏中的按钮，进入“CONTINUE”界面，然后单击界面右上角的“设置”按钮，进入Continue的配置界面，如图12-40所示。

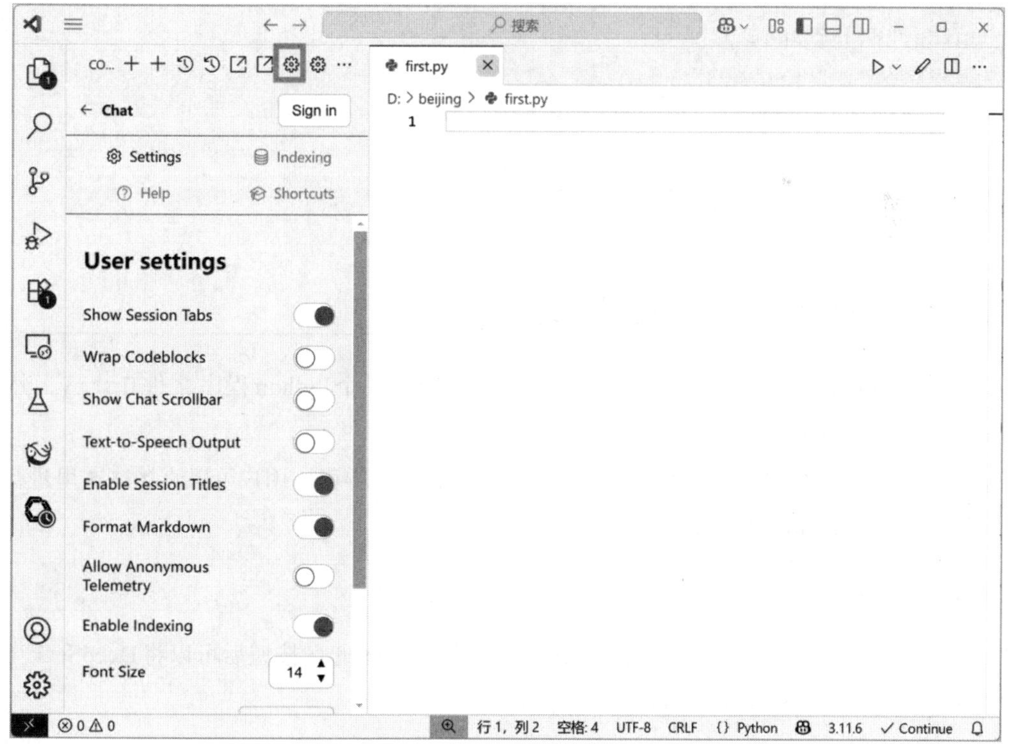

图 12-40

05 在第一次配置时会自动弹出配置文件config.json，在这个文件中，可以设置接入DeepSeek的相关配置信息，包括DeepSeek的模型名称和API Key，示例代码如下。

```
{
  "completionOptions": {
    "BaseCompletionOptions": {
        "temperature": 0.0,
        "maxTokens": 256
    }
  },
  "models": [
    {
      "title": "DeepSeek",
      "model": "deepseek-chat",
      "contextLength": 128000,
      "apiKey": "REDACTED",
      "provider": "deepseek",
      "apiBase": "https://api.deepseek.com/beta"
    }
  ],
  "tabAutocompleteModel": {
    "title": "DeepSeek Coder",
    "model": "deepseek-coder",
    "apiKey": "REDACTED",
    "provider": "deepseek",
    "apiBase": "https://api.deepseek.com/beta"
  },
...
```

12.4.3 调用 DeepSeek 生成代码

下面以Python语言为例进行说明。通过VS Code创建一个Python程序文件first.py，然后在VS Code中打开这个Python文件。

单击VS Code左侧导航栏中的按钮进入“CONTINUE”界面，用户可以直接在这里进行基础的AI对话问答，如输入以下问题。

```
我需要一个 Python 函数，计算 1 到 100 的整数的和
```

Continue会调用DeepSeek生产代码，单击生成代码右上角的按钮后可以将DeepSeek生成的代码插入VS Code的源文件中，如图12-41所示。

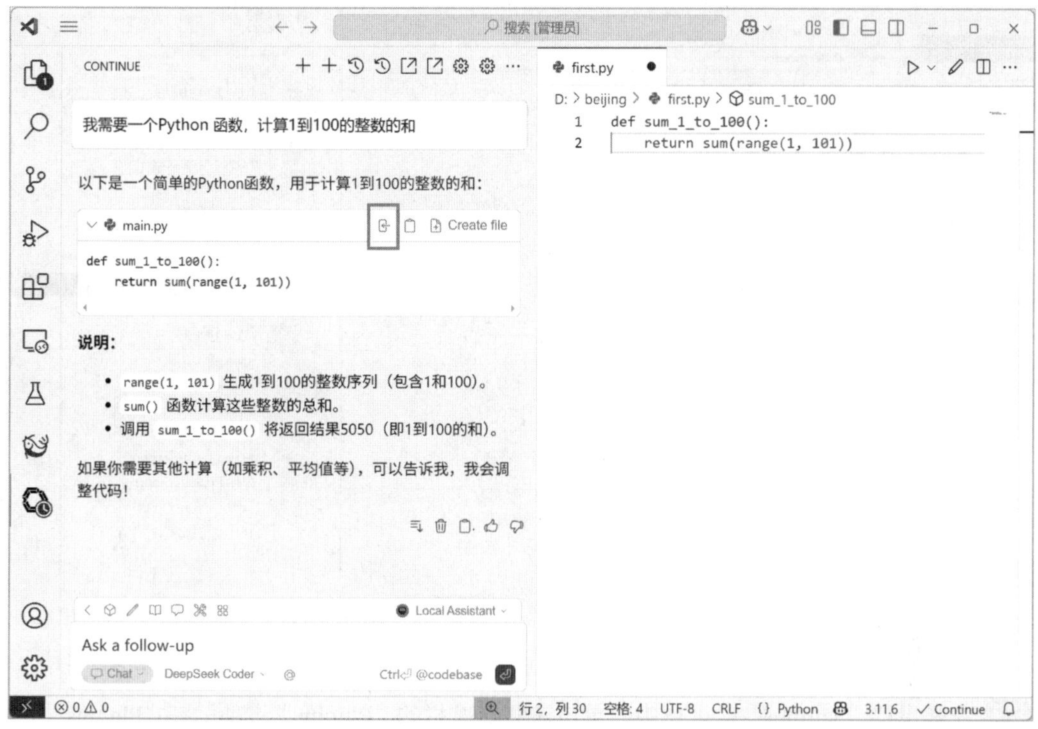

图 12-41

12.5 将 DeepSeek 接入 PyCharm

PyCharm是一款由JetBrains开发的专业级Python集成开发环境（IDE），专为Python开发而设计，提供强大的代码分析、智能代码补全、快速错误检测与修复等功能，极大地提升了开发效率。它支持多种框架（如Django、Flask等）和工具（如Jupyter Notebook），并具备丰富的插件生态系统，能够满足不同开发场景的需求。无论是初学者还是经验丰富的开发者，PyCharm都能提供友好的开发体验，帮助用户更高效地构建和调试Python应用程序。

12.5.1 为 PyCharm 安装 Continue

01 打开PyCharm，新建一个Python工程，如图12-42所示。

02 选择“File>Settings”选项，如图12-43所示。

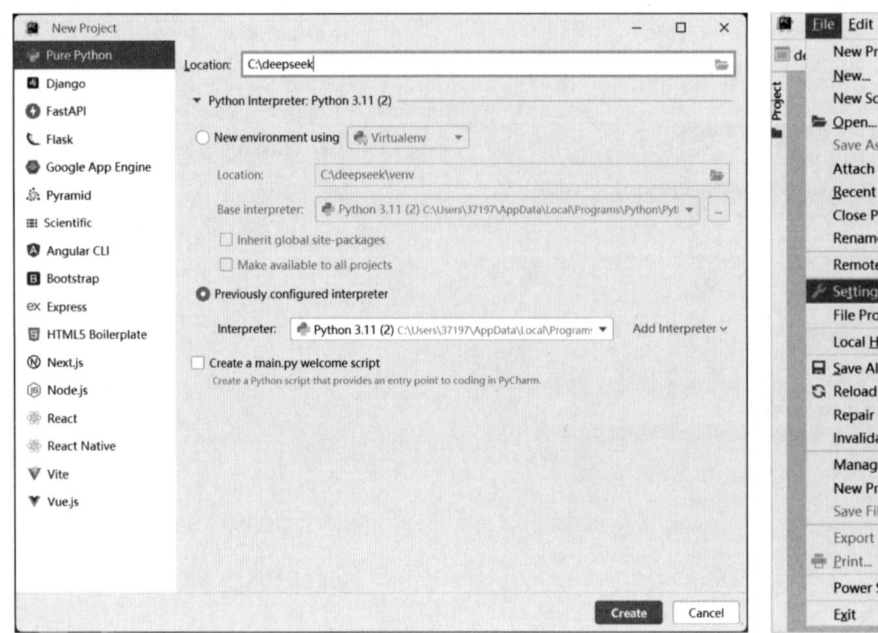

图 12-42

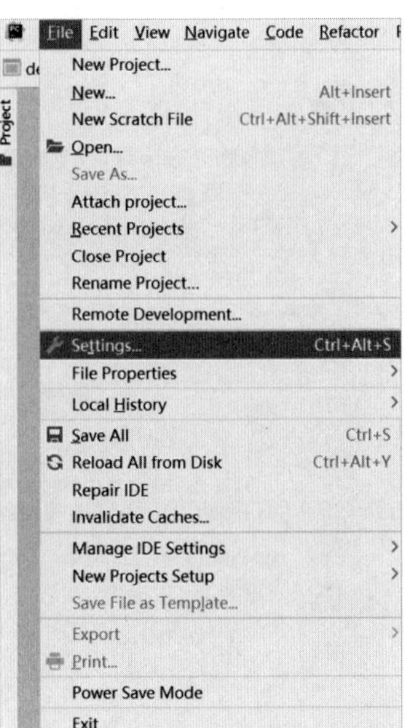

图 12-43

03 在弹出的“Settings”对话框中，单击左侧导航栏的“Plugins”选项。在“Plugins”界面的搜索框中输入“Continue”，然后单击“Install”按钮进行安装，如图 12-44 所示。

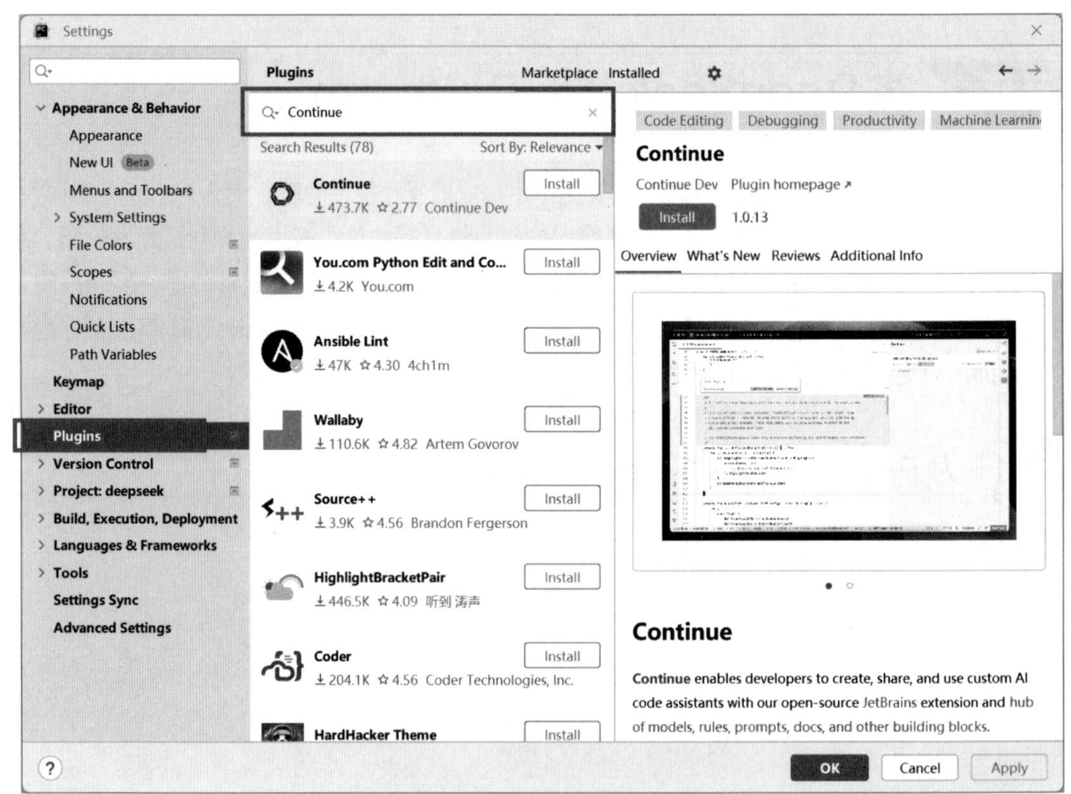

图 12-44

04 安装成功后单击“OK”按钮，如图 12-45 所示。

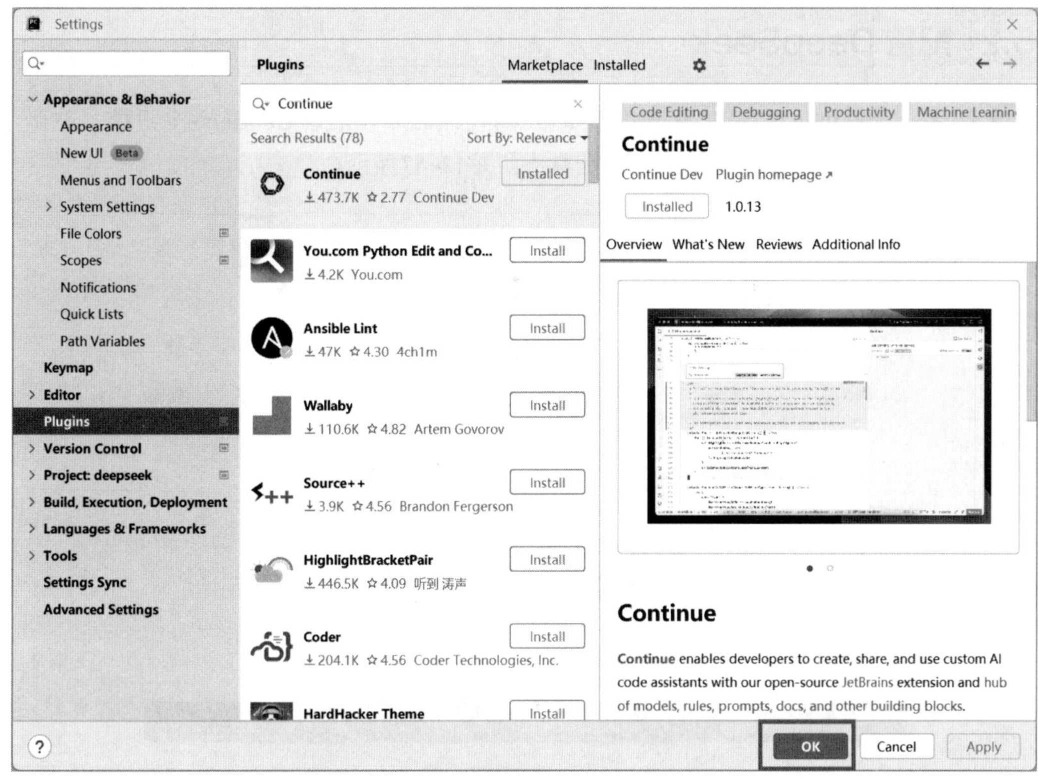

图 12-45

05 回到PyCharm主界面，建议先退出PyCharm，然后重新打开，让插件生效。打开时，PyCharm右侧边栏有Continue按钮即安装成功，如图12-46所示。

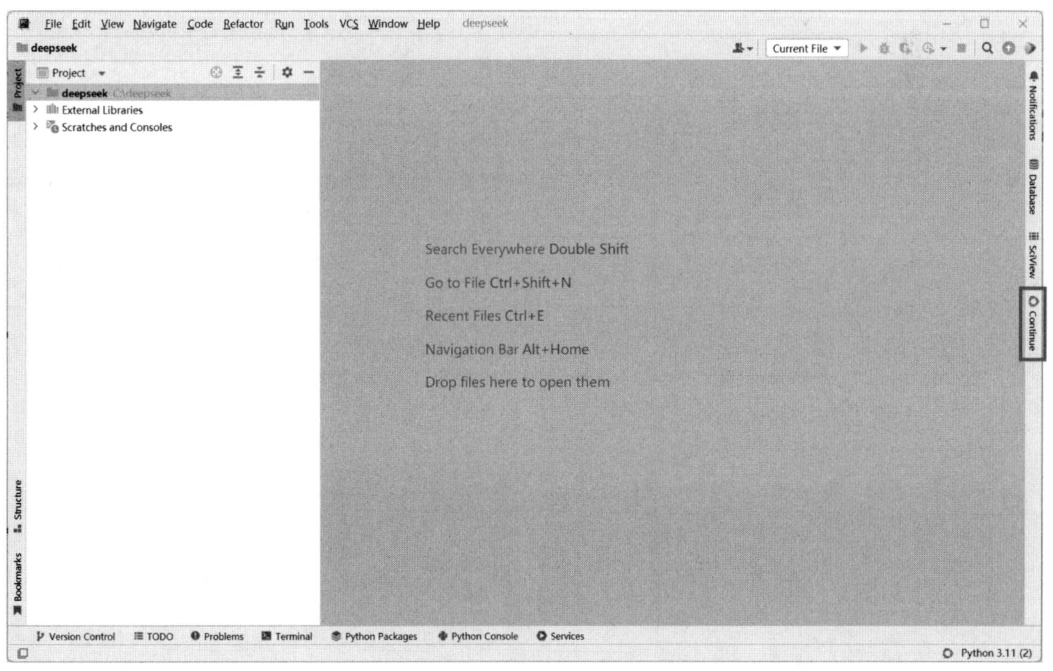

图 12-46

12.5.2 配置 DeepSeek

01 新建一个Python程序文件，如AI-test1.py，然后单击右侧Continue按钮，在弹出的“Continue”界面中单击右上角的“设置”按钮，如图12-47所示。

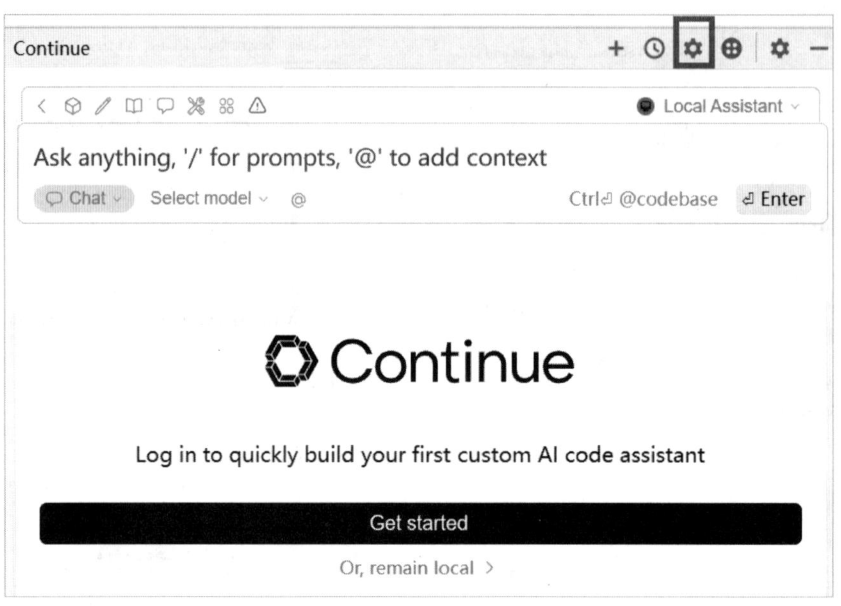

图12-47

02 在第一次配置时会自动弹出JSON格式的配置文件，我们对配置文件进行修改，重点修改下面代码中的DeepSeek API密钥选项“apiKey”。

```
{
  "completionOptions": {
    "BaseCompletionOptions": {
        "temperature": 0.0,
        "maxTokens": 256
    }
  },
  "models": [
    {
      "title": "DeepSeek",
      "model": "deepseek-chat",
      "contextLength": 128000,
      "apiKey": "REDACTED",
      "provider": "deepseek",
      "apiBase": "https://api.deepseek.com/beta"
    }
  ],
  "tabAutocompleteModel": {
    "title": "DeepSeek Coder",
    "model": "deepseek-coder",
```

```
        "apiKey": "REDACTED",
        "provider": "deepseek",
        "apiBase": "https://api.deepseek.com/beta"
    },
 ...
```

03 设置完成后即可将DeepSeek接入PyCharm，此时便可以在PyCharm中体验AI编程。例如，可以在对话界面中向DeepSeek提问编程问题，如图12-48所示。

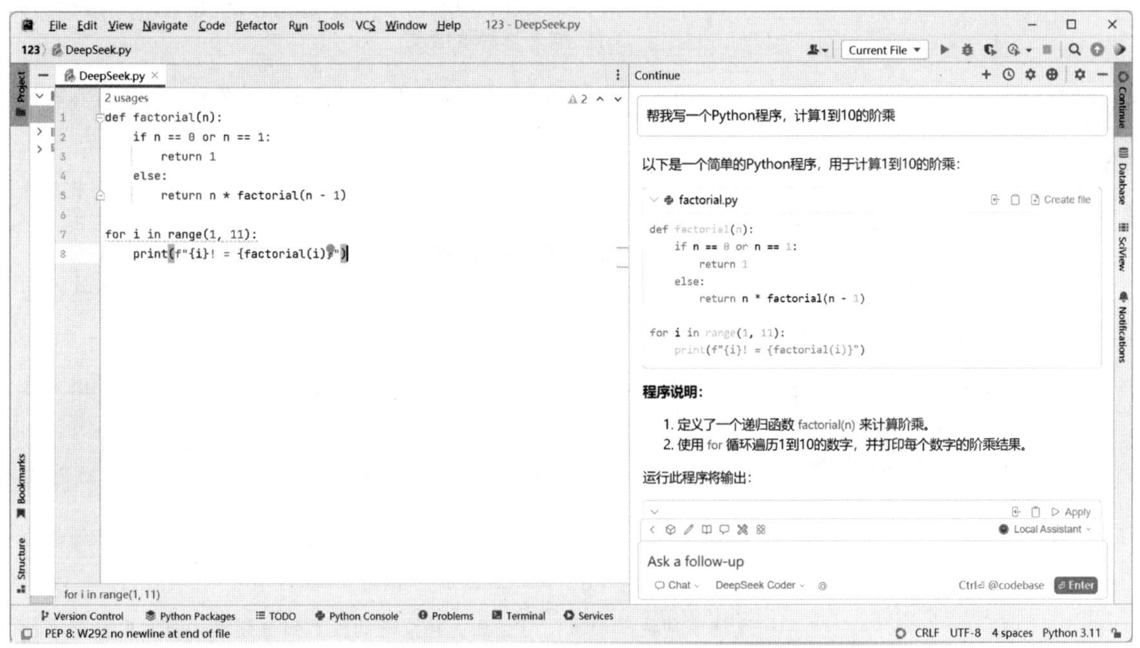

图 12-48

12.6 基于茴香豆+DeepSeek的微信聊天机器人

如今，社交媒体平台已经成为人们日常交流和获取信息的重要渠道。为了进一步提升这些平台的互动性和效率，众多开发者和企业纷纷探索将各类工具与功能整合到社交媒体中。本节将探讨如何将基于DeepSeek的智能聊天机器人接入微信平台，以实现更智能、更高效的社交互动体验。

12.6.1 茴香豆介绍

茴香豆（HuixiangDou）是一款专业知识助手，专注于为群聊场景提供高效的技术支持。它通过精心设计的三阶段（预处理、拒绝和响应）处理流程来精准地回答用户问题，有效避免群聊中的消息过载，确保信息交流的高效和有序。茴香豆的主要特点和核心功能如图12-49所示。

茴香豆
主要特点
专注群聊场景：茴香豆专为群聊环境设计，旨在优化多人聊天中信息的流通和处理
高效的处理流程：通过三阶段的消息处理流程——预处理、拒绝和响应，确保回答的准确性和及时性
信息过载管理：减少群聊中的冗余信息，避免用户因过多无关内容而感到困扰
三阶段处理流程
预处理：对群聊中的问题进行初步筛选，确保问题的相关性和清晰度
拒绝：对不明确、无关或无法回答的问题进行自动拒绝，避免无用信息干扰
响应：针对有效的问题，提供精准、快速的技术支持和解答
核心功能
智能问题解答：茴香豆能够高效地理解和回答技术性问题，特别适合开发者和技术团队使用
信息过滤：通过智能筛选和排序，确保重要信息得到优先处理，避免低优先级信息影响群聊效率
实时反馈：为用户提供实时响应，减少等待时间，提高群聊的互动效率
定制化设置：用户可根据需求自定义处理规则，以适应不同群聊场景的需求，提升使用体验
支持多种技术领域：茴香豆支持广泛的技术知识领域，帮助用户解决各类开发、技术支持和协作中的问题

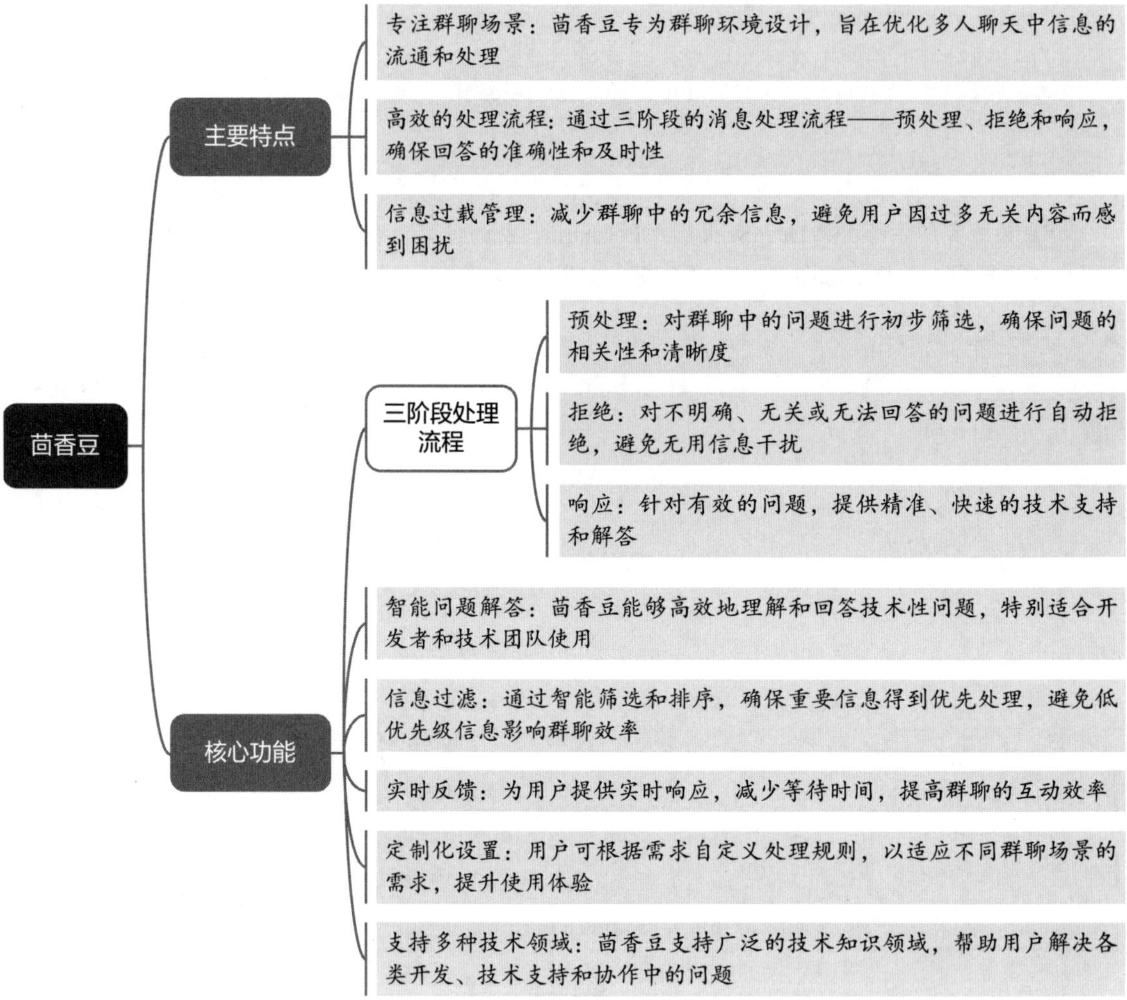

图 12-49

12.6.2 安装茴香豆

01 在Android设备上安装微信和茴香豆的Android工具。

02 登录GitHub网站，访问茴香豆项目页面获取源代码，如图12-50所示。也可以通过命令行或终端，使用以下命令克隆茴香豆的GitHub仓库。

```
git clone https://github.com/InternLM/HuixiangDou.git
cd HuixiangDou
```

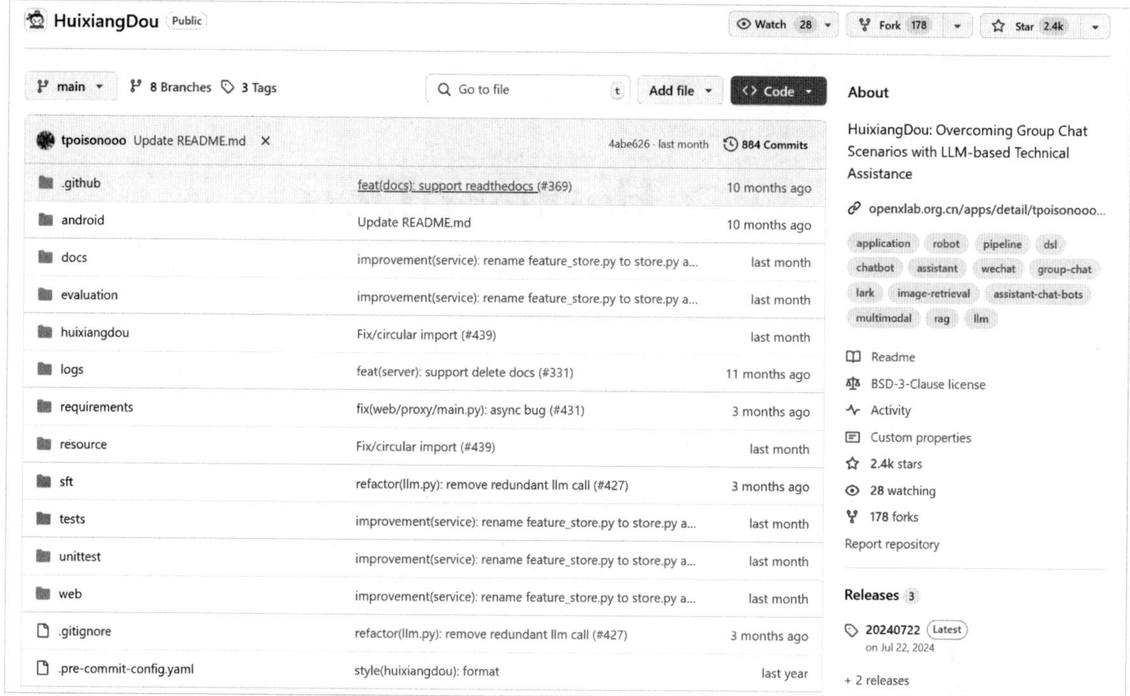

图 12-50

03 在茴香豆源代码的根目录中，找到并打开配置文件config.ini，设置remote_type（模型类型）和API Key等参数。例如，将“remote_type”设置为“deepseek”，“remote_api_key”设置为自己的DeepSeek API Key。

```
# config.ini
[llm]
enable_local = 0
enable_remote = 1
...
[llm.server]
...
remote_type = "deepseek"
remote_api_key = "YOUR-API-KEY"
remote_llm_max_text_length = 16000
remote_llm_model = "deepseek-chat"
```

04 运行下面的命令启动服务。

```
python3 -m huixiangdou.main --standalone
```

12.6.3 微信集成

01 在OpenXLab中打开茴香豆的Web客户端，用户可以创建自己的知识库，如图12-51所示。

图 12-51

02 输入知识库名称和密码，单击“前往”按钮，进入图12-52所示的界面。

图 12-52

03 单击“零开发集成微信”区域中的“查看教程”按钮，会弹出“集成微信”对话框。在该对话框中，复制微信回调地址，如图12-53所示。

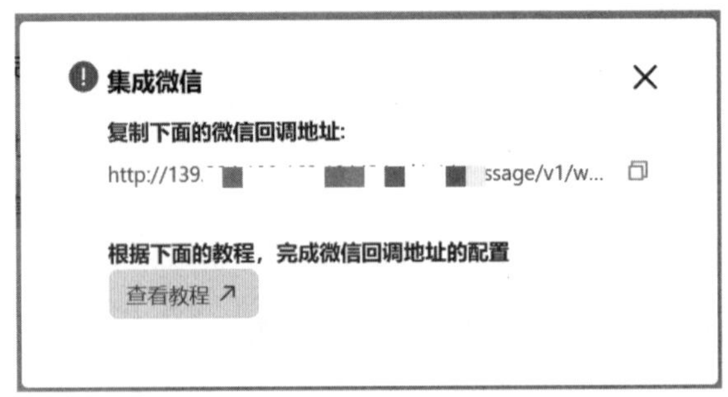

图 12-53

04 从GitHub的“Releases”界面下载编译好的APK安装文件，并在手机中安装。

05 安装完成后，打开手机上的茴香豆Android助手App，在其中的文本框里输入之前复制的微信回调地址，如图12-54所示。

06 完成上面的设置后，进入微信群聊天界面，当群内有人发送消息时，DeepSeek聊天机器人就会被触发，如图12-55所示。

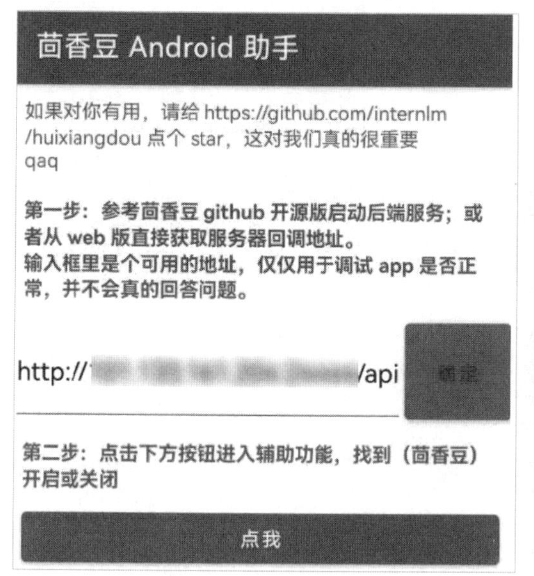

图 12-54

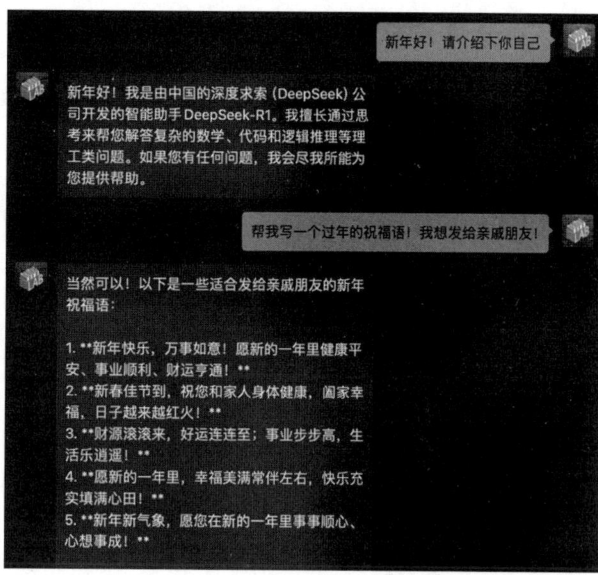

图 12-55